Python
による
はじめての
アルゴリズム
入門

河西朝雄
[著]

技術評論社

はじめに

　プログラミング技術を上達させるためには，系統的に異なるさまざまな視点での
アルゴリズム（algorithms）学習が効果的である．

　狭い意味でのプログラミング学習（デバッギング，OS関連，システム設計など
を除く）は下図のように，言語学習，技法・書法，アルゴリズム学習の組み合わせ
により上達していくと考えられる．

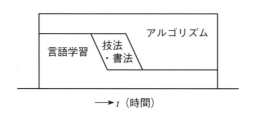

→ t（時間）

　言語学習と技法・書法は，使用するコンピュータ言語に依存するが，アルゴリズ
ムは本質的には依存しない．ただし，細かな部分で依存することもある．

　アルゴリズムは本質的には言語に依存しないことから，抽象的な仮想言語を用い
てアルゴリズムを説明している本もあるが，具体的な言語を用いて完全なプログラ
ムとして提示し，実際にコンピュータに入力して実験的に確かめた方が，読者にとっ
てはるかに理解しやすいし，自分なりの新しいアルゴリズム理論を構築することが
できると思う．本書はPythonを用いてアルゴリズムを記述しているので，Python
を一通り学んでいることを前提としている．

　本書は，できるだけ多くのアルゴリズムを並べた「アルゴリズム事典」的なもの
ではない．精選されたアルゴリズムの例題を通して読者が効率よく無理なくアルゴ
リズムの学習ができるように配慮した．

　例題を分野的に分類せず，すべてを簡単なものから難しいものに向かって並べる
ことも考えたが，簡単／難しいの判断はあいまいなものなので，そのことに固執し
てもそれほどの効果は得られない．それよりは，アルゴリズムを関連する分野ごと
にまとめた方が系統的でわかりやすい．

　そこで，アルゴリズムを代表的な8つの分野に分類し，その分野の中で，簡単な
ものから難しいものに向かって並べることにした．

　原則的にはどの章から入ってもよいが，**第6章**，**第7章**のデータ構造の中に出て
くる再帰という考え方は，アルゴリズムを記述する上で特異かつ重要なものである

ので，**第4章**に再帰についての基本アルゴリズムをもってきてある．

また，本書ではまず例題を示し，それを学習した後，その例題を少し変えた練習問題を行うことで学習効果が上がるように配慮した．

数学の問題は定理や公式を用いて明快に解くことができるが，プログラミングの問題はそう画一的に解けるものではない．しかし，プログラミングの世界の定理や公式に相当するものが基本アルゴリズムである．本書で示した基本アルゴリズムの理解が，より現実的な問題を解く上での手助けになることを期待する．

Pythonについて

- 本書のプログラムはPython 3系のColab（Google Colaboratory）を用いて動作確認した．

- PythonにはPython 2系とPython 3系があり，現在はPython 3系に移行している．Python 3系でもバージョンにより使用できる仕様が異なる．バージョンによる違いは**附録1**を参照されたい．

- **第8章**のグラフィックス処理はColabTurtleライブラリを使用した．さらにMatplotlibライブラリやNumPyライブラリを使うことで，複雑な処理を簡単に行えるようにした．

2023年11月
河西朝雄

目次　Contents

第 **1** 章

ウォーミング・アップ

- プログラミング技術に深みを持たせるためには，異なる視点でのアルゴリズム（algorithms）をできるだけ多く学ぶことが大切である．
- 本書は第2章以後に各分野別に，その分野での典型的なアルゴリズムを説明している．
- この章では，そういった分野とは離れた比較的簡単なアルゴリズムを学び，基礎的な力をつける．

1-0 | アルゴリズムとは

1　人間向きのアルゴリズムとコンピュータ向きのアルゴリズム

　問題を解くための論理または手順をアルゴリズム（algorithms：算法）という．問題を解くためのアルゴリズムは複数存在するが，人間向きのアルゴリズムが必ずしも（必ずといってもよいくらい）コンピュータ向きのアルゴリズムにはならない．

　たとえば，225と105の最大公約数を求めるには，

$$
\begin{array}{r}
5\,)\overline{225\quad 105} \\
3\,)\overline{\;45\quad\;\;21\;} \qquad \text{Ans}=5\times3=15 \\
15\quad\;\;\;7\quad
\end{array}
$$

とする．この方法をコンピュータのアルゴリズムにするのは難しい．というのは，2つの数の約数である5や3を見つけることは，人間の経験的直感によるところが大きいので，これをコンピュータに行わせるとなると，論理が複雑になってしまうのである．

　最大公約数を求めるコンピュータ向きのアルゴリズムとして，ユークリッドの互除法という機械的な方法がある．これはこの章の **1-6** で説明する．

2　アルゴリズムの評価

　ある問題を解くためのアルゴリズムは複数存在するが，それらの中からよいアルゴリズムを見つけることが大切である．よいアルゴリズムの要件として次のようなものが考えられる．

　　1. 信頼性が高いこと
　　　精度のよい，正しい結果が得られなければならない．
　　2. 処理効率がよいこと
　　　計算回数が少なくて済み，処理スピードが速くなければならない．計算量の目安としてビッグO記法（**big O-notation**）を用いる．これについては第3章 **3-0** 参照．
　　3. 一般性があること
　　　特定の状況だけに通用するのではなく，多くの状況においても通用しなければならない．

4. 拡張性があること

仕様変更に対し簡単に修正が行えなければならない.

5. わかりやすいこと

誰が見てもわかりやすくなければならない. わかりにくいアルゴリズムはプログラムの保守（メンテナンス）性を阻害する.

6. 移植性（Portability：ポータビリティ）が高いこと

有用なプログラムは他機種でも使用される可能性が高い. このため, プログラムの移植性を高めておかなければならない.

学問的なアルゴリズムの研究では1と2に重点が置かれているが, 実際的な運用面も考慮すると3〜6も重要である.

3 アルゴリズムとデータ構造

コンピュータを使った処理では多量のデータを扱うことが多い. この場合, 取り扱うデータをどのようなデータ構造（data structure）にするかで, 問題解決のアルゴリズムが異なってくる.

『Algorithms + Data Structures = Programs（アルゴリズム＋データ構造＝プログラム）』（N. Wirth著）という書名にもなっているように, データ構造とアルゴリズムは密接な関係にあり, よいデータ構造を選ぶことがよいプログラムを作ることにつながる.

データ構造として, リスト, 木, グラフなどがあり, 第5章, 第6章, 第7章で詳しく説明する.

1-1 | 漸化式

例題 1 $_nC_r$ を求める

n 個の中から r 個を選ぶ組み合わせの数 $_nC_r$ を求める.

たとえば, a, b, c という3個の中から2個選ぶ組み合わせは, ab, ac, bc の3通りある. 一般に, n 個の中から r 個を選ぶ組み合わせの数を $_nC_r$ と書き, 次の式で定義される. なお, $n!$ は $n \cdot (n-1) \cdot (n-2) \cdots 2 \cdot 1$ という値. C は Combination の頭文字からとっている.

$$_nC_r = \frac{n!}{r!(n-r)!}$$

この式で, このまま計算した場合は, 大きな n の値に対し $n!$ でオーバーフローする危険性がある. たとえば,

$$_{10}C_5 = \frac{10!}{5! \cdot 5!} = \frac{3628800}{120 \cdot 120} = 252$$

となり, 最終結果はオーバーフローしない値でも, int 型なら $10!$ のところでオーバーフローしてしまう.

$$_nC_r \text{ は} \begin{cases} _nC_r = \dfrac{n-r+1}{r} \, _nC_{r-1} & (漸化式) \\ _nC_0 = 1 & (0次の値) \end{cases}$$

という漸化式を用いて表現することでもできる.

漸化式とは, 自分自身 ($_nC_r$) を定義するのに, 1次低い自分自身 ($_nC_{r-1}$) を用いて表し, 0次 ($_nC_0$) はある値に定義されているというものである.

こうした漸化式をプログラムにする場合は, 繰り返しまたは再帰呼び出し (**第4章4-1**) を用いて表現することができる. ここでは, 繰り返しを用いて表現する. 漸化式を繰り返しで表現する場合, 0次の値を初期値とし, それに係数 $((n-r+1)/r)$ を r の値を1から始め, 繰り返しのたびに $+1$ しながら順次掛け合わせて行えばよい.

$$_nC_r = 1 \cdot \frac{n-1+1}{1} \cdot \frac{n-2+1}{2} \cdot \frac{n-3+1}{3} \cdots \frac{n-r+1}{r}$$

このような方法だと, かなり大きな n に対してもオーバーフローしなくなる.

❶ 一般の言語では整数型でのオーバーフローが起こるが, Python では整数型でのオーバーフローは起きない.

プログラム Rei1

```
# -----------------------------
# *      漸化式 (nCr の計算 )     *
# -----------------------------

def combi(n, r):
    p = 1
    for i in range(1, r + 1):
        p = p * (n - i + 1) // i
    return p

for n in range(0, 6):
    result = ''
    for r in range(0, n + 1):
        result += '{:d}C{:d}={:<4d}'.format(n, r, combi(n, r))
    print(result)
```

実行結果

```
0C0=1
1C0=1    1C1=1
2C0=1    2C1=2    2C2=1
3C0=1    3C1=3    3C2=3     3C3=1
4C0=1    4C1=4    4C2=6     4C3=4     4C4=1
5C0=1    5C1=5    5C2=10    5C3=10    5C4=5     5C5=1
```

 参考 print関数のendパラメータとf文字列リテラル

　print関数はデフォルトで改行を行うが，endパラメータを使えば改行しないようにすることができる．しかし，endパラメータを認めていない処理系があるので，本書ではresult変数に出力結果を連結し，改行時にprint(result)を行う方式にしてある．

　また，フォーマット済み文字列リテラル（f文字列リテラル）を使えば，format関数に似た結果が簡便にできる．しかし，f文字列リテラルを認めていない処理系があるので，本書ではformat関数を使用した．

　例題1のプログラムをendパラメータさらにf文字列リテラルを使えば以下のようになる．

```
for n in range(0, 6):
    for r in range(0, n + 1):
        print(f'{n:d}C{r:d}={combi(n,r):<4d}', end='')
    print()
```

参考 「`//`」を使わない場合

整数除算演算子「`//`」を使わない場合はint関数で整数化する.

```
p = int(p * (n - i + 1) / i)
```

練習問題 1 Horner（ホーナー）の方法

多項式 $f(x) = a_n x^n + a_{n-1} x^{n-1} + \cdots + a_1 x + a_0$ の値をHornerの方法を用いて計算する.

上式において，$a_n x^n$，$a_{n-1} x^{n-1}$，$\cdots$，$a_1 x$，a_0 の各項を独立に計算して加えるという単純な方法では，$n(n+1)/2 + n$ 回のかけ算と n 回のたし算を行うことになる.

上の多項式は次のように書ける.

$$f(x) = (\cdots(((a_n \cdot x + a_{n-1}) \cdot x + a_{n-2}) \cdot x + a_{n-3}) \cdot x \cdots a_1) \cdot x + a_0$$

$$\underbrace{}_{f_0}$$
$$\underbrace{}_{f_1}$$
$$\underbrace{}_{f_2}$$

具体例として，$a_0 = 1$，$a_1 = 2$，$a_2 = 3$，$a_3 = 4$，$a_4 = 5$ の $f(x) = 5x^4 + 4x^3 + 3x^2 + 2x + 1$ について考える.

$$f_4 = f_3 \cdot x + a_0$$
$$f_3 = f_2 \cdot x + a_1$$
$$f_2 = f_1 \cdot x + a_2$$
$$f_1 = f_0 \cdot x + a_3$$
$$f_0 = a_4$$

となり，これを一般式で表せば，

$$\begin{cases} f_i = f_{i-1} \cdot x + a_{n-i} \\ f_0 = a_n \end{cases}$$

という漸化式である. これをHorner（ホーナー）の方法という. この方法だと n 回のかけ算と n 回のたし算だけで多項式の計算を行うことができる. プログラムでは $a_0 \sim a_n$ はリスト `a[0]` ～ `a[n]` に対応する.

プログラム Dr1_1

```
# ----------------------
# *    Horner の方法    *
# ----------------------
def fn(x, a, n):
    p = a[n]
    for i in range(n - 1, -1, -1):
        p = p*x + a[i]
    return p

a = [1, 2, 3, 4, 5]    # 係数
for x in range(1, 6):
    print('fn({:.1f})={:.1f}'.format(x, fn(x, a, 4)))
```

実行結果

```
fn(1.0)=15.0
fn(2.0)=129.0
fn(3.0)=547.0
fn(4.0)=1593.0
fn(5.0)=3711.0
```

参考 **漸化式の例**

①**階乗**

$$\begin{cases} n! = n \cdot (n-1)! \\ 0! = 1 \end{cases}$$

②**べき乗**

$$\begin{cases} x^n = x \cdot x^{n-1} \\ x^0 = 1 \end{cases}$$

③**フィボナッチ（Fibonacci）数列（第4章4-1参照）**

1, 1, 2, 3, 5, 8, 13, 21, 34, 55, …

という数列は

$$\begin{cases} F_n = F_{n-1} + F_{n-2} \\ F_1 = F_2 = 1 \end{cases}$$

となる.

④**テイラー展開（第2章2-3参照）**

e^xをテイラー展開すると

$$e^x = 1 + \frac{x}{1!} + \frac{x^2}{2!} + \frac{x^3}{3!} + \cdots$$

となる. このときの第 n 項 E_n は

$$\begin{cases} E_n = \dfrac{x}{n} \cdot E_{n-1} \\ E_0 = 1 \end{cases}$$

Pascalの三角形

$_nC_r$ を次のように並べたものを Pascal（パスカル）の三角形と呼ぶ.

$$
\begin{array}{ccccccccccc}
& & & {}_0C_0 & & & & & & 1 & & & & & \\
& & {}_1C_0 & & {}_1C_1 & & & & 1 & & 1 & & & \\
& {}_2C_0 & & {}_2C_1 & & {}_2C_2 & & 1 & & 2 & & 1 & & \\
{}_3C_0 & & {}_3C_1 & & {}_3C_2 & & {}_3C_3 & 1 & & 3 & & 3 & & 1 \\
{}_4C_0 & {}_4C_1 & {}_4C_2 & {}_4C_3 & {}_4C_4 & & 1 & & 4 & & 6 & & 4 & & 1
\end{array}
$$

図 1.1

例題 1 の $_nC_r$ を求めるプログラムを用いて，Pascal の三角形を表現する.

プログラム Dr1_2

```
# ------------------------
# *    Pascalの三角形    *
# ------------------------

def combi(n, r):
    p = 1
    for i in range(1, r + 1):
        p = p * (n - i + 1) // i
    return p

N = 12
for n in range(0, N + 1):
    result = ' ' * ((N - n) * 2)
    for r in range(0, n + 1):
        result += '{:4d}'.format(combi(n, r))
    print(result)
```

実行結果

```
                    1
                 1     1
              1     2     1
           1     3     3     1
        1     4     6     4     1
     1     5    10    10     5     1
   1     6    15    20    15     6     1
 1     7    21    35    35    21     7     1
1     8    28    56    70    56    28     8     1
1     9    36    84   126   126    84    36     9     1
1    10    45   120   210   252   210   120    45    10     1
1    11    55   165   330   462   462   330   165    55    11     1
1    12    66   220   495   792   924   792   495   220    66    12     1
```

この図から，

$$_nC_r = {}_{n-1}C_{r-1} + {}_{n-1}C_r$$

という重要な関係式が成立することがわかる．この式がPascalの三角形のいわんとするところである．この式を用いて$_nC_r$を求めるプログラムは**第4章4-1**で示す．

1-2 ｜ 写像

例題 2 ヒストグラム

0〜100点までの得点を10点幅で区切って（0〜9, 10〜19, …, 90〜99, 100の11ランク），各ランクの度数分布（ヒストグラム）を求める．

度数を求めるリストとして histo[0]〜histo[10] を用意する．histo[0] に 0〜9点の度数，histo[1] に 10〜19の度数，…を求めることにする．

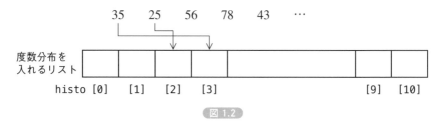

図 1.2

たとえば，35点を例にとると，これを10（度数分布の幅）で割った商の3を添字にする histo[3] の内容を ＋1 することで，度数分布のカウントアップができる．

このことは，次のように0〜100点のデータ範囲を0〜10の範囲に写像したと考えることができる．

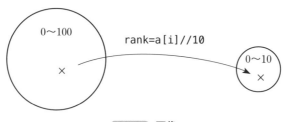

図 1.3 写像

一般に，あるデータ範囲（これを定義域という）を別のデータ範囲（これを値域という）に変換することを写像という．定義域と値域のデータ型は，異なっていてもよい．この例としては文字列から整数値への写像を行うハッシュ（**第3章3-8**）が有名．

プログラム Rei2

```
# --------------------------------
# *     度数分布 ( ヒストグラム )     *
# --------------------------------

a = [35, 25, 56, 78, 43, 66, 71, 73, 80, 90, 0,
     73, 35 , 65, 100, 78, 80, 85, 35, 50]
histo = [0 for i in range(11)]

for ai in a:
    rank = ai // 10    # 写像
    if 0 <= rank and rank <= 10:
        histo[rank] += 1
for i in range(0, 11):
    print('{:3d} - :{:3d}'.format(i * 10, histo[i]))
```

実行結果

```
  0 - :  1
 10 - :  0
 20 - :  1
 30 - :  3
 40 - :  1
 50 - :  2
 60 - :  2
 70 - :  5
 80 - :  3
 90 - :  1
100 - :  1
```

参考 if文の表記

Pythonでは

```
if 0 <= rank and rank <= 10:
```

は

```
if 0 <= rank <= 10:
```

と書けるが, C系言語への移植性も考慮し, 従来型表現を用いた.

練習問題 **2** **暗号**

暗号文字 "KSOIDHEPZ" を解読する.

　'A'～'Z' のアルファベットを他のアルファベットに暗号化するためのテーブルとして, table[0]～table[25] を用意し, 'A' を暗号化したときの文字を table[0], 'B' を暗号化したときの文字を table[1], …と格納しておく. 'A'～'Z' 以外の文字は table[26] に '?' として格納する.

　これは次のような写像と考えられる.

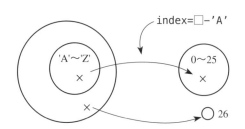

図 1.4　アルファベットの写像

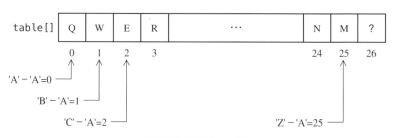

図 1.5　暗号テーブル

　この暗号テーブルによると, 'A' は 'Q' という文字, 'B' は 'W', …, 'Z' は 'M' という文字に解読されることになる.

プログラム Dr2_1

```
# -------------------
# *      暗号の解読     *
# -------------------

table = 'QWERTYUIOPASDFGHJKLZXCVBNM?'
ango = 'KSOIDHEPZ'
result = ''
for ai in ango:
    if 'A' <= ai and ai <= 'Z':
        index = ord(ai) - ord('A')
    else:
        index = 26
    result += table[index]
print(result)
```

実行結果

```
ALGORITHM
```

参考 暗号化の方法の例

・シーザー（Caesar）暗号

アルファベットを一定幅で前または後ろにずらす.

A	B	C	D	E	F	…	X	Y	Z
↓	↓	↓	↓	↓	↓		↓	↓	↓
Z	A	B	C	D	E		W	X	Y

上の例は－1文字（1つ前の文字）ずらしている. したがって，CATはBZSと暗号化される. リング状の対応（Z→Aのような）をさせずにAの1つ前のアスキーコードに対応する@をAに対応させてもよい.

・イクスクルーシブオア（排他的論理和）による暗号

文字のアスキーコードの特定ビットをビット反転してできるアスキーコードに対応する文字を暗号とする. ビット反転にはイクスクルーシブオアを用いる.

$$N \to 0x4E \to \quad 01001\underline{110}$$
$$\downarrow \text{ ビット反転}$$
$$I \leftarrow 0x49 \leftarrow \quad 01001\underbrace{001}$$

上の例は下位3ビットをビット反転している. 暗号文字が変数cに入っている

とすると c^0x07 とすれば暗号が解読できる（I→N）.

逆に暗号化したい文字が変数 c に入っているとすると，c^0x07 とすれば暗号化できる（N→I）.

つまりイクスクルーシブオアによる暗号は暗号化と解読が同じ操作で行える.

この方法は簡単であるが，256通りのビットパターンについてイクスクルーシブオアを試すだけで解読できてしまう.

以下は0x07のイクスクルーシブオアを使って暗号化と解読を行うものである.

プログラム Dr2_2

```
# ----------------------------------------
# *      イクスクルーシブオアによる暗号     *
# ----------------------------------------
text = 'ALGORITHM'
ango = ''
for ai in text:
    ango += chr(ord(ai) ^ 0x07)
print(ango)

decode = ''
for ai in ango:
    decode += chr(ord(ai) ^ 0x07)
print(decode)
```

実行結果

```
FK@HUNSOJ
ALGORITHM
```

・**本格的な暗号**

DES（Data Encryption Standard），FEAL（Fast Data Encipherment Algorithm）など.

● 参考図書：『暗号と情報セキュリティ』辻井重男，笠原正雄 編，昭晃堂

1-3 順位付け

例題 3 単純な方法

たとえば，テストの得点などのデータがあったとき，その得点の順位を求める.

次のような得点データがあったとする.

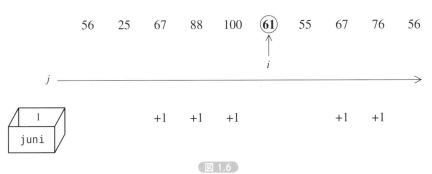

図 1.6

たとえば，61（i番目のデータとする）の順位を調べるには，juniの初期値を1とし，データの先頭から終わりまで（j = 0〜9），自分の点（61）を超える点数があるたびにjuniを + 1する.したがって，61点の順位は6となる.

56点が2人いるが，56点を超えるものをカウントアップするため，どちらの点数（第0番目のデータと第9番目のデータ）も同順の7位となり，56点のすぐ下の55点（第6番目のデータ）は8位でなく9位となる.

プログラム Rei3

```
# --------------------
# *      順位付け      *
# --------------------

a = [56, 25, 67, 88, 100, 61, 55, 67, 76, 56]
N = len(a)
juni = [0 for i in range(N)]

for i in range(N):
    juni[i] = 1
    for j in range(N):
        if a[j] > a[i]:
            juni[i] += 1
```

```
print('   得点   順位')
for i in range(N):
    print('{:6d}{:6d}'.format(a[i], juni[i]))
```

実行結果

```
   得点   順位
     56     7
     25    10
     67     4
     88     2
    100     1
     61     6
     55     9
     67     4
     76     3
     56     7
```

練習問題 3-1 例題3の改良版

例題3の順位を求めるアルゴリズムではデータがN個の場合，繰り返し回数はN^2となるため，データ数が増えると処理に時間がかかってしまう．そこで，繰り返し回数を減らすようにした順位付けアルゴリズムを考える．

　点数の範囲を0～100としたとき，その点数範囲を添字にする．juni[0]～juni[100]のリストと，もう1つ余分なjuni[101]というリストを用意し，内容を0クリアしておく．

1つ余分なリスト

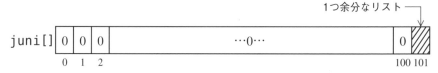

図1.7

まず各得点ごとに対応する添字のリストの内容を＋1する．

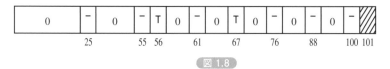

図1.8

　次に101の要素に初期値の1（順位1を示す）を入れておき，juni[100]→juni[0]の各リストに対し，1つ右の要素の内容を加えていく．

24

これで，〈得点 + 1〉の添字のリストに順位が求められる．たとえば，100点の順位は101の位置，88点の順位は89の位置といった具合になる．

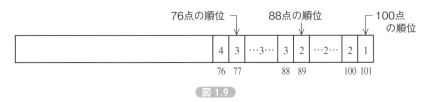

76点の順位　88点の順位　100点
の順位

| | 4 | 3 | …3… | 3 | 2 | …2… | 2 | 1 |

76　77　　　88　89　　　100　101

図 1.9

この方法によれば，データ数N，データ範囲Mとすれば，$N + M$回の繰り返しで順位付けが行える．

プログラム　Dr3_1

```
# ----------------------------
# *     順位付け ( 改良版 )    *
# ----------------------------

Max = 100
Min = 0
a = [56, 25, 67, 88, 100, 61, 55, 67, 76, 56]
juni = [0 for i in range(Max + 2)]          ← 0クリア
N = len(a)
for i in range(N):       各得点に対応する添字のリスト
    juni[a[i]] += 1      の内容を + 1

juni[Max + 1] = 1
for i in range(Max, Min - 1, -1):     1つ右の要素の内容を加える
    juni[i] += juni[i + 1]

print('  得点   順位 ')
for i in range(N):
    print('{:6d}{:6d}'.format(a[i], juni[a[i] + 1]))

                              得点 + 1の位置に順位が入っている
```

実行結果

```
  得点    順位
   56      7
   25     10
   67      4
   88      2
  100      1
   61      6
   55      9
   67      4
   76      3
   56      7
```

練習問題 **3-2** 負のデータ版

ゴルフ（Golf）のスコアのように小さい値の方が順位が高い場合の順位付けについて考える.

　ゴルフのスコアの範囲を-20～+36とする. Pythonではリストの添字に負の値を使用すると, リストの後ろからの参照となる.

　Pascal, 構造化BASIC, Fortran 77などで認められている部分範囲指定配列とは異なるため, 次のようにスコアに対し添字をバイアス（bias：かたより）して考える.

図 1.10

　juni[0]に初期値1（順位1を示す）を入れておき, juni[1]～juni[57]の各リストに対し, 1つ左の要素の内容を加えていく.

プログラム Dr3_2

```
# --------------------------------
# *    順位付け ( 負のデータ版 )    *
# --------------------------------

Max = 36
Min = -20
bias = 1 - Min   # 最小値をリスト要素の 1 に対応させる

a = [-3, 2, 3, -1, -2, -6, 2, -1, 1, 5]
juni = [0 for i in range(Max + bias + 1)]
N = len(a)

for i in range(N):
    juni[a[i] + bias] += 1

juni[0] = 1
for i in range(Min + bias, Max + bias + 1):
    juni[i] += juni[i - 1]

print('  得点  順位 ')
for i in range(N):
    print('{:6d}{:6d}'.format(a[i], juni[a[i] + bias - 1]))
```

実行結果

得点	順位
-3	2
2	7
3	9
-1	4
-2	3
-6	1
2	7
-1	4
1	6
5	10

 参考 **部分範囲指定**

Pascalでは,

```
var a:array[-5..5] of integer;
```

と宣言すると, a[-5]～a[5]という配列が用意される.

Visual Basicでは,

```
Dim a(-5 To 5) As Integer
```

と宣言すると, a(-5)～a(5)という配列が用意される.

添字などの下限と上限の範囲を指定することを部分範囲指定という.

 参考 **ゴルフ（Golf）**

各ホール（コース）でボールを打ち, 何回でホール（カップ）にボールを入れることができるかを競うスポーツ（遊び）.

各ホールごとに標準打数（パー）が決まっていて, パー5, パー4, パー3などがある.1ホールで,標準打数より1打少なくホールインした場合をバーディ(−1), 逆に1打多くホールインした場合をボギー（＋1）と呼ぶ.

一般に18ホールの合計標準打数は72なので, 72で回ればスコアは0, 75打ならスコアは＋3（3オーバー）, 68打ならスコアは−4（4アンダー）となる.

1-4 ランダムな順列

例題 4 ランダムな順列（効率の悪い方法）

$1 \sim N$の値を1回使ってできるランダムな順列をつくる.

たとえば，$1 \sim 6$のランダムな順列とは，3，2，5，1，6，4のようなものである.
以下に示すアルゴリズムは，最悪でN^2オーダーの繰り返しを行うもので，効率の
悪い方法である.

① $1 \sim N$の乱数を1つ得る．これを順列の0番目のデータとする.

② 以下を$N-1$回繰り返す.

③ $1 \sim N$の乱数を1つ得る.

④ ③で求めた乱数が，いままで作ってきた順列の中に入っていれば③に戻る.

`random.randint(1, N)`は$1 \sim N$の乱数を1個得る.

プログラム Rei4

```
# ------------------------------------------
# *      ランダムな順列 ( 効率の悪い方法 )      *
# ------------------------------------------

import random

N = 10
a = [0 for i in range(N)]
a[0] = random.randint(1, N)  ◀──────────────── ①

for i in range(1, N):
    while True:
        a[i] = random.randint(1, N)  ◀──────── ③
        flag = 0
        for j in range(i):
            if a[i] == a[j]:
                flag = 1                       ④
                break
        if flag == 0:  # do while がないため
            break
print(a)
```

実行結果

```
[1, 3, 6, 8, 2, 7, 9, 4, 10, 5]
```

練習問題 **4** ランダムな順列（改良版）

例題4のアルゴリズムを改良した効率のよいアルゴリズムを考える.

まず，リスト a[0] ～ a[N-1] に 1 ～ N の値をこの順に格納する.

図 1.11

0 ～ N - 2 の範囲の乱数 j を得る．これを添字とするリスト a[j] と a[N-1] を交換する．a[N-1] 項の順列はこれで確定.

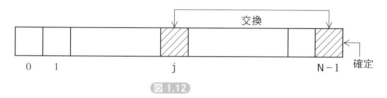

図 1.12

0 ～ N - 3 の範囲の乱数 j を得る．これを添字とするリスト a[j] と a[N-2] を交換する．a[N-2] 項の順列はこれで確定.

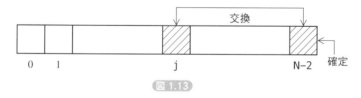

図 1.13

同様な処理を添字1まで繰り返す.

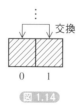

図 1.14

このアルゴリズムでは繰り返し回数は 2N となる.

プログラム Dr4

```
# ---------------------------------
# *      ランダムな順列 ( 改良版 )       *
# ---------------------------------

import random

N = 10
a = [i + 1 for i in range(N)]

for i in range(N - 1, 0, -1):
    j = random.randint(0, i - 1)
    a[i], a[j] = a[j], a[i]   # a[i] と a[j] の交換

print(a)
```

実 行 結 果

```
[6, 8, 2, 5, 9, 7, 10, 4, 1, 3]
```

1-5 モンテカルロ法

例題 5　πを求める

モンテカルロ法を用いてπの値を求める.

　ある問題を数値計算で解くのではなく，確率（乱数）を用いて解くことをモンテカルロ法という. 円周率πをこの方法で求めるには次のようにする.

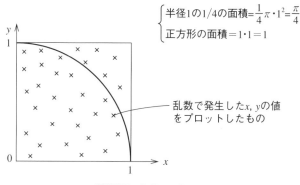

$$\begin{cases} \text{半径1の1/4の面積} = \dfrac{1}{4}\pi \cdot 1^2 = \dfrac{\pi}{4} \\ \text{正方形の面積} = 1 \cdot 1 = 1 \end{cases}$$

乱数で発生した x, y の値をプロットしたもの

図 1.15　乱数のプロット

　$0 \sim 1$ の一様実数乱数を2つ発生させ，それらを x, y とする. こうした乱数の組をいくつか発生させると，1×1 の正方形の中に，(x, y) で示される点は均一にばらまかれると考えられる.

　したがって，正方形の面積と1/4円の面積の比は，そこにばらまかれた乱数の数に比例するはずである.

　今，1/4円の中にばらまかれた乱数の数を a，円外にばらまかれた乱数の数を b とすると，次の関係が成立する.

$$\frac{\pi}{4} : 1 = a : a+b$$

$$\therefore \pi = \frac{4a}{a+b} = \frac{4a}{N} \quad N \text{は発生した乱数の総数}$$

プログラム Rei5

```
# ------------------------------------------------
# *        モンテカルロ法による円周率の計算        *
# ------------------------------------------------

import random

N = 1000
a = 0
for i in range(N):
    x = random.random()
    y = random.random()
    if x*x + y*y <= 1:
        a += 1

pai = 4.0 * a / N
print('円周率={:2.2f}'.format(pai))
```

実 行 結 果

円周率=3.14

　円周率の本当の値は3.141592…であるから，ここで得られた値はそれほど正確というわけではない．値の正確さは，乱数をふる回数を増やすことより，random.random()による乱数（0以上1未満の浮動小数点数の乱数）がより均一にばらまかれることの方に強く依存する．一様乱数の一様性の検定については**第2章2-1**を参照．

❶ 同じ乱数系列をとらないようにするためには以下のようにする．
　　random.seed()

練習問題 **5** **面積を求める**

モンテカルロ法を用いて，楕円の面積を求める．

$$\frac{x^2}{4} + y^2 = 1$$

で示される楕円の面積をモンテカルロ法で求める．

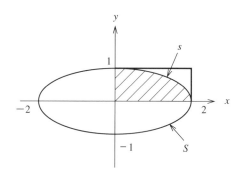

図 1.16 楕円の面積

xに$0 \sim 2$の乱数，yに$0 \sim 1$の乱数を対応させ，2×1の長方形の中に均一にばらまく．1/4の楕円（図の斜線部）の中に入った乱数の数をa，乱数の総数をN，1/4の楕円の面積をsとすると，

$$2 : s = N : a$$

$$\therefore s = \frac{2a}{N}$$

となり，求める楕円の面積Sは

$$S = 4 \cdot s = 4 \cdot \frac{2a}{N}$$

となる．

プログラム　Dr5

```
# -------------------------------------------
# *        モンテカルロ法による面積の計算        *
# -------------------------------------------

import random

N = 1000
a = 0
for i in range(N):
    x = 2 * random.random()
    y = random.random()
    if x*x/4 + y*y <= 1:
        a += 1

s = 4.0 * (2.0 * a / N)
print(' 楕円の面積 ={:.5f}'.format(s))
```

実行結果

楕円の面積 =6.44000

 モンテカルロ

　フランスとイタリアの国境線に挟まれた小さな国，モナコ公国の首都がモンテカルロである．ここはギャンブルの街として有名である．

　数値計算のような正確な方法ではなく，乱数を用いた一種の賭けのような方法で問題を解くことからモンテカルロ法という名前が付けられた．

 π の歴史

　アルキメデス（Archimedes：287 〜 212B.C.）は

$$\frac{223}{71} = 3.140845 < \pi < \frac{22}{7} = 3.1428571$$

とした．

　マチン（Machin：1685 〜 1754）は，

$$\pi = 4 \cdot \left\{ 4 \cdot \left(\frac{1}{5} - \frac{1}{3 \cdot 5^3} + \frac{1}{5 \cdot 5^5} - \cdots \right) - \left(\frac{1}{239} - \frac{1}{3 \cdot 239^3} + \frac{1}{5 \cdot 239^5} - \cdots \right) \right\}$$

という公式を用いて100桁まで計算した．長い π（**第2章 2-7**）参照．

1-6 ユークリッドの互除法

例題 6 ユークリッドの互除法（その1）

2つの整数m, nの最大公約数をユークリッド（Euclid）の互除法を用いて求める.

たとえば，24と18の最大公約数は，一般には次のようにして求める.

$$
\begin{array}{r}
2)\underline{24 \quad\ 18} \\
3)\underline{12 \quad\ \ 9} \\
4 \quad\ \ 3
\end{array}
\qquad \text{Ans}=2\times3=6
$$

しかし，このように2とか3といった数を見つけだすことはコンピュータ向きではない. 機械的な繰り返しで最大公約数を求める方法にユークリッド（Euclid）の互除法がある.

この方法は「2つの整数m, n（$m>n$）があったとき，mとnの最大公約数は$m-n$とnの最大公約数を求める方法に置き換えることができる」という原理に基づいている.

つまり，mとnの問題を$m-n$とnという小さな数の問題に置き換え，さらに，$m-n$とnについても同様なことを繰り返し，$m=n$となったときのm（nでもよい）が求める最大公約数である.

このことをアルゴリズムとしてまとめると次のようになる.

① mとnが等しくないあいだ以下を繰り返す.
　② $m>n$なら　　　　$m=m-n$
　　そうでないなら　　$n=n-m$
③ m（nでもよい）が求める最大公約数である.

$m=24$, $n=18$としてmとnの値をトレースしたものを以下に示す.

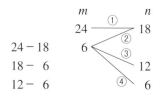

① 24と18の問題は

② 6と18の問題に置き換わり，さらに

③ 6と12の問題に置き換わり，さらに

④ 6と6の問題に置き換わる.

　　ここで6=6なのでこれが答となる

図 1.17

プログラム　**Rei6**

```
# ------------------------------
# *      ユークリッドの互除法      *
# ------------------------------

m, n = 128, 72
while m != n:
    if m > n:
        m -= n
    else:
        n -= m

print(' 最大公約数 ={:d}'.format(m))
```

実 行 結 果

最大公約数 =8

練習問題 **6**　**ユークリッドの互除法（その 2）**

m と n の差が大きいときは減算（$m-n$）の代わりに剰余（$m \% n$）を用いた方が効率がよい．この方法で m と n の最大公約数を求める．

剰余を用いたユークリッドのアルゴリズムは次のようになる．

① m を n で割った余りを k とする．
② m に n を，n に k を入れる．
③ k が 0 でなければ①に戻る．
④ m が求める最大公約数である．

　　$m = 32$，$n = 14$ の場合の，m，n，k の値をトレースする．

m	n	k	
32	14	4	（32 % 14 = 4）
14	4	2	（14 % 4 = 2）
4	2	0	←── 終了条件
②2	0		

↑
└─答

図 1.18

プログラム Dr6

```
# --------------------------------
# *      ユークリッドの互除法      *
# --------------------------------

m, n = 128, 72
while True:
    k = m % n
    m = n
    n = k
    if k == 0:  # do while がないため
        break

print(' 最大公約数 ={:d}'.format(m))
```

実 行 結 果

最大公約数 =8

Python にはdo while 文がないので，**練習問題6**のプログラムではwhile 文の無限ループとbreak 文を使用した．しかし，終了判定を変更すれば以下のようにwhile 文でも書ける．

```
m, n = 128, 72
while n != 0:
    k = m % n
    m = n
    n = k

print(' 最大公約数 ={:d}'.format(m))
```

 参考 ユークリッドの互除法の理論的裏付け

2つの整数をm, nとし，最大公約数をGとすると，

$$m = Gm', \quad n = Gn' \quad (m' と n' は互いに素)$$

と書ける．ここで，mとnの差は，

$$m - n = G(m' - n')$$

と表せる．このとき，$m' - n'$とn'は互いに素であるから，$m - n$とnの最大公約数はGである．再帰的な解法については**第4章4-1**参照.

1-7 エラトステネスのふるい

例題 7 素数の判定

nが素数か否か判定する.

　素数とは，1と自分自身以外には約数を持たない数のことで，

　　　　2, 3, 5, 7, 11,…

などが素数である．1は素数ではない．

　nが素数であるか否かは，nがn以下の整数で割り切れるか否かを2まで繰り返し，割り切れるものがあった場合は，素数でないとしてループから抜ける．ループの最後までいっても割り切れる数がなかったら，その数は素数である．

　なお，nを$n/2$以上の整数で割っても割り切れることはないので，調べる開始の値はnでなく$n/2$からでよいことは直感的にわかる．

　数学的には$\sqrt{n}$からでよいことがわかっている．

プログラム Rei7

```
# --------------------
# *     素数の判定     *
# --------------------

import math

while (data := input('data?')) != '/':
    n = int(data)
    if n >= 2:
        limit = int(math.sqrt(n))
        for i in range(limit, 0, -1):
            if n % i == 0:
                break
        if i == 1:
            print('{:d} は素数 '.format(n))
        else:
            print('{:d} は素数でない '.format(n))
```

実行結果

```
data?111
111 は素数でない
data?991
991 は素数
data?/
```

参考 代入式をサポートしない処理系の場合

代入式（:=）をサポートしない処理系ではbreak文を使って以下のようにする.

```
while True:
    data = input('data?')
    if data == '/':
        break
```

練習問題 7-1 2 ～ N のすべての素数

2～Nまでの整数の中からすべての素数を求める.

例題7の考え方を用い，素数はprime[]に格納する.

プログラム Dr7_1

```
# --------------------------------------
# *        2-N の中から素数を拾い出す        *
# --------------------------------------

import math

N = 1000
prime = [0 for i in range(N // 2 + 1)]
m = 0
for n in range(2, N + 1):
    limit = int(math.sqrt(n))
    for i in range(limit, 0, -1):
        if n % i == 0:
            break
    if i == 1:
        prime[m] = n
        m += 1

print('求められた素数')
result = ''
for i in range(0, m):
    result += '{:4d}'.format(prime[i])
    if (i+1) % 16 == 0:   # 16 個単位で表示
        print(result)
        result = ''
print(result)
```

実 行 結 果

求められた素数
```
  2   3   5   7  11  13  17  19  23  29  31  37  41  43  47  53
 59  61  67  71  73  79  83  89  97 101 103 107 109 113 127 131
137 139 149 151 157 163 167 173 179 181 191 193 197 199 211 223
227 229 233 239 241 251 257 263 269 271 277 281 283 293 307 311
313 317 331 337 347 349 353 359 367 373 379 383 389 397 401 409
419 421 431 433 439 443 449 457 461 463 467 479 487 491 499 503
509 521 523 541 547 557 563 569 571 577 587 593 599 601 607 613
617 619 631 641 643 647 653 659 661 673 677 683 691 701 709 719
727 733 739 743 751 757 761 769 773 787 797 809 811 821 823 827
829 839 853 857 859 863 877 881 883 887 907 911 919 929 937 941
947 953 967 971 977 983 991 997
```

練習問題 7-2 エラトステネスのふるい

練習問題7-1のアルゴリズムでは，繰り返し回数が $N\sqrt{N}/2$ （平均値）となる．
もう少し効率的に素数を求める方法として「エラトステネスのふるい」がある．
この方法を用いて2〜Nの中から素数をすべて求める．

エラトステネスのふるいのアルゴリズムは以下のようになる．

① 2〜Nの数をすべて「ふるい」に入れる．

② 「ふるい」の中で最小数を素数とする．**図1.19**の▼印

③ 今求めた素数の倍数をすべて「ふるい」からはずす．**図1.19**で斜線を引いた数．

④ ②〜③を $\sqrt{N}$ まで繰り返し「ふるい」に残った（斜線が引かれなかった）数が素数である．

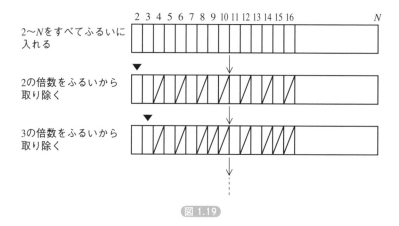

図 1.19

さて実際にプログラムするにあたって，ふるいとしてprime[2]〜prime[N]というリストを用意し，2〜Nの数を「ふるい」に入れる操作をそのリストのリスト要素を1にすることにし，「ふるい」からはずす操作をそのリスト要素を0とすることにする.

プログラム Dr7_2

```
# --------------------------------
# *      エラトステネスのふるい      *
# --------------------------------

import math

N = 1000
prime = [1 for i in range(N + 1)]
limit = int(math.sqrt(N))
for i in range(2, limit + 1):
    if prime[i] == 1:
        for j in range(2 * i, N + 1):
            if j % i == 0:
                prime[j] = 0

print(' 求められた素数 ')
result = ''
count = 1
for i in range(2, N + 1):
    if prime[i] == 1:
        result += '{:4d}'.format(i)
        if count % 16 == 0:  # 16個単位で表示
            print(result)
            result = ''
        count += 1
print(result)
```

実行結果

```
求められた素数
   2    3    5    7   11   13   17   19   23   29   31   37   41   43   47   53
  59   61   67   71   73   79   83   89   97  101  103  107  109  113  127  131
 137  139  149  151  157  163  167  173  179  181  191  193  197  199  211  223
 227  229  233  239  241  251  257  263  269  271  277  281  283  293  307  311
 313  317  331  337  347  349  353  359  367  373  379  383  389  397  401  409
 419  421  431  433  439  443  449  457  461  463  467  479  487  491  499  503
 509  521  523  541  547  557  563  569  571  577  587  593  599  601  607  613
 617  619  631  641  643  647  653  659  661  673  677  683  691  701  709  719
 727  733  739  743  751  757  761  769  773  787  797  809  811  821  823  827
 829  839  853  857  859  863  877  881  883  887  907  911  919  929  937  941
 947  953  967  971  977  983  991  997
```

エラトステネス (Eratosthenes : 275〜194B.C.)

ギリシャの哲学者.

 素因数分解

　正の整数を素数の積に分解することを素因数分解という. たとえば，126 = 2・3・3・7と素因数分解できる.

　nを素因数分解するアルゴリズムは以下の通りである.

　① まず, nを2で割り切れなくなるまで繰り返し割っていく. その際, 割り切れるたびに2を表示する.

　② 割る数を3として同じことを繰り返し, 以後4, 5, 6, …と続けていく. 実際には素数についてだけ調べればよいのだが, 素数表がないので手当たり次第に調べている. しかし, 素数以外のもので割る場合は, それ以前にその数を素因数分解したときの素数（6なら2と3）ですでに割られているので, 割り切れることはない.

　③ 割る数をaとしたとき, $\sqrt{n} \geqq a (n \geqq a \times a)$ の間が②を繰り返す条件である. nの値も割られるたびに小さくなっている.

プログラム Dr7_3

```
# ---------------------
# *    素因数分解     *
# ---------------------
while (data := input('data?')) != '/':
    n = int(data)
    a = 2
    result = ''
    while n >= a * a:
        if n % a == 0:
            result += '{:d}*'.format(a)
            n = n // a
        else:
            a += 1
    result += '{:d}'.format(n)
    print('{:s}={:s}'.format(data, result))
```

実行結果

```
data?126
126=2*3*3*7
data?1200
1200=2*2*2*2*3*5*5
data?991
991=991
data?/
```

第 **2** 章

数値計算

○ コンピュータ（電子計算機）は，元来数値計算を行う目的で開発されたものである．したがって，数値計算に関するアルゴリズムは最も早い時期から研究されており，理論的にもかなり体系化されている．

○ この章では，関数の定積分を解析的に求めるのではなく，微小区間に分割して近似値として求める数値積分法，初等関数を無限級数で近似するテイラー展開，非線形方程式や連立方程式の解法，何組かのデータが与えられたとき，与えられた点以外の値を求める補間や最小二乗法，3.141592653589…1989のように1000桁のrの値を正確に求める多桁計算，OR（オペレーションズ・リサーチ）の分野である線形計画法，などについて説明する．

2-0 | 数値計算とは

　狭い意味での「数値計算」は，方程式の解法，数値積分法などの「数値解析」を指すが，広い意味では，「統計解析」，「オペレーションズ・リサーチ」などを含める.

　実験データから標準偏差や相関などの基礎統計量を計算することや，調査データを元に母集団を推測する事などが統計解析の分野である.

　第二次世界大戦における戦術決定を，科学的，数学的手法で意志決定しようと研究されたのが，オペレーションズ・リサーチ（Operations Research：OR）の始まりである. 大戦後，ORの手法は企業経営の中にも採り入れられ，その真価を発揮するに至った.

　「コンピュータによる数値計算の結果は正しいものである」と考えられがちであるが，コンピュータが扱うデータ型は無限桁を扱えるわけではなく，有限の桁（これを有効桁数といい，一般のC系言語ではdouble型で15～16桁）で計算している. このため，

**　丸め誤差（有効桁数にするために四捨五入するときに発生する）** （**2-2**参照）

が発生する. 繰り返し処理ではこの丸め誤差が計算結果に伝播し，拡大されることがあるので，計算手順を考慮しなければならない.

　また，級数展開などによる近似式を用いた計算では，有限の繰り返しで結果を得なければならないため，途中で計算を打ち切る. このときに，

**　打ち切り誤差** （**2-3**参照）

が発生する. さらに近い値どうしの減算を行ったときには，

**　桁落ち** （**2-3**参照）

という問題も発生する. 数値計算では，これらの誤差のことを頭に入れておかなければならない.

> ❶ Pythonの浮動小数点型（float型）はC系言語の倍精度浮動小数点型（double型）に相当する.

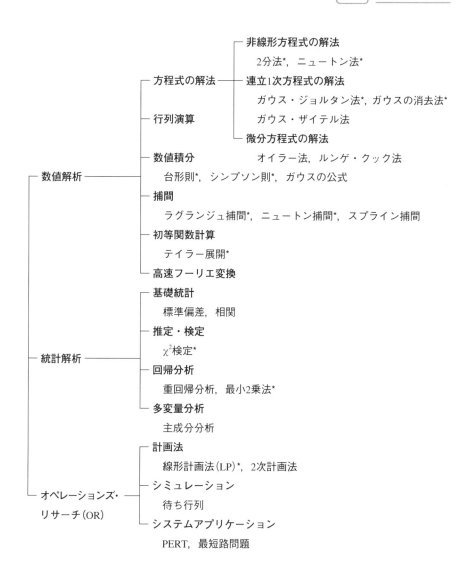

2-1 | 乱数

例題 8 一様乱数（線形合同法）

線形合同法を用いて，一様乱数を発生する．

　乱数（random number）とは，何の規則性もなくでたらめに発生する数のことである．これに対し，計算によって求められた乱数を疑似乱数（pseudo-random number）という．計算による乱数で得られた数列は，いつかは同じ数になり，繰り返しが起こるが，この繰り返しサイクルが十分に大きければ実用的には乱数とみなしてよい．そこで疑似という言葉がついているのである．

　コンピュータ言語ではそれぞれ乱数を発生させるライブラリ（関数）を持っているが，これらはすべて疑似乱数である．

　疑似乱数を発生させるアルゴリズムはいくつか研究されているが，ここでは線形合同法という最もポピュラな方法を示す．

　適当な初期値 x_0 から始め，

$$x_n = (Ax_{n-1} + C)\,\%\,M$$

という式を使って，次々に $0 \sim M$ の範囲の値を発生させる．A, C, M は適当な整数．% は余りを求める演算子．M が 2^n，A が 8 で割って余り 5 の数，C が奇数という条件で，$0 \sim M-1$ までの整数が周期 M で 1 回ずつ現れる．このように各値が均一（同じ出現頻度）に現れる乱数を一様乱数という．以下のプログラムでは $A = 109$，$C = 1021$，$M = 32768$，$x_0 = 13$ を用いた．

プログラム Rei8

```
#-------------------------------
# *     一様乱数 ( 線形合同法 )     *
#-------------------------------

rndnum = 13       # 乱数の初期値
def irnd():       # 0-32767 の整数乱数
    global rndnum
    rndnum = (rndnum*109 + 1021) % 32768
    return rndnum

result = ''
for i in range(100):
    result += '{:6d}'.format(irnd())
    if (i + 1) % 10 == 0:   # 10 個単位で表示
```

```
        print(result)
        result = ''
print(result)
```

実行結果

```
 2438   4619 12972  5945 26434 31511 27848 21797 17598 18659
 3236 26065 24058  1903 11840 13629 12022   699 11676 28521
29618 18119  9912    85 10286  8083 30100  5121  2154  6431
13872  5741  4198 32619 17548 13209 31778 24183 15528 22405
18334   579 31364 11825 11994 30415  6688  9117 11734  2075
30588 25545   146 16935 11928 23221  8974 28915  7028 13409
20810  8319 23056 23757  1862  7371 18028 32761   258 29143
31880  2533 14974 27555 22628  9873 28602  5679 30208 16893
 7350 15739 12636  2089 32114 28039  9848 25877  3566 29267
12628  1217  2602 22495 28144 21293 28198 27179 14412 31833
```

練習問題 8-1 一様性の検定

例題8で作った乱数が，どのくらい均一にばらまかれているかをχ^2（カイ2乗）検定の手法で計算する.

乱数が$1 \sim M$の範囲で発生するとき，iという値の発生回数をf_i，iという値の発生期待値をF_iとすると，

$$\chi^2 = \sum_{i=1}^{M} \frac{(f_i - F_i)^2}{F_i}$$

という値を計算する.このχ^2の値が小さいほど均一にばらまかれていることを示す.

さて，$M = 10$とし，乱数を1000個発生させたときの期待値は，1000/10 = 100である．つまり10個の区間に1000個を均一にばらまけば，各区間にはそれぞれ100個がばらまかれることが期待されるということである．

以下のプログラムではχ^2の計算と，乱数のヒストグラムを求める．

プログラム　Dr8_1

```
# ----------------------
# *      一様性の検定     *
# ----------------------

def irnd():        # 0-32767 の整数乱数
    global rndnum
    rndnum = (rndnum*109 + 1021) % 32768
    return rndnum

def rnd():         # 0-1 未満の実数乱数
    return irnd() / 32767.1

N = 1000           # 乱数の発生回数
M = 10             # 整数乱数の範囲
F = N / M          # 期待値
SCALE = 40.0 / F   # ヒストグラムの高さ（自動スケール）

rndnum = 13        # 乱数の初期値
hist = [0 for i in range(M + 1)]
e = 0.0

for i in range(N):
    rank = int(M*rnd() + 1)       # 1-M の乱数を１つ発生
    hist[rank] += 1

for i in range(1, M + 1):
    result = '{:3d}:{:3d}'.format(i, hist[i])
    result += '*' * int(hist[i] * SCALE)    # ヒストグラムの表示
    print(result)
    e += (hist[i] - F) * (hist[i] - F) / F  # カイ２乗の計算

print('カイ２乗={:f}'.format(e))
```

　この結果を基にχ^2検定の手法で検定すると以下のようになる.

　乱数の範囲が$1 \sim 10$の場合（区間幅10），自由度$\phi = 10 - 1 = 9$である. χ^2分布表（統計解析の書物を参照）より，自由度9，危険率$\alpha = 0.01$のχ_0^2の値を求めると，$\chi_0^2 = 21.7$である.

　したがって，計算したχ^2の値が2.08で，$\chi^2 < \chi_0^2$を満たすから，発生した乱数は，危険率1%で，一様に分布していると判定できる.

　なお，区間幅（Mの値）が大きくなれば当然ながらχ^2の値は大きくなる.

実 行 結 果

```
 1:101********************************
 2: 98*******************************
 3: 96******************************
 4:107**********************************
 5:100********************************
 6: 94*****************************
 7:101********************************
 8:104*********************************
 9:106*********************************
10: 93*****************************
カイ 2 乗 =2.080000
```

練習問題 **8-2** **正規乱数（ボックス・ミュラー法）**

正規乱数をボックス・ミュラー法により発生する.

　乱数を用いたシミュレーションでは，一様乱数以外の乱数も必要になる．ここでは，正規乱数をボックス・ミュラー法により発生させる.

　正規分布 $N(m, \sigma^2)$ は次のような分布になる.

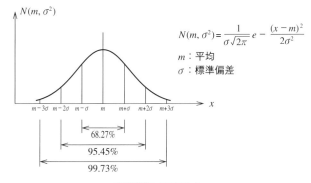

$$N(m, \sigma^2) = \frac{1}{\sigma\sqrt{2\pi}}\, e^{-\frac{(x-m)^2}{2\sigma^2}}$$

m：平均
σ：標準偏差

図 2.2 正規分布

　この平均 m，標準偏差 σ の正規分布 $N(m, \sigma^2)$ に従う乱数は，ボックス・ミュラー法を用いると，2 個の一様乱数 r_1，r_2 を用いて

$$x = \sigma\sqrt{-2\log r_1}\cos 2\pi r_2 + m$$

$$y = \sigma\sqrt{-2\log r_1}\sin 2\pi r_2 + m$$

で得られる.

プログラム Dr8_2

```python
# ------------------------------------------
# *        正規乱数 ( ボックス・ミュラー法 )      *
# ------------------------------------------

import random
import math

def brnd(sig, m):
    r1 = random.random()
    r2 = random.random()
    x = sig * math.sqrt(-2 * math.log(r1)) * math.cos(2 * math.↵
pi * r2) + m
    y = sig * math.sqrt(-2 * math.log(r1)) * math.sin(2 * math.↵
pi * r2) + m
    return x, y

hist = [0 for i in range(100)]
for i in range(1000):
    x, y = brnd(2.5, 10.0)
    hist[int(x)] += 1
    hist[int(y)] += 1

for i in range(21):       # ヒスト・グラムの表示
    result = '{:3d} : '.format(i)
    result += '*' * (hist[i] // 10)
    print(result)
```

実 行 結 果

```
  0 :
  1 :
  2 :
  3 : *
  4 : ***
  5 : *****
  6 : ***********
  7 : *******************
  8 : *************************
  9 : ****************************
 10 : *****************************
 11 : ************************
 12 : ********************
 13 : ***********
 14 : *****
 15 : ***
 16 : *
 17 :
 18 :
 19 :
 20 :
```

各種乱数

コンピュータの乱数は一様乱数が基本となり，この一様乱数を用いて，正規乱数，二項乱数，ポアソン乱数，指数乱数，ワイブル乱数，ガンマ乱数などの各種乱数を作ることができる．

● 参考図書：『パソコン統計解析ハンドブックⅠ基礎統計編』脇本和昌，垂水共之，田中豊編，共立出版

 一様性の検定

線形合同法による乱数は1個ずつ使えば，かなり一様であるが，いくつか組にして使えば，あまり一様とならない．このため，**例題5**で求めたπの値はあまり正確ではない．

線形合同法よりよいとされる乱数にM系列乱数Mersenne Twister（MT）がある．MTは http://www.math.sci.hiroshima-u.ac.jp/m-mat/MT/mt.html を参照．

● 参考図書：『C言語によるアルゴリズム事典』奥村晴彦，技術評論社

 合同

2つの数 a と b があり，これを c で割ったときの余りが同じなら a と b は合同であるといい，

$$a \equiv b \pmod{c}$$

と書く．これを合同式といい，数学者ガウスが考え出した．線形合同法の合同はこの意味．

2-2 数値積分

例題 9　台形則による定積分

関数 $f(x)$ の定積分 $\displaystyle\int_a^b f(x)dx$ を台形則により求める.

　関数 $f(x)$ の定積分を解析的（数学の教科書に出ている方法）に数式として求めるのではなく，微小区間に分割して近似値として求める方法を数値積分という.

　台形則により，$\displaystyle\int_a^b f(x)dx$ を求める方法を示す.

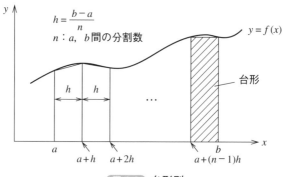

図 2.3　台形則

　上図に示すように，a, b 区間を n 個の台形に分割し，各台形の面積を合計すると，

$$\int_a^b f(x)dx = \frac{h}{2}\Big(f(a)+f(a+h)\Big) + \frac{h}{2}\Big(f(a+h)+f(a+2h)\Big)$$
$$+ \frac{h}{2}\Big(f(a+2h)+f(a+3h)\Big)+\cdots+\frac{h}{2}\Big(f\big(a+(n-1)h\big)+f(b)\Big)$$
$$= h\left\{\frac{1}{2}\Big(f(a)+f(b)\Big)+f(a+h)+f(a+2h)+\cdots+f\big(a+(n-1)h\big)\right\}$$

となる.

プログラム Rei9

```
# ----------------------------
# *       台形則による定積分      *
# ----------------------------

import math

def f(x):    # 被積分関数
    return math.sqrt(4 - x*x)

a, b = 0.0, 2.0    # 積分区間
n = 50             # a-b 間の分割数
h = (b - a) / n    # 区間幅
x, ds = a, 0.0

for k in range(1, n):
    x += h
    ds += f(x)
s = h * ((f(a) + f(b))/2 + ds)
print('  /{:f}'.format(b))
print('  |   sqrt(4-x*x) ={:f}'.format(s))
print('  /{:f}'.format(a))
```

実 行 結 果

```
/2.000000
|   sqrt(4-x*x) =3.138269
/0.000000
```

練習問題 9 シンプソン則による定積分

関数 $f(x)$ の定積分 $\displaystyle\int_a^b f(x)\,dx$ をシンプソン則により求める.

　台形則では $x_0 \sim x_2$ の微小区間を直線で近似しているのに対し，シンプソン則では2次曲線を用いて近似する.

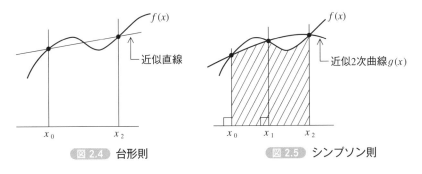

図 2.4 台形則　　　　　図 2.5 シンプソン則

$(x_0, f(x_0))$, $(x_1, f(x_1))$, $(x_2, f(x_2))$ の 3 点を通る二次曲線の方程式 $g(x)$ は，

$$g(x) = \frac{(x-x_1)(x-x_2)}{(x_0-x_1)(x_0-x_2)}f(x_0) + \frac{(x-x_0)(x-x_2)}{(x_1-x_0)(x_1-x_2)}f(x_1) + \frac{(x-x_0)(x-x_1)}{(x_2-x_0)(x_2-x_1)}f(x_2)$$

として表せる．この $g(x)$ の $x_0 \sim x_2$ の間の積分値は数学的に，

$$\int_{x_0}^{x_2} g(x)dx = \frac{h}{3}\Big(f(x_0) + 4f(x_1) + f(x_2)\Big)$$

と表せる．ただし，$h = x_1 - x_0 = x_2 - x_1$ である．これを $a \sim b$ の区間にわたって適用すると，

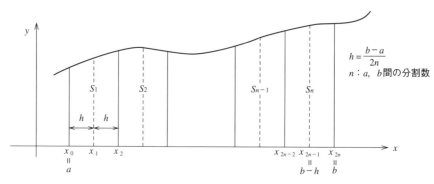

$$h = \frac{b-a}{2n}$$

n：a, b 間の分割数

図 2.6　シンプソン則

$$\int_a^b f(x)dx = \frac{h}{3}\Big\{f(x_0) + 4f(x_1) + 2f(x_2) + 4f(x_3) + 2f(x_4) + \cdots$$
$$+ 2f(x_{2n-2}) + 4f(x_{2n-1}) + f(x_{2n})\Big\}$$

$$= \frac{h}{3}\Big\{f(x_0) + f(x_{2n}) + 4\Big(f(x_1) + f(x_3) + \cdots + f(x_{2n-3}) + f(x_{2n-1})\Big)$$
$$+ 2\Big(f(x_2) + f(x_4) + \cdots + f(x_{2n-2})\Big)\Big\}$$

奇数項には
この項が 1 つ多くある

$n-1$ 個

となる．ただし，$h = (b-a)/2n$ である．

プログラムするにあたっては，奇数項の合計 f_o と偶数項の合計 f_e をそれぞれ求め，

$$\frac{h}{3}\Big\{f(a) + f(b) + 4\big(f_o + f(b-h)\big) + 2f_e\Big\}$$

で求めればよい．$f(b-h)$ は奇数項の 1 つ余分な項 $f(x_{2n-1})$ である．

プログラム Dr9

```
# -----------------------------
# *      シンプソンの定積分      *
# -----------------------------

import math

def f(x):   # 被積分関数
    return math.sqrt(4 - x*x)

a, b = 0.0, 2.0          # 積分区間
n = 50                   # a-b 間の分割数
h = (b - a) / (2 * n)    # 区間幅
fo, fe = 0.0, 0.0

for k in range(1, 2*n - 2, 2):
    fo = fo + f(a + h*k)        # 奇数項の和
    fe = fe + f(a + h*(k + 1))  # 偶数項の和

s=(f(a) + f(b) + 4*(fo + f(b - h)) + 2*fe) * h / 3
print('   /{:f}'.format(b))
print(' |   sqrt(4-x*x) ={:f}'.format(s))
print('   /{:f}'.format(a))
```

実 行 結 果

```
   /2.000000
 |   sqrt(4-x*x) =3.141133
   /0.000000
```

参考 数値積分の公式

数値積分の公式として以下のものがよく知られている.

```
┌ ニュートン・コーツ(Newton-Cotes)系の公式 ─┬─ 直線近似 ─┬─ 台形則
│ (区間を等間隔に分割する方式)              │            └─ 中点則
│                                          └─ 2次曲線近似 ── シンプソン則
├ チェビシェフ(Chebyshev)の公式
│ (区間を不等間隔で重みを一定にする方式)
└ ガウス(Gauss)の公式
  (区間を不等間隔で重みも一定でない方式. もっとも精度が高い方式)
```

● 参考図書：『FORTRAN77による数値計算入門』坂野匡弘, オーム社

中点則について以下に示す.

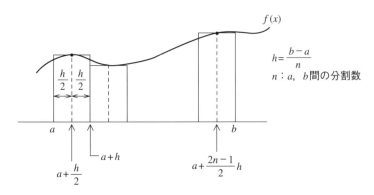

$$\int_a^b f(x)dx = h\left\{f(a+\frac{h}{2})+f(a+\frac{3}{2}h)+\cdots f(a+\frac{2n-1}{2}h)\right\}$$

図 2.7　中点則

台形則の誤差　　$\leqq\ -\dfrac{b-a}{12}h^2f''(\xi)\approx-\dfrac{1}{12}h^2\big(f'(b)-f'(a)\big)$

中点則の誤差　　$\leqq\ \dfrac{b-a}{24}h^2f''(\xi)\approx\ \dfrac{1}{24}h^2\big(f'(b)-f'(a)\big)$

シンプソン則の誤差　$\leqq\ -\dfrac{b-a}{180}h^4f''''(\xi)$

ただし，　　$h=\dfrac{b-a}{n}$, ξは$a\sim b$の適当な値

　単純には，誤差は台形則＞中点則＞シンプソン則という順序であるが，関数の形状（凸関数，凹関数，周期関数など）により多少異なる．周期関数の1周期にわたる積分では，台形則，中点則はきわめて高い精度が得られる.

　台形則，中点則の誤差のオーダーは$h^2((b-a)^2/n^2)$であるから，分割数を10倍にすれば1/100のオーダーで制度が高くなることを示している.

　しかし，コンピュータの有効桁数を越す精度は得られないので，分割数を過度に大きくし過ぎると，逆に丸め誤差（有効桁数になるよう四捨五入するときに計算機内部で発生する）が蓄積され，逆に精度が落ちるので注意すること.

● 参考図書：『岩波講座情報科学18 数値計算』森正武，名取亮，鳥居達生，岩波書店

参考 数値積分による π の値

π を求めるのに

① $\displaystyle\int_0^2 \sqrt{4-x^2}\,dx$ ② $\displaystyle\int_0^1 \frac{4}{1+x^2}\,dx$

という2つの関数について台形則を用いて分割数 n を変えた場合の結果を以下に示す.

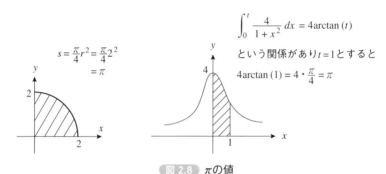

$$\int_0^t \frac{4}{1+x^2}\,dx = 4\arctan(t)$$

という関係があり $t=1$ とすると

$$4\arctan(1) = 4 \cdot \frac{\pi}{4} = \pi$$

$$s = \frac{\pi}{4}r^2 = \frac{\pi}{4}2^2 = \pi$$

図 2.8 π の値

	n	π
	50	3.138269
	100	3.140417
	500	3.141487
$\displaystyle\int_0^2 \sqrt{4-x^2}\,dx$	1000	3.141555
	2000	3.141580
	5000	3.141589
	10000	3.141591
	20000	3.141592

表 2.1

	n	π	誤差$1/6n^2$
	10	3.139926	0.0017
	50	3.141526	0.000067
	100	3.141576	0.000017
$\int_0^1 \dfrac{4}{1+x^2}\,dx$	200	3.141588	0.000004167
	300	3.141591	0.000001852
	400	3.141592	0.000001042
	500	3.141592	0.00000067

表 2.2

誤差の上限は先の式の $-\dfrac{1}{12}h^2(f'(b)-f'(a))$ で求めればよいわけだが, $\sqrt{4-x^2}$ は $f'(b)$ で∞になり計算できない. つまり, 誤差はかなり大きくなることを示している. $4/(1+x^2)$ について計算すると,

$$\left(\frac{4}{1+x^2}\right)' = \frac{-8x}{(1+x^2)^2}$$

であるから,

$$-\frac{1}{12}h^2\big(f'(b)-f'(a)\big) = -\frac{h^2}{12}(-2-0) = \frac{h^2}{6} = \frac{1}{6}\frac{(b-a)^2}{n^2} = \frac{1}{6n^2}$$

となる.

2-3 | テイラー展開

例題 10 e^x

e^x をテイラー展開を用いて計算する.

e^x をテイラー（Taylor）展開すると次のようになる.

$$e^x = 1 + \frac{x}{1!} + \frac{x^2}{2!} + \frac{x^3}{3!} + \cdots + \frac{x^{k-1}}{(k-1)!} + \frac{x^k}{k!} + \cdots$$

$$\underbrace{\phantom{1 + \frac{x}{1!} + \frac{x^{k-1}}{(k-1)!}}}_{d}$$

$$\underbrace{\phantom{1 + \frac{x}{1!} + \frac{x^k}{k!}}}_{s}$$

上の式は無限級数となるので，実際の計算においては有限回で打ち切らなければならない．打ち切る条件は，$k-1$ 項までの和を d，k 項までの和を s としたとき，

$$\frac{|s-d|}{|d|} < EPS$$

となったときである．$|s-d|$ を打ち切り誤差，$|s-d|/|d|$ を相対打ち切り誤差という．EPS の値は必要な精度に応じて適当に設定する．$EPS = 1e-8$ とすれば，精度は 8 桁程度であると考えてよい．

プログラム Rei10

```
# ------------------------------
# *      テイラー展開 (exp(x))     *
# ------------------------------

import math

def myexp(x):
    EPS = 1e-08
    s, e = 1.0, 1.0
    for k in range(1, 201):
        d = s
        e = e * x /k
        s += e
        if abs(s - d) < EPS * abs(d):        # 打ち切り誤差
            return s
    return 0.0    # 収束しないとき

print('    x       myexp(x)         exp(x)')
for x in range(0, 41, 10):
    print('{:5.1f}{:14.6g}{:14.6g}'.format(x, myexp(x), math.
exp(x)))
```

実行結果

```
      x        myexp(x)         exp(x)
   0.0               1               1
  10.0         22026.5         22026.5
  20.0     4.85165e+08     4.85165e+08
  30.0     1.06865e+13     1.06865e+13
  40.0     2.35385e+17     2.35385e+17
```

練習問題 10-1 負の値版 e^x

e^x の x が負の場合にも対応できるようにする.

　一般にテイラー展開はその中心に近いところではよい近似を与えるが, 中心から離れると誤差が大きくなる.

　特に e^x における x が負の値の場合のようなときは, 真値に対してきわめて大きな数の加算, 減算を繰り返すことになり, 桁落ちを生じるので誤差はきわめて大きくなる.

　例題 10 のプログラムで e^{-40} を計算すると, 124項で収束し,

$$e^{-40} = 1 - 40 + 800 - 10666 + 106666 - 853333 + \cdots$$
$$\approx -0.395571$$

となり, 真値 4.248354×10^{-18} とはまったく異なる値になってしまう. そこで x が負の場合は,

$$e^{-x} = \frac{1}{e^x}$$

として求める.

プログラム Dr10_1

```
# --------------------------------------
# *      テイラー展開 (exp(x) 改良版 )       *
# --------------------------------------

import math

def myexp(x):
    EPS = 1e-08
    s, e = 1.0, 1.0
    a = abs(x)
    for k in range(1, 201):
```

```
        d = s
        e = e * a / k
        s += e
        if abs(s - d) < EPS * abs(d):  # 打ち切り誤差
            if x > 0:
                return s
            else:
                return 1.0 / s
    return 0.0  # 収束しないとき

print('    x      myexp(x)          exp(x)')
for x in range(-40, 41, 10):
    print('{:5.1f}{:14.6g}{:14.6g}'.format(x, myexp(x), math.⏎
exp(x)))
```

```
    x        myexp(x)            exp(x)
-40.0     4.24835e-18       4.24835e-18
-30.0     9.35762e-14       9.35762e-14
-20.0     2.06115e-09       2.06115e-09
-10.0     4.53999e-05       4.53999e-05
  0.0              1                 1
 10.0        22026.5           22026.5
 20.0     4.85165e+08       4.85165e+08
 30.0     1.06865e+13       1.06865e+13
 40.0     2.35385e+17       2.35385e+17
```

練習問題 **10-2** cos x

cos xをテイラー展開により求める.

$$\cos x = 1 - \frac{x^2}{2!} + \frac{x^4}{4!} - \frac{x^6}{6!} + \cdots$$

　テイラー展開は展開の中心に近いところでよい近似を与えるので，xの値は0〜2πの範囲に収まるように補正して計算すること.

プログラム Dr10_2

```
# ------------------------------
# *     テイラー展開 (cos(x))     *
# ------------------------------

import math

def mycos(x):
    EPS = 1e-08
```

```
    s, e = 1.0, 1.0
    x = x % (2 * math.pi)    # xの値を0-2パイに収める
    for k in range(1, 201, 2):
        d = s
        e = -e * x * x / (k * (k + 1))
        s += e
        if abs(s - d) < EPS * abs(d):  # 打ち切り誤差
            return s
    return 9999.0                # 収束しないとき

print('   x        mycos(x)         cos(x)')
for x in range(0, 181, 10):
    rdx = math.radians(x)
    print('{:5.1f}{:14.6f}{:14.6f}'.format(x, mycos(rdx), math.
cos(rdx)))
```

```
     x        mycos(x)          cos(x)
   0.0      1.000000        1.000000
  10.0      0.984808        0.984808
  20.0      0.939693        0.939693
  30.0      0.866025        0.866025
  40.0      0.766044        0.766044
  50.0      0.642788        0.642788
  60.0      0.500000        0.500000
  70.0      0.342020        0.342020
  80.0      0.173648        0.173648
  90.0      0.000000        0.000000
 100.0     -0.173648       -0.173648
 110.0     -0.342020       -0.342020
 120.0     -0.500000       -0.500000
 130.0     -0.642788       -0.642788
 140.0     -0.766044       -0.766044
 150.0     -0.866025       -0.866025
 160.0     -0.939693       -0.939693
 170.0     -0.984808       -0.984808
 180.0     -1.000000       -1.000000
```

 マクローリン展開

$f(x)$ の $x = a$ におけるテイラー展開は

$$f(x) = f(a) + f'(a)\frac{(x-a)}{1!} + f''(a)\frac{(x-a)^2}{2!} + \cdots$$

となる．$a = 0$ における展開を特にマクローリン（Maclaurin）展開といい，

$$f(x) = f(0) + f'(0)\frac{x}{1!} + f''(0)\frac{x^2}{2!} + \cdots$$

となる．たとえば e^x をマクローリン展開すると，$f(x) = e^x$ とおけば，$f'(x) = f''(x) =$ $\cdots = e^x$ となるから，$f(0) = f'(0) = f''(0) = \cdots = 1$ となる．したがって，

$$e^x = 1 + \frac{x}{1!} + \frac{x^2}{2!} + \cdots$$

が導かれる．

マクローリン展開の例.

$$\sin x = x - \frac{x^3}{3!} + \frac{x^5}{5!} - \cdots$$

$$\cosh x = 1 + \frac{x^2}{2!} + \frac{x^4}{4!} + \cdots$$

$$\sinh x = x + \frac{x^3}{3!} + \frac{x^5}{5!} + \cdots$$

 参考 **桁落ち**

8桁の有効桁数で，1234567.7 + 0.1456 − 1234567.9 という計算を考えてみる．

1234567.7 + 0.1456 の計算結果は 1234567.8 となり，真値（1234567.8456）に対し大きな誤差はないが，1234567.8 − 1234567.9 の計算結果は − 0.1 となり真値（− 0.0544）に対し約50%もの誤差となる．

このように上位の正しい桁が減算によりなくなった場合，それまで小さかった誤差が相対的に増大してしまう現象を桁落ちという．

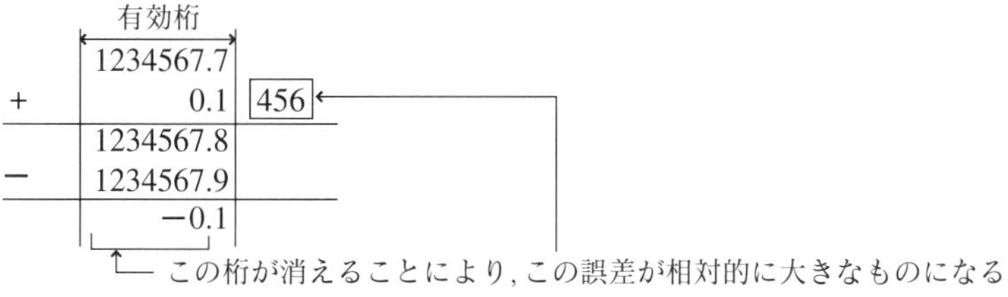

```
              有効桁
        ┌──────────┐
        │1234567.7 │
    +   │      0.1 │ 456 ◄──
        ├──────────┤
        │1234567.8 │
    −   │1234567.9 │
        ├──────────┤
        │    −0.1  │
        └──────────┘
     └─ この桁が消えることにより，この誤差が相対的に大きなものになる
```

図 2.9

2-4 非線形方程式の解法

例題 11 2分法

方程式 $f(x) = 0$ の根（解）を2分法により求める.

　1次方程式（つまりグラフ上で直線）以外の方程式を非線形方程式と呼ぶ. このような方程式の根を求める方法に2分法がある.

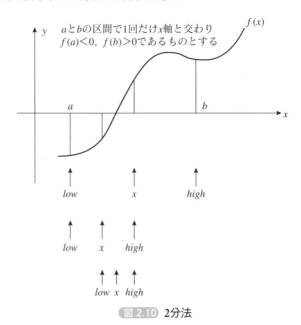

y　aとbの区間で1回だけx軸と交わり
$f(a)<0$, $f(b)>0$であるものとする

$f(x)$

a　　　　b　　x

low　　　*x*　　　*high*

low　*x*　*high*

low x high

図 2.10　2分法

① 根の左右にある2点a, bを*low*と*high*の初期値とする.

② *low*と*high*の中点xを$x = (low + high) / 2$で求める.

③ $f(x) > 0$なら根はxより左にあるから$high = x$とし, 上限を半分に狭める.
　　$f(x) < 0$なら根はxより右にあるから$low = x$とし, 下限を半分に狭める.

④ $f(x)$が0か$|high - low| / |low| < EPS$になったときの$x$の値を求める根とし, そうでないなら②以後を繰り返す. EPSは収束判定値で, 適当な精度を選ぶ.

　つまり, 2分法では, データ範囲を半分に分け, 根がどちらの半分にあるかを調べることを繰り返し, 調べる範囲を根に向かって, だんだんに絞っていく.

プログラム Rei11

```
# ----------------
# *    2分法    *
# ----------------

def f(x):
    return x*x*x - x + 1

EPS = 1e-8      # 打ち切り誤差
LIMIT = 50      # 打ち切り回数

low, high = -2.0, 2.0
for k in range(1, LIMIT + 1):
    x = (low + high) / 2
    if f(x) > 0:
        high = x
    else:
        low = x
    if f(x) == 0 or abs(high - low) < abs(low) * EPS:
        print('x={:f}'.format(x))
        break
if k > LIMIT:
    print(' 収束しない ')
```

① ←

収束条件としてabs(f(x)) < EPS
を用いても良い

実行結果

```
x=-1.324718
```

❶ 図2.10において$f(a) < 0$, $f(b) > 0$として上のプログラムは作っているが, $f(a) > 0$, $f(b) < 0$の場合もある. この場合まで含ませるには①部を以下のようにする.

```
low, high = -2.0, 2.0
a = low
for k in range(1, LIMIT + 1):
    x = (low + high) / 2
    if f(a) * f(x) < 0:
        high = x
    else:
        low = x
```

練習問題 11 ニュートン法

方程式 $f(x) = 0$ の根をニュートン法により求める.

ニュートン法の概念を以下に示す.

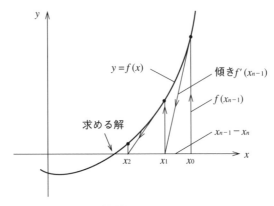

図 2.11 ニュートン法

① 根の近くの適当な値 x_0 を初期値とする.

② $y = f(x)$ の $x = x_0$ における接線を引き, x 軸と交わったところを x_1 とし, 以下同様な手順で $x_2, x_3, \cdots, x_{n-1}, x_n$ と求めていく.

③ $\dfrac{|x_n - x_{n-1}|}{|x_{n-1}|} < EPS$ になったときの x_n の値を求める根とし, そうでないなら

②以後を繰り返す. EPS は収束判定値で, 適当な精度を選ぶ.

x_n を求めるには

$$f'(x_{n-1}) \eqfallingdotseq \frac{f(x_{n-1})}{x_{n-1} - x_n}$$

という関係があることを利用して,

$$x_n = x_{n-1} - \frac{f(x_{n-1})}{f'(x_{n-1})}$$

と前の値 x_{n-1} を用いて求めることができる. ニュートン法の方が2分法より収束が速い.

プログラム Dr11

```
# -----------------------
# *     ニュートン法      *
# -----------------------

def f(x):
    return x*x*x - x + 1
def g(x):
    return 3*x*x - 1

EPS = 1e-8      # 打ち切り誤差
LIMIT = 50      # 打ち切り回数
x = -2.0

for k in range(1, LIMIT + 1):
    dx = x
    x -= f(x) / g(x)
    if abs(x - dx)  <abs(dx) * EPS:
        print('x={:f}'.format(x))
        break
if k > LIMIT:
    print(' 収束しない ')
```

実行結果

```
x=-1.324718
```

2-5 補間

例題 12 ラグランジュ補間

何組かの x, y データが与えられているとき，これらの点を通る補間多項式をラグランジュ補間により求め，データ点以外の点の値を求める．

(x_0, y_0), (x_1, y_1), $\cdots$, (x_{n-1}, y_{n-1}) という n 個の点が与えられたとき，これらの点をすべて通る関数 $f(x)$ は次のように求められる．

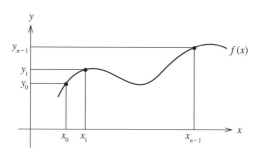

図 2.12 ラグランジュ補間

$$f(x) = \frac{(x-x_1)(x-x_2)\cdots(x-x_{n-1})}{(x_0-x_1)(x_0-x_2)\cdots(x_0-x_{n-1})}y_0$$

$$+\frac{(x-x_0)(x-x_2)\cdots(x-x_{n-1})}{(x_1-x_0)(x_1-x_2)\cdots(x_1-x_{n-1})}y_1$$

$$\cdots+\frac{(x-x_0)(x-x_1)\cdots(x-x_{n-2})}{(x_{n-1}-x_0)(x_{n-1}-x_1)\cdots(x_{n-1}-x_{n-2})}y_{n-1}$$

$$=\sum_{i=0}^{n-1}\left(\prod_{j=0}^{n-1}\frac{x-x_j}{x_i-x_j}\right)y_i \qquad \text{ただし} i = j \text{の項は含めない}$$

これをラグランジュの補間多項式といい，$n-1$ 次の多項式となる．したがって，与えられたデータ以外の点はこの多項式を用いて計算することができる．

プログラム Rei12

```python
# ----------------------------
# *      ラグランジュ補間      *
# ----------------------------

def lagrange(x, y, n, t):
    s = 0.0
    for i in range(n):
        p = y[i]
        for j in range(n):
            if i !=j:
                p = p * (t - x[j]) / (x[i] - x[j])
        s += p
    return s

x = [0.0, 1.0, 3.0, 6.0, 7.0]
y = [0.8, 3.1, 4.5, 3.9, 2.8]
print('       x         y')
for n in range(15):
    t = n / 2.0
    print('{:7.2f}{:7.2f}'.format(t, lagrange(x, y, 5, t)))
```

実行結果

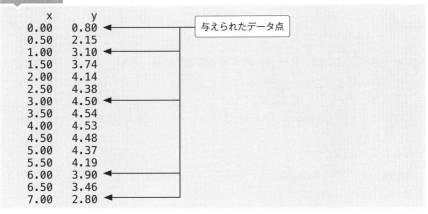

```
       x         y
    0.00    0.80
    0.50    2.15
    1.00    3.10
    1.50    3.74
    2.00    4.14
    2.50    4.38
    3.00    4.50
    3.50    4.54
    4.00    4.53
    4.50    4.48
    5.00    4.37
    5.50    4.19
    6.00    3.90
    6.50    3.46
    7.00    2.80
```

与えられたデータ点

練習問題 12 　ニュートン補間

例題 12 と同じことをニュートン補間により求める.

(x_0, y_0), (x_1, y_1), $\cdots$, (x_{n-1}, y_{n-1}) という n 個の点が与えられたとき，次のような表をつくる.

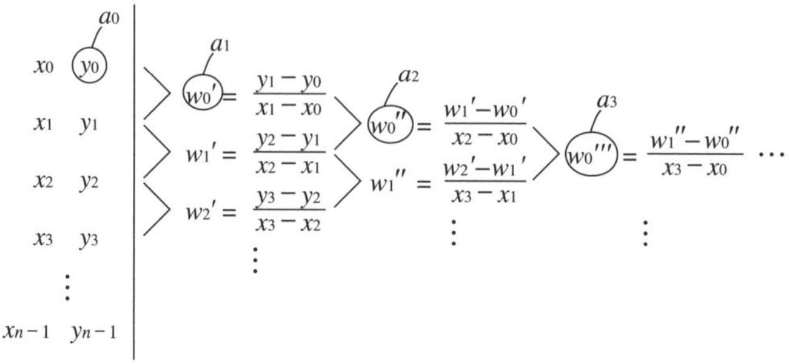

図 2.13 ニュートン補間

この表から得られる $a_0 \sim a_{n-1}$ を係数とする $n-1$ 次の多項式は

$$f(x) = a_0 + a_1(x-x_0) + a_2(x-x_0)(x-x_1) + \cdots \\ + a_{n-1}(x-x_0)(x-x_1) \cdots (x-x_{n-2})$$

と求められる．これがニュートンの補間多項式である．なお，この多項式は，ホーナーの方法（**練習問題 1**）を用いれば，

$$f(x) = \left(\cdots \left(\left(a_{n-1}(x-x_{n-2}) + a_{n-2} \right)(x-x_{n-3}) + a_{n-3} \right)(x-x_{n-4}) \cdots + a_1 \right)(x-x_0) + a_0$$

と書き直すことができる.

係数 $a_0 \sim a_{n-1}$ を求めるには，作業用リスト w[] を用い，次のような手順で行う．なお，w_0, w_1, $\cdots$ が w[0]，w[1]，$\cdots$ に対応し，w_0, w_0', w_0'', $\cdots$ は同じリスト w[0] を 1 回目，2 回目，3 回目，$\cdots$ に使用していることを示す.

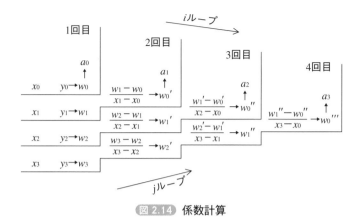

図 2.14 係数計算

　ニュートン補間ではまず最初に$a_0 \sim a_{n-1}$の係数を求めておき，その値を基に多項式の値を計算して補間するのでラグランジュ補間に比べ計算回数は少ない．

プログラム Dr12

```
# -------------------------
# *      ニュートン補間      *
# -------------------------

def newton(x, y, n, t):
    global flag
    w = [0 for i in range(100)]    # 作業用
    if flag == 1:  # 1度目に呼ばれた時だけ a[] に係数を求める
        for i in range(n):
            w[i] = y[i]
            for j in range(i - 1, -1, -1):
                w[j] = (w[j + 1] - w[j]) / (x[i] - x[j])
            a[i] = w[0]
        flag = -1

    s = a[n - 1]    # x=t における補間
    for i in range(n - 2, -1, -1):
        s = s * (t - x[i]) + a[i]
    return s

flag = 1
a = [0 for i in range(100)]    # 係数リスト
x = [0.0, 1.0, 3.0, 6.0, 7.0]
y = [0.8, 3.1, 4.5, 3.9, 2.8]

print('      x        y')
for n in range(15):
    t = n / 2.0
    print('{:7.2f}{:7.2f}'.format(t, newton(x, y, 5, t)))
```

実行結果

```
     x       y
  0.00    0.80
  0.50    2.15
  1.00    3.10
  1.50    3.74
  2.00    4.14
  2.50    4.38
  3.00    4.50
  3.50    4.54
  4.00    4.53
  4.50    4.48
  5.00    4.37
  5.50    4.19
  6.00    3.90
  6.50    3.46
  7.00    2.80
```

 他の補間（interpolation）法

補間法として次のものがある.

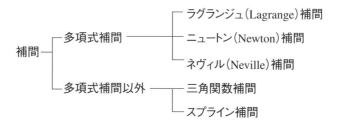

補間は与えられたデータ組をすべて通るように関数を近似しているので，多項式補間では一般に，n個のデータに対し，$n-1$次の多項式になる.

このようにぴったり一致させなくてもよい場合は，それらのできるだけ近くを通る関数を見つける最小2乗法（**第2章2-10**）がある.

2-6 多桁計算

例題 13 ロング数とロング数の加減算

*n*桁のロング数どうしの加算および減算を行う.

C系言語でのlong型, double型などの基本データ型では扱えない長さの数をロング数と呼ぶことにする.

たとえば, 20桁の数19994444777722229999と01116666333388881111を加算することを考える. これらの数は1つの変数には入らないので, 下から4桁ずつ区切って次のようにリストa[], b[]に格納する.

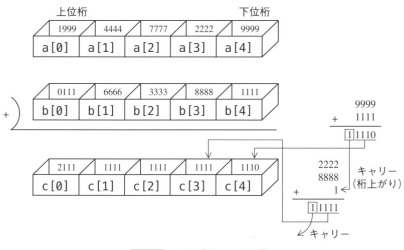

図2.15 ロング数+ロング数

これらを加算してc[]に格納するにはa[]とb[]の下位桁よりそれぞれ加算を行い, 加算結果が10000未満なら, そのままc[]に格納し, もし10000以上（4桁を超えるとき）なら結果から10000を引いたものをc[]に格納し, 次の桁を加算するときにキャリー（桁上がり）の1を加える.

減算も同様な処理を行うが, 結果が負になった場合は, 10000を加えてc[]に格納し, 次の桁を減算するときにボロー（借り）の1を引く.

プログラム　Rei13

```
# --------------------
# *      多桁計算      *
# --------------------

def ladd(a, b, c):      # ロング数 + ロング数
    cy = 0
    for i in range(N - 1, -1, -1):
        c[i] = a[i] + b[i] + cy
        if c[i] < 10000:
            cy = 0
        else:
            c[i] = c[i] - 10000
            cy = 1

def lsub(a, b, c):      # ロング数 - ロング数
    brrw = 0
    for i in range(N - 1, -1, -1):
        c[i] = a[i] - b[i] - brrw
        if c[i] >= 0:
            brrw = 0
        else:
            c[i] = c[i] + 10000
            brrw = 1

def lprint(c):          # ロング数の表示
    result = ''
    for i in range(N):
        result += '{:04d} '.format(c[i])
    print(result)

KETA = 20    # 桁数
N = (KETA - 1) // 4 + 1      # リストサイズ
a = [1999, 4444, 7777, 2222, 9999]
b = [ 111, 6666, 3333, 8888, 1111]
c = [0 for i in range(N + 2)]

ladd(a, b, c)
lprint(c)
lsub(a, b, c)
lprint(c)
```

実 行 結 果

```
2111 1111 1111 1111 1110
1887 7778 4443 3334 8888
```

練習問題 13 **ロング数とショート数の乗除算**

ロング数×ショート数およびロング数÷ショート数を計算する.

ここでのショート数とは0〜32767の整数とする.

ロング数×ショート数は,下位桁より次のような手順で行う.

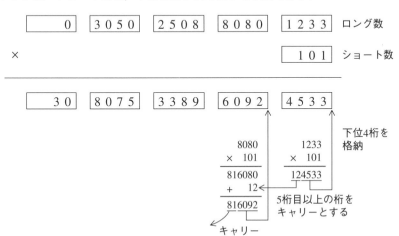

図 2.16 ロング数×ショート数

ロング数÷ショート数は,上位桁より次のような手順で行う.

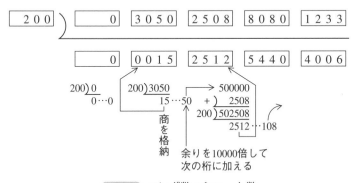

図 2.17 ロング数÷ショート数

プログラム Dr13

```
# --------------------
# *     多桁計算     *
# --------------------

def lmul(a, b, c):     # ロング数×ショート数
    cy = 0
    for i in range(N - 1, -1, -1):
        d = a[i]*b + cy
        c[i] = d % 10000
        cy = d // 10000

def ldiv(a, b, c):     # ロング数÷ショート数
    rem = 0
    for i in range(N):
        d = a[i] + rem
        c[i] = d // b
        rem = (d % b) * 10000

def lprint(c):         # ロング数の表示
    result = ''
    for i in range(N):
        result += '{:04d} '.format(c[i])
    print(result)

KETA = 20                    # 桁数
N = (KETA - 1) // 4 + 1      # 配列サイズ
a = [   0, 3050, 2508, 8080, 1233]
c = [0 for i in range(N + 2)]

lmul(a, 101, c)
lprint(c)
ldiv(a, 200, c)
lprint(c)
```

実行結果

```
0030 8075 3389 6092 4533
0000 0015 2512 5440 4006
```

2-7 | 長い π

例題 14　π の 1000 桁

π の値を 1000 桁目まで正確に求める.

マチン（J.Machin）の公式によると,

$$\pi = \left(\frac{16}{5} - \frac{16}{3 \cdot 5^3} + \frac{16}{5 \cdot 5^5} - \frac{16}{7 \cdot 5^7} + \cdots\right) - \left(\frac{4}{239} - \frac{4}{3 \cdot 239^3} + \frac{4}{5 \cdot 239^5} - \frac{4}{7 \cdot 239^7} + \cdots\right)$$

$$= \left\{\left(\frac{16}{5} - \frac{4}{239}\right) - \left(\frac{16}{5^3} - \frac{4}{239^3}\right)\cdot\frac{1}{3} + \left(\frac{16}{5^5} - \frac{4}{239^5}\right)\cdot\frac{1}{5} + \cdots\right\}$$

$$\underset{w_1}{\uparrow} \quad \underset{v_1}{\uparrow} \quad \underset{w_2}{\uparrow} \quad \underset{v_2}{\uparrow} \quad \underset{w_3}{\uparrow} \quad \underset{v_3}{\uparrow}$$

となる. 第 n 項は,

$$\left(\frac{16}{5^{2n-1}} - \frac{4}{239^{2n-1}}\right)\cdot\frac{1}{2n-1}$$

で表される. 符号は n が奇数なら正, 偶数なら負とする.

この公式の各項を **2-6** で示したロング数の計算を用いて計算すれば, 多桁の π の値が正確に求められる.

さて, l 桁の精度の π を求めるには, マチンの公式の何項まで計算すればよいか考える. n 項の 2 つの項を比べると $16/5^{2n-1}$ の方が大きいので, こちらの項が 10^{-l} より小さくなれば. $n+1$ 項以後は計算しなくてもよい.

$$\frac{16}{(2n-1)\cdot 5^{2n-1}} = 10^{-l}$$

$$\log\frac{16}{(2n-1)\cdot 5^{2n-1}} = \log 10^{-l}$$

$$\log 16 - \log(2n-1) - (2n-1)\log 5 = -l$$

$$\underbrace{\log 16 - \log(2n-1) + \log 5}_{\text{この部分は小さいので0と考えれば}} - 2n\log 5 = -l$$

$$n = \frac{l}{2\log 5} = \frac{l}{1.39794}$$

したがって,

$$n = \left[\frac{l}{1.39794} \right] + 1$$

で示される桁まで計算すればよい. [ ] はガウス記号で, この中の値を超えない最大の整数を示す.

プログラムにあたっては, 第 n 項は

$$\left(\frac{w_{n-1}}{5^2} - \frac{v_{n-1}}{239^2} \right) / (2n-1)$$

という漸化式を用いて計算する.

なお, このプログラムでは, w と v について同じ項まで計算しているが, v の方が収束が速いので, w と v を別々に計算しておいて, 最後に $w - v$ を求めてもよい. v の方の計算打ち切り項は w と同様な方法で,

$$n = \left[\frac{l}{4.7558} \right] + 1$$

となる.

プログラム Rei14

```
# -------------------------
# *      パイの多桁計算       *
# -------------------------

def ladd(a, b, c):      # ロング数＋ロング数
    cy = 0
    for i in range(L2, -1, -1):
        c[i] = a[i] + b[i] + cy
        if c[i] < 10000:
            cy = 0
        else:
            c[i] = c[i] - 10000
            cy = 1

def lsub(a, b, c):      # ロング数－ロング数
    brrw = 0
    for i in range(L2, -1, -1):
        c[i] = a[i] - b[i] - brrw
        if c[i] >= 0:
            brrw = 0
        else:
            c[i] = c[i] + 10000
            brrw = 1

def ldiv(a, b, c):      # ロング数÷ショート数
    rem = 0
```

```
    for i in range(L2 + 1):
        d = a[i] + rem
        c[i] = d // b
        rem = (d % b) * 10000

def printresult(c):  # 結果の表示
    print('{:3d}.'.format(c[0]))      # 最上位桁の表示
    result = ''
    for i in range(1, L1):
        result += '{:04d} '.format(c[i])
        if i % 16 == 0:  # 16個単位で表示
            print(result)
            result = ''
    print(result)


L = 1000                    # 求める桁数
L1 = L // 4 + 1             # 配列のサイズ
L2 = L1 + 1                 # 一つ余分に取る
N = int(L / 1.39794) + 1    # 計算する項数
s = [0 for i in range(L2 + 2)]
w = [0 for i in range(L2 + 2)]
v = [0 for i in range(L2 + 2)]
q = [0 for i in range(L2 + 2)]

w[0] = 16 * 5               # マチンの公式
v[0] = 4 * 239
for k in range(1, N + 1):
    ldiv(w, 25, w)
    ldiv(v, 239, v)
    ldiv(v, 239, v)
    lsub(w, v, q)
    ldiv(q, 2*k - 1, q)
    if k % 2 != 0:      # 奇数項か偶数項かの判定
        ladd(s, q, s)
    else:
        lsub(s, q, s)
printresult(s)
```

実行結果

```
  3.
1415 9265 3589 7932 3846 2643 3832 7950 2884 1971 6939 9375 1058 2097 4944 5923
0781 6406 2862 0899 8628 0348 2534 2117 0679 8214 8086 5132 8230 6647 0938 4460
9550 5822 3172 5359 4081 2848 1117 4502 8410 2701 9385 2110 5559 6446 2294 8954
9303 8196 4428 8109 7566 5933 4461 2847 5648 2337 8678 3165 2712 0190 9145 6485
6692 3460 3486 1045 4326 6482 1339 3607 2602 4914 1273 7245 8700 6606 3155 8817
4881 5209 2096 2829 2540 9171 5364 3678 9259 0360 0113 3053 0548 8204 6652 1384
1469 5194 1511 6094 3305 7270 3657 5959 1953 0921 8611 7381 9326 1179 3105 1185
4807 4462 3799 6274 9567 3518 8575 2724 8912 2793 8183 0119 4912 9833 6733 6244
0656 6430 8602 1394 9463 9522 4737 1907 0217 9860 9437 0277 0539 2171 7629 3176
7523 8467 4818 4676 6940 5132 0005 6812 7145 2635 6082 7785 7713 4275 7789 6091
7363 7178 7214 6844 0901 2249 5343 0146 5495 8537 1050 7922 7968 9258 9235 4201
```

```
9956 1121 2902 1960 8640 3441 8159 8136 2977 4771 3099 6051 8707 2113 4999 9998
3729 7804 9951 0597 3173 2816 0963 1859 5024 4594 5534 6908 3026 4252 2308 2533
4468 5035 2619 3118 8171 0100 0313 7838 7528 8658 7533 2083 8142 0617 1776 6914
7303 5982 5349 0428 7554 6873 1159 5628 6388 2353 7875 9375 1957 7818 5778 0532
1712 2680 6613 0019 2787 6611 1959 0921 6420 1989
```

練習問題 14-1 　e の 1000 桁計算

e の値を 1000 桁目まで正確に求める.

テイラー展開（**2-3**参照）によると，e（自然対数の底）の値は，

$$e = 1 + \frac{1}{1!} + \frac{1}{2!} + \frac{1}{3!} + \cdots + \frac{1}{n!} + \cdots$$

で求められる.

$$449! < 10^{1000} < 450!$$

である. 余裕を見て，451項まで計算する.

プログラム　Dr14_1

```python
# ----------------------
# *     e の多桁計算     *
# ----------------------

def ladd(a, b, c):    # ロング数＋ロング数
    cy = 0
    for i in range(L2, -1, -1):
        c[i] = a[i] + b[i] + cy
        if c[i] < 10000:
            cy = 0
        else:
            c[i] = c[i] - 10000
            cy = 1

def lsub(a, b, c):    # ロング数－ロング数
    brrw = 0
    for i in range(L2, -1, -1):
        c[i] = a[i] - b[i] - brrw
        if c[i] >= 0:
            brrw = 0
        else:
            c[i] = c[i] + 10000
            brrw = 1

def ldiv(a, b, c):    # ロング数÷ショート数
    rem = 0
```

```
        for i in range(L2 + 1):
            d = a[i] + rem
            c[i] = d // b
            rem = (d % b) * 10000

def printresult(c):  # 結果の表示
    print('{:3d}.'.format(c[0]))     # 最上位桁の表示
    result = ''
    for i in range(1, L1):
        result += '{:04d} '.format(c[i])
        if i % 16 == 0:  # 16個単位で表示
            print(result)
            result = ''
    print(result)

L = 1000            # 求める桁数
L1 = L // 4 + 1     # 配列のサイズ
L2 = L1 + 1         # 一つ余分に取る
N = 451             # 計算する項数
s = [0 for i in range(L2 + 2)]
w = [0 for i in range(L2 + 2)]
s[0] = w[0] = 1

for k in range(1, N + 1):
    ldiv(w, k, w)
    ladd(s, w, s)
printresult(s)
```

実 行 結 果

```
  2.
7182 8182 8459 0452 3536 0287 4713 5266 2497 7572 4709 3699 9595 7496 6967 6277
2407 6630 3535 4759 4571 3821 7852 5166 4274 2746 6391 9320 0305 9921 8174 1359
6629 0435 7290 0334 2952 6059 5630 7381 3232 8627 9434 9076 3233 8298 8075 3195
2510 1901 1573 8341 8793 0702 1540 8914 9934 8841 6750 9244 7614 6066 8082 2648
0016 8477 4118 5374 2345 4424 3710 7539 0777 4499 2069 5517 0276 1838 6062 6133
1384 5830 0075 2044 9338 2656 0297 6067 3711 3200 7093 2870 9127 4437 4704 7230
6969 7720 9310 1416 9283 6819 0255 1510 8657 4637 7211 1252 3897 8442 5056 9536
9677 0785 4499 6996 7946 8644 5490 5987 9316 3688 9230 0987 9312 7736 1782 1542
4999 2295 7635 1482 2082 6989 5193 6680 3318 2528 8693 9849 6465 1058 2093 9239
8294 8879 3320 3625 0944 3117 3012 3819 7068 4161 4039 7019 8376 7932 0683 2823
7646 4804 2953 1180 2328 7825 0981 9455 8153 0175 6717 3613 3206 9811 2509 9618
1881 5930 4169 0351 5988 8851 9345 8072 7386 6738 5894 2287 9228 4998 9208 6805
8257 4927 9610 4841 9844 4363 4632 4496 8487 5602 3362 4827 0419 7862 3209 0021
6099 0235 3043 6994 1849 1463 1409 3431 7381 4364 0546 2531 5209 6183 6908 8870
7016 7683 9642 4378 1405 9271 4563 5490 6130 3107 2085 1038 3750 5101 1574 7704
1718 9861 0687 3969 6552 1267 1546 8895 7035 0354
```

階乗の多桁計算

49! までの値を 64 桁で求める.

プログラム Dr14_2

```
# ---------------------------
# *      階乗の多桁計算      *
# ---------------------------

def lmul(a, b, c):      # ロング数×ショート数
    cy = 0
    for i in range(L2 - 1, -1, -1):
        d = a[i]*b + cy
        c[i] = d % 10000
        cy = d // 10000

def printresult(k, c):    # 結果の表示
    result = '{:2d}!='.format(k)
    for i in range(L2):
        result += '{:04d}'.format(c[i])
    print(result)

L = 64                      # 求める桁数
L2 = (L + 3) // 4           # 配列のサイズ
s = [0 for i in range(L2)]
s[L2 - 1] = 1
for k in range(1, 50):
    lmul(s, k, s)
    printresult(k, s)
```

実行結果

```
 1!=0000000000000000000000000000000000000000000000000000000000000001
 2!=0000000000000000000000000000000000000000000000000000000000000002
 3!=0000000000000000000000000000000000000000000000000000000000000006
 4!=0000000000000000000000000000000000000000000000000000000000000024
 5!=0000000000000000000000000000000000000000000000000000000000000120
 6!=0000000000000000000000000000000000000000000000000000000000000720
 7!=0000000000000000000000000000000000000000000000000000000000005040
 8!=0000000000000000000000000000000000000000000000000000000000040320
 9!=0000000000000000000000000000000000000000000000000000000000362880
10!=0000000000000000000000000000000000000000000000000000000003628800
11!=0000000000000000000000000000000000000000000000000000000039916800
12!=0000000000000000000000000000000000000000000000000000000479001600
13!=0000000000000000000000000000000000000000000000000000006227020800
14!=0000000000000000000000000000000000000000000000000000087178291200
15!=0000000000000000000000000000000000000000000000000001307674368000
16!=0000000000000000000000000000000000000000000000000020922789888000
17!=0000000000000000000000000000000000000000000000000355687428096000
```

18!=0000000000000000000000000000000000000000000000006402373705728000
19!=0000000000000000000000000000000000000000000000121645100408832000
20!=0000000000000000000000000000000000000000000002432902008176640000
21!=0000000000000000000000000000000000000000000051090942171709440000
22!=0000000000000000000000000000000000000000001124000727777607680000
23!=0000000000000000000000000000000000000000025852016738884976640000
24!=0000000000000000000000000000000000000000620448401733239439360000
25!=0000000000000000000000000000000000000015511210043330985984000000
26!=0000000000000000000000000000000000000403291461126605635584000000
27!=0000000000000000000000000000000000010888869450418352160768000000
28!=0000000000000000000000000000000000304888344611713860501504000000
29!=0000000000000000000000000000000008841761993739701954543616000000
30!=0000000000000000000000000000000265252859812191058636308480000000
31!=0000000000000000000000000000008222838654177922817725562880000000
32!=0000000000000000000000000000263130836933693530167218012160000000
33!=0000000000000000000000000008683317611881188649551819440128000000
34!=0000000000000000000000000295232799039604140847618609643520000000
35!=0000000000000000000000010333147966386144929666651337523200000000
36!=0000000000000000000003719933267899012174679944815083520000000000
37!=0000000000000000000137637530912263450463159795815809024000000000
38!=0000000000000000005230226174666011117600072241000742912000000000
39!=0000000000000000203978820811974433586402817399028973568000000000
40!=0000000000000008159152832478977343456112695961158942720000000000
41!=0000000000000033452526613163807108170062053440751665152000000000
42!=0000000000001405006117752879898543142606244511569936384000000000
43!=0000000000060415263063373835637355132068513997507264512000000000
44!=0000000002658271574788448768043625811014615890319638528000000000
45!=0000000119622220865480194561963161495657715064383373760000000000
46!=0000005502622159812088949850305428800254892916517529600000000000
47!=0002586232415111681806429643551536119799691976323891200000000000
48!=0012413915592536072670862289047373375038521486354677760000000000
49!=0608281864034267560872252163321295376887552831379210240000000000

 マチンの公式

$$\pi = 4 \cdot \tan^{-1} 1$$

である. また $\tan^{-1} x$ はテイラー展開により,

$$\tan^{-1} x = x - \frac{x^3}{3} + \frac{x^5}{5} - \frac{x^7}{7} + \cdots$$

と展開できる. この展開式は x が 0 に近いほど収束が速いので $\tan^{-1} 1$ で展開するよりも, $\tan^{-1} 1$ を 0 に近い引数の組み合わせで表し, それを展開した方がよい. マチンは $\tan^{-1} 1$ を $\tan^{-1} \dfrac{1}{5}$ と $\tan^{-1} \dfrac{1}{239}$ で次のように組み合わせた.

85

$$\pi = 4 \cdot \left(4 \cdot \tan^{-1} \frac{1}{5} - \tan^{-1} \frac{1}{239} \right)$$

 ## Stirling の近似式

　$n!$ を $n \cdot (n-1)!$ の方式でこつこつとかけ合わせて計算しないでも，次の近似式により求めることができる．

$$n! = \sqrt{2\pi n} \left(\frac{n}{e} \right)^n$$

　これを Stirling の近似式という．

2-8 連立方程式の解法

例題 15 ガウス・ジョルダン法

ガウス・ジョルダン法を用いて連立方程式の解を求める.

ガウス・ジョルダン（Gauss-Jordan）法を 3 元連立方程式を例に説明する.

$$a_{11}x_1+a_{12}x_2+a_{13}x_3 = b_1 \text{———①}$$
$$a_{21}x_1+a_{22}x_2+a_{23}x_3 = b_2 \text{———②}$$
$$a_{31}x_1+a_{32}x_2+a_{33}x_3 = b_3 \text{———③}$$

①式を a_{11} で割り，x_1 の係数を 1 にする．②式から，①式を a_{21} 倍したものを引く．③式から，①式を a_{31} 倍したものを引く．すると，次のように②式，③式の x_1 の係数は 0 になる.

$$x_1 +a'_{12}x_2+a'_{13}x_3 = b'_1 \text{———①}'$$
$$a'_{22}x_2+a'_{23}x_3 = b'_2 \text{———②}'$$
$$a'_{32}x_2+a'_{33}x_3 = b'_3 \text{———③}'$$

同様に②$' \div a'_{22}$，①$'-$②$' \times a'_{12}$，③$'-$②$' \times a'_{32}$ を行う.

$$x_1 \quad +a''_{13}x_3 = b''_1 \text{———①}''$$
$$x_2+a''_{23}x_3 = b''_2 \text{———②}''$$
$$a''_{33}x_3 = b''_3 \text{———③}''$$

さらに，③$'' \div a''_{33}$，①$''-$③$'' \times a''_{13}$，②$''-$③$'' \times a''_{23}$ を行う.

$$x_1 \qquad\qquad = b'''_1$$
$$x_2 \qquad = b'''_2$$
$$x_3 = b'''_3$$

これで，$x_1 = b'''_1$，$x_2 = b'''_2$，$x_3 = b'''_3$ と解が求められた.

プログラムにするには次のような係数行列を作り，これが単位行列になるように掃き出し演算を行えばよい.

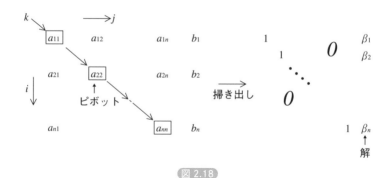

つまり，アルゴリズムは以下のようになる．

① ピボットを1行1列からn行n列に移しながら以下を繰り返す．

② ピボットのある行の要素$(a_{kk}, a_{kk+1}, \cdots, a_{kn}, b_k)$をピボット係数$(a_{kk})$で割る．結果としてピボットは1となる．なお，ピボット以前の要素$(a_{k1}, a_{k2}, \cdots, a_{kk-1})$はすでに0になっているので割らなくてもよい．

③ ピボット行以外の各行について以下を繰り返す．

④ （各行）−（ピボット行）×（係数）．この操作もピボット以前の列要素についてはすでに0になっているので行わなくてもよい．

ピボット（pivot）は，中心軸（枢軸）という意味．

具体的な掃き出しの過程を，次のような3元連立方程式を例に説明する．

$$
\begin{aligned}
2x_1 + 3x_2 + x_3 &= 4 \\
4x_1 + x_2 - 3x_3 &= -2 \\
-x_1 + 2x_2 + 2x_3 &= 2
\end{aligned}
$$

1. 係数行列を作る.

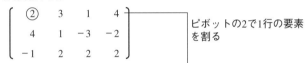

ピボットの2で1行の要素
を割る

2. 1行1列をピボットにして掃き出す.

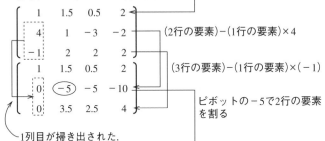

(2行の要素)−(1行の要素)×4

(3行の要素)−(1行の要素)×(−1)

ピボットの−5で2行の要素
を割る

1列目が掃き出された.

3. 2行2列をピボットにして掃き出す.

(1行の要素)−(2行の要素)×1.5

(3行の要素)−(2行の要素)×3.5

ピボットの−1で3行の要素
を割る

4. 3行3列をピボットにして掃き出す.

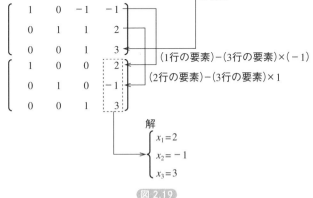

(1行の要素)−(3行の要素)×(−1)

(2行の要素)−(3行の要素)×1

解
$\begin{cases} x_1 = 2 \\ x_2 = -1 \\ x_3 = 3 \end{cases}$

図 2.19

プログラム Rei15

```
# ------------------------------------------------------
# *        連立方程式の解法 ( ガウス・ジョルダン法 )        *
# ------------------------------------------------------

N = 3                           # 元の数
a = [[ 2.0, 3.0,  1.0,  4.0],   # 係数行列
     [ 4.0, 1.0, -3.0, -2.0],
     [-1.0, 2.0,  2.0,  2.0]]

for k in range(N):
    p = a[k][k]                   # ピボット係数
    for j in range(k, N + 1):   # ピボット行を p で割る
        a[k][j] /= p
    for i in range(N):           # ピボット列の掃き出し
        if i != k:
            d = a[i][k]
            for j in range(k, N + 1):
                a[i][j] -= d * a[k][j]

for k in range(N):
    print('x{:d}={:f}'.format(k + 1, a[k][N]))
```
①

実 行 結 果

```
x1=2.000000
x2=-1.000000
x3=3.000000
```

　なお，単位行列になるように掃き出しを行わなくても，ピボット列 + 1 以後の列
要素についてだけ掃き出しを行っても解は得られる．その場合は，プログラムの①
部は次のようになる．

```
        for j in range(k + 1, N + 1):
            a[i][j] -= a[i][k] * a[k][j]
```

ピボット選択法

ピボット選択法を用いて連立方程式の解を求める.

例題15で示したガウス・ジョルダン法では, ピボットの値が0に近い小さな値になったとき, それで各係数を割ると誤差が大きくなってしまう.

そこで, ピボットのある列の中で絶対値が最大なものをピボットに選ぶことで誤差を少なくする方法をピボット選択法という.

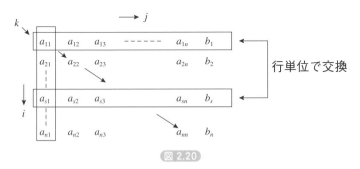

図 2.20

$a_{11} \sim a_{n1}$ の中で絶対値が最大な係数がある行 (s) を見つけ, 1行と変換する.

$$
\begin{array}{cccccc}
a_{s1} & a_{s2} & a_{s3} & ------ & a_{sn} & b_s \\
a_{21} & a_{22} & a_{23} & & a_{2n} & b_2 \\
\vdots & & & & & \\
a_{11} & a_{12} & a_{13} & & a_{1n} & b_1 \\
\vdots & & & & & \\
a_{n1} & a_{n2} & a_{n3} & & a_{nn} & b_n
\end{array}
$$

図 2.21

a_{s1} をピボットにして帰き出す (**例題15**と同じ操作).

$$
\begin{array}{cccccc}
1 & a'_{s2} & a'_{s3} & ------ & a'_{sn} & b'_s \\
0 & a'_{22} & a'_{23} & & a'_{2n} & b'_2 \\
\vdots & & & & & \\
0 & a'_{12} & a'_{13} & & a'_{1n} & b'_1 \\
\vdots & & & & & \\
0 & a'_{n2} & a'_{n3} & & a'_{nn} & b'_n
\end{array}
$$

図 2.22

同様な処理をピボットを移しながら行う.

プログラム Dr15_1

```
# ----------------------------------------------
# *        連立方程式の解法 ( ピボット選択法 )        *
# ----------------------------------------------

N = 3                           # 元の数
a = [[ 2.0, 3.0,  1.0,  4.0],   # 係数行列
     [ 4.0, 1.0, -3.0, -2.0],
     [-1.0, 2.0,  2.0,  2.0]]

for k in range(N):
    Max, s = 0, k
    for j in range(k, N):
        if abs(a[j][k]) > Max:
            Max = abs(a[j][k])
            s = j
    if Max == 0:
        break
    for j in range(N + 1):
        a[k][j], a[s][j] = a[s][j], a[k][j]

    p = a[k][k]                  # ピボット係数
    for j in range(k, N + 1):   # ピボット行を p で割る
        a[k][j] /= p
    for i in range(N):          # ピボット列の掃き出し
        if i != k:
            d = a[i][k]
            for j in range(k, N + 1):
                a[i][j] -= d * a[k][j]

if Max == 0:
    print(' 解けない ')
else:
    for k in range(N):
        print('x{:d}={:f}'.format(k + 1, a[k][N]))
```

実行結果

```
x1=2.000000
x2=-1.000000
x3=3.000000
```

練習問題 15-2 ガウスの消去法

ガウスの消去法を用いて連立方程式の解を求める.

ガウスの消去法は，前進消去と後退代入という2つの操作からできている.

$$
\begin{aligned}
a_{11}x_1 + a_{12}x_2 + a_{13}x_3 &= b_1 \text{ ―――― ①} \\
a_{21}x_1 + a_{22}x_2 + a_{23}x_3 &= b_2 \text{ ―――― ②} \\
a_{31}x_1 + a_{32}x_2 + a_{33}x_3 &= b_3 \text{ ―――― ③}
\end{aligned}
$$

②－①× $\frac{a_{21}}{a_{11}}$，③－①× $\frac{a_{31}}{a_{11}}$ を行うと②と③の x_1 項が消える.

$$
\begin{aligned}
a_{11}x_1 + a_{12}x_2 + a_{13}x_3 &= b_1 \text{ ―――― ①}' \\
a'_{22}x_2 + a'_{23}x_3 &= b'_2 \text{ ―――― ②}' \\
a'_{32}x_2 + a'_{33}x_3 &= b'_3 \text{ ―――― ③}'
\end{aligned}
$$

③′－②′× $\frac{a'_{32}}{a'_{22}}$ を行うと③′の x_2 項が消える.

$$
\begin{aligned}
a_{11}x_1 + a_{12}x_2 + a_{13}x_3 &= b_1 \text{ ―――― ①}'' \\
a'_{22}x_2 + a'_{23}x_3 &= b'_2 \text{ ―――― ②}'' \\
a''_{33}x_3 &= b''_3 \text{ ―――― ③}''
\end{aligned}
$$

ここまでの操作を前進消去という，さて，③″より x_3 が求められるので，この値を②″に代入して x_2 を求め，さらに①″に代入して x_1 を求める.

$$
\begin{aligned}
x_3 &= b''_3 / a''_{33} \\
x_2 &= (b_2' - a_{23}' x_3) / a_{22}' \\
x_1 &= (b_1 - a_{12}x_2 - a_{13}x_3) / a_{11}
\end{aligned}
$$

図 2.23

この操作を後退代入という.

前進消去のアルゴリズム

① ピボットを1行1列から $n-1$ 行 $n-1$ 列に移しながら以下の操作を繰り返す.

② a_{kk} をピボットにし, i行について a_{ik}/a_{kk} を求め, i 行－k 行× a_{ik}/a_{kk} を行う.

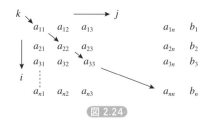

図 2.24

後退代入のアルゴリズム

① b_n' から b_1' に向かって以下の操作を繰り返す.

　② b_i' を初期値として，b'_{i+1} から b'_n まで $a'_{ij} \times b'_j$ の値を引く.

　③ ②で求められた値を a'_{ii} で割る.

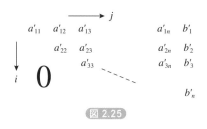

図 2.25

プログラム　Dr15_2

```
# ------------------------------------------
# *      連立方程式の解法 ( ガウスの消去法 )      *
# ------------------------------------------

N = 3                          # 元の数
a = [[ 2.0, 3.0,  1.0,  4.0],  # 係数行列
     [ 4.0, 1.0, -3.0, -2.0],
     [-1.0, 2.0,  2.0,  2.0]]

for k in range(N - 1):           # 前進消去
    for i in range(k + 1, N):
        d = a[i][k] / a[k][k]
        for j in range(k + 1, N + 1):
            a[i][j] -= a[k][j] * d

for i in range(N - 1, -1, -1):  # 後退代入
    d = a[i][N]
    for j in range(i + 1, N):
        d -= a[i][j] * a[j][N]
    a[i][N] = d / a[i][i]
```

```
for k in range(N):
    print('x{:d}={:f}'.format(k + 1, a[k][N]))
```

実 行 結 果

```
x1=2.000000
x2=-1.000000
x3=3.000000
```

なお，ガウスの消去法においてもピボット選択の必要性がある．

◎ 参考図書：『岩波講座情報科学 18 数値計算』森正武，名取亮，鳥居達生，岩波書店

 参考 連立方程式の解法

連立方程式の解法として以下のものがある．

　・ガウス・ジョルダン法（Gauss-Jordan）

　・ガウスの消去法（Gauss）

　・ガウス・ザイデル法（Gauss-Seidel）

　・共役傾斜法

　・コレスキー法（Cholesky）

　・クラウト法（Crout）

◎ 参考図書：『FORTRAN77による数値計算法入門』坂野匡弘，オーム社

2-9 線形計画法

例題 16 線形計画法

線形計画法をシンプレックス法により解く.

　生産料, コスト, 人員などのデータが一次関数として与えられているとき, 目的関数に対し最適解を得る方法を線形計画法 (Linear Programming : LP) と呼ぶ.

　たとえば, ある企業がx_1, x_2という2種類の商品を生産しており, 生産に使われる資源はIC, トランジスタ, 抵抗であって, x_1, x_2各1単位を生産するために必要な各資源の量は次のように表されるとする.

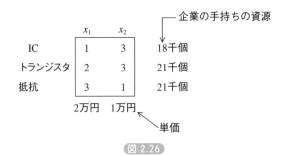

図 2.26

　このとき, 手持ちの資源の範囲内で売上高を最大にするためには, x_1, x_2をそれぞれいくつ作ったらよいかを考えるというのがLPである. これは,

$$\begin{cases} x_1 + 3x_2 \leqq 18 \cdots\cdots\cdots\cdots \text{ICの限界線} \\ 2x_1 + 3x_2 \leqq 21 \cdots\cdots\cdots\cdots \text{トランジスタの限界線} \\ 3x_1 + x_2 \leqq 21 \cdots\cdots\cdots\cdots \text{抵抗の限界線} \\ x_1, x_2 \geqq 0 \end{cases}$$

のもとで,

$$2x_1 + x_2 = max \cdots\cdots\cdots\cdots \text{売上高}$$

が最大となるようなx_1, x_2を求めればよい.

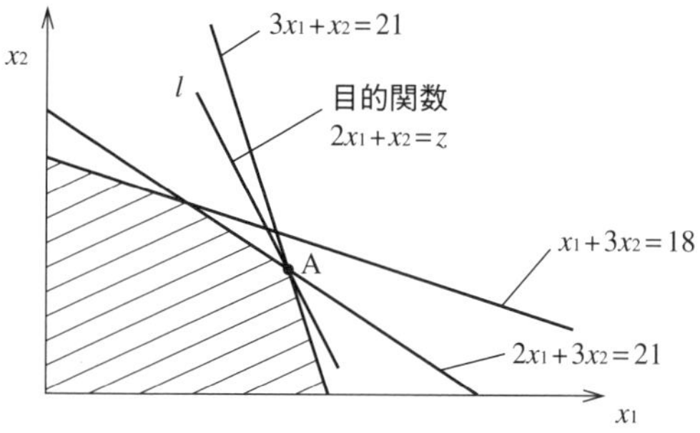

（図 2.27）線形計画問題の図解法

これを図解すると**図 2.27** のようになり，生産の実行可能領域は図の斜線部となる．したがって，この領域内で $2x_1 + x_2 = z$ で示される直線群 l を平行移動していき，斜線部から離れる瞬間の z の値が求める売上高の最大値であり，そのときの接点 A の x_1，x_2 の値が各生産量の数量となる．A 点はトランジスタの限界線と抵抗の限界線の交点であるから，$x_1 = 6$，$x_2 = 3$ が求められる．

さて，このように変数が 2 つの場合は図解でも求められるが，変数が 3 つ以上になると図解では困難となる．コンピュータによる LP の解法として最も標準的なものにシンプレックス法がある．そこで，

制約式として，

$$\begin{cases} a_{11}x_1 + a_{12}x_2 + \cdots + a_{1n}x_n \gtreqless b_1 \\ a_{21}x_1 + a_{22}x_2 + \cdots + a_{2n}x_n \gtreqless b_2 \\ \vdots \\ a_{m1}x_1 + a_{m2}x_2 + \cdots + a_{mn}x_n \gtreqless b_m \end{cases}$$

❗ $\gtreqless$ は不等号のうち，いずれかを選ぶという意味

目的関数として

$$z = c_1 x_1 + c_2 x_2 + \cdots + c_n x_n$$

が与えられたとする．このままでは解けないので，≧または≦の不等号を持つ制約式にスラック（slack）変数を入れ，等式化する．

$$a_{11}x_1 + a_{12}x_2 + \cdots + a_{1n}x_n + \boxed{x_{n+1}} = b_1$$
$$a_{21}x_1 + a_{22}x_2 + \cdots + a_{2n}x_n + x_{n+2} = b_2$$
$$\vdots$$
$$a_{m1}x_1 + a_{m2}x_2 + \cdots + a_{mn}x_n + x_{n+m} = b_m$$
$$z - c_1x_1 - c_2x_2 - \cdots - c_nx_n = 0$$

スラック

この連立方程式から，次のような係数行列を作り，

$$
\begin{array}{cccccc}
a_{11} & a_{12} & \cdots & a_{1n} & 1 & b_1 \\
a_{21} & a_{22} & & a_{2n} & 1 & b_2 \\
\vdots & \vdots & & \vdots & \ddots & \vdots \\
a_{m1} & a_{m2} & & a_{mn} & 1 & b_m \\
-c_1 & -c_2 & \cdots & -c_n & 0\ 0\ \cdots\ 0 & 0
\end{array}
$$

図 2.28

$x_1 \sim x_n$ の係数が 1 になるように掃き出し演算を行えばよいわけであるが，完全に等式の方程式を解くわけではなく，制約条件を満たし，目的関数値が最大（または最小）になるような特殊な掃き出しを行わなければならない．そのアルゴリズムは以下の通りである．

① 最下行（目的関数の係数）の中から最小なもの（負のデータなので絶対値が最大といってもよい）がある列 y を探す．列選択．

② 最小値 $\geqq 0$ なら終了．この条件は最下行の係数がすべて正になったことを意味し，これ以上掃き出しを行っても目的関数の値は増加しないことを意味する．

③ ①で求めた y 列にある各行の要素で各行の右端要素を割ったものが最小となる行 x を探す．行選択．

④ x 行 y 列をピボットにして掃き出し演算を行う．

以上の操作を次のような係数行列を用いて具体的に説明する．

$$
\begin{pmatrix}
1 & 3 & 1 & 0 & 0 & 18 \\
2 & 3 & 0 & 1 & 0 & 21 \\
3 & 1 & 0 & 0 & 1 & 21 \\
-2 & -1 & 0 & 0 & 0 & 0
\end{pmatrix}
$$

図 2.29

① 最下段の最小なもの−2がある第1列を列選択し，1列の各行の要素1，2，3で各行の右端要素18，21，21を割り，最小の21/3がある第3行を行選択する．

$$\begin{pmatrix} 1 & 3 & 1 & 0 & 0 & 18 \\ 2 & 3 & 0 & 1 & 0 & 21 \\ ③ & 1 & 0 & 0 & 1 & 21 \\ \boxed{-2} & -1 & 0 & 0 & 0 & 0 \end{pmatrix} \begin{matrix} 18 \\ 21/2 \\ \boxed{21/3} \longleftarrow 行選択 \\ \\ \end{matrix}$$

列選択

図 2.30

② 3行1列をピボットにして掃き出す．最下段の最小なもの−1/3がある第2列を列選択し，①と同様な操作により最小の3がある第2行を行選択する．

$$\begin{pmatrix} 0 & 8/3 & 1 & 0 & -1/3 & 11 \\ 0 & ⑦/③ & 0 & 1 & -2/3 & 7 \\ 1 & 1/3 & 0 & 0 & 1/3 & 7 \\ 0 & \boxed{-1/3} & 0 & 0 & 2/3 & 14 \end{pmatrix} \begin{matrix} 33/8 \\ \boxed{3} \longleftarrow 行選択 \\ 21 \\ \\ \end{matrix}$$

列選択

図 2.31

③ 2行2列をピボットにして帰き出す．変数x_1，x_2の1のある行を右にたどった位置にそれぞれの最適解がある．目的関数の最適解は最下段に得られる．

$$\begin{array}{cc} x_1 & x_2 \\ \end{array}$$
$$z \begin{pmatrix} 0 & 0 & 1 & -8/7 & 3/7 & 3 \\ 0 & 1 & 0 & 3/7 & -2/7 & 3 \\ 1 & 0 & 0 & -1/7 & 3/7 & 6 \\ 0 & 0 & 0 & 1/7 & 4/7 & 15 \end{pmatrix} \begin{matrix} \\ \longleftarrow x_2 の最適解 \\ \longleftarrow x_1 の最適解 \\ \longleftarrow z \,の最適解 \end{matrix}$$

図 2.32

プログラム Rei16

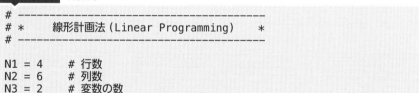

```
# ------------------------------------
# *    線形計画法 (Linear Programming)    *
# ------------------------------------

N1 = 4     # 行数
N2 = 6     # 列数
N3 = 2     # 変数の数
```

```
a = [[1.0, 3.0, 1.0, 0.0, 0.0, 18.0],   # 係数行列
     [2.0, 3.0, 0.0, 1.0, 0.0, 21.0],
     [3.0, 1.0, 0.0, 0.0, 1.0, 21.0],
     [-2.0, -1.0, 0.0, 0.0, 0.0, 0.0]]

while True:
    Min = 9999    # 列選択
    for k in range(N2 - 1):
        if a[N1 - 1][k] < Min:
            Min = a[N1 - 1][k]
            y = k

    if Min >= 0:
        break

    Min = 9999    # 行選択
    for k in range(N1 - 1):
        p = a[k][N2 - 1] / a[k][y]
        if a[k][y] > 0 and p < Min:
            Min = p
            x = k
    p = a[x][y]                  # ピボット係数
    for k in range(N2):          # ピボット行を p で割る
        a[x][k] = a[x][k] / p
    for k in range(N1):          # ピボット列の掃き出し
        if k != x:
            d = a[k][y]
            for j in range(N2):
                a[k][j] -= d * a[x][j]

for k in range(N3):
    flag = -1
    for j in range(N1):
        if a[j][k] == 1:
            flag = j
    if flag != -1:
        print('x{:d} = {:f}'.format(k + 1, a[flag][N2 - 1]))
    else:
        print('x{:d} = {:f}'.format(k + 1, 0))
print('z= {:f}'.format(a[N1-1][N2-1]))
```

```
x1 = 6.000000
x2 = 3.000000
z= 15.000000
```

2-10 最小2乗法

例題 17 最小2乗法

与えられたデータ組に最も近似できる方程式 $f(x) = a_0 + a_1 x + a_2 x^2 + \cdots + a_m x^m$ を最小2乗法により導く.

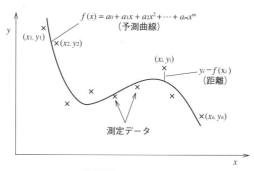

図 2.33 最小2乗法

図2.33のような n 組の測定データ (x_i, y_i) $(i = 1, 2, \cdots, n)$ があるとする. このデータに沿う近似方程式として

$$f(x) = a_0 + a_1 x + a_2 x^2 + \cdots + a_m x^m$$

を考え, この方程式と測定データとの距離の2乗和 $\left(\sum_{i=1}^{n} (y_i - f(x_i))^2 \right)$ を最小となるように, 係数 $a_0 \sim a_m$ を決めるのが最小2乗法の考え方である. これは次の連立方程式を解くことにより得られる. なお, m は当てはめ曲線の次数である.

$$\begin{cases} s_0 a_0 + s_1 a_1 + s_2 a_2 + s_3 a_3 \cdots + s_m a_m = t_0 \\ s_1 a_0 + s_2 a_1 + s_3 a_2 + s_4 a_3 \cdots + s_{m+1} a_m = t_1 \\ s_2 a_0 + s_3 a_1 + s_4 a_2 + \cdots + s_{m+2} a_m = t_2 \\ \vdots \\ s_m a_0 + s_{m+1} a_1 + \cdots + s_{2m} a_m = t_m \end{cases}$$

ただし $\begin{cases} s_0 = \sum_{j=1}^{n} x_j^0 \\ s_1 = \sum_{j=1}^{n} x_j^1 \\ \vdots \\ s_{2m} = \sum_{j=1}^{n} x_j^{2m} \end{cases} \begin{cases} t_0 = \sum_{j=1}^{n} y_j x_j^0 \\ t_1 = \sum_{j=1}^{n} y_j x_j^1 \\ \vdots \\ t_m = \sum_{j=1}^{n} y_j x_j^m \end{cases}$

この連立方程式はガウス・ジョルダン法で解けばよいから，次のような係数行列
を作る．

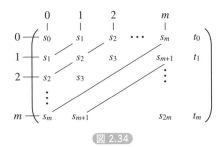

図 2.34

ここで注意してみると，係数行列の斜め方向に同じものが並んでいるので，すべ
ての要素を計算しなくてもよいことになる．つまり，おのおのの行と列の添字の数
を加えたものが等しい要素には同じ係数が入る．たとえば，s_2 が入るのは 2 行 0 列，
1 行 1 列，0 行 2 列というようにである．

プログラム Rei17_1

```
# --------------------
# *    最小2乗法    *
# --------------------

N = 7      # データ数
M = 5      # 当てはめ次数
x = [-3, -2, -1,  0, 1, 2, 3]
y = [ 5, -2, -3, -1, 1, 4, 5]
a = [[0] * (M + 2) for i in range(M + 1)]
s = [0 for i in range(2*M + 1)]
t = [0 for i in range(M + 1)]

for i in range(N):
    for j in range(2*M + 1):  # s0 から s2m の計算
        s[j] += pow(x[i], j)
    for j in range(M + 1):    # t0 から tm の計算
        t[j] += pow(x[i], j) * y[i]

for i in range(M + 1):         # a[][] に s[],t[] の値を入れる
    for j in range(M + 1):
        a[i][j] = s[i + j]
    a[i][M + 1] = t[i]

for k in range(M + 1):         # 掃き出し
    p = a[k][k]
    for j in range(k, M + 2):
        a[k][j] /= p
```

```
        for i in range(M + 1):
            if i != k:
                d = a[i][k]
                for j in range(k, M + 2):
                    a[i][j] -= d * a[k][j]
print('   x    y')              # 補間多項式による y の値の計算
for n in range(-6, 7):
    px = n / 2.0
    p = 0
    for k in range(M + 1):
        p += a[k][M + 1] * pow(px, k)
    print('{:5.1f}{:5.1f}'.format(px, p))
```

実行結果

```
   x    y
-3.0   5.0
-2.5   0.3
-2.0  -2.1
-1.5  -2.9
-1.0  -2.8
-0.5  -2.2
 0.0  -1.3
 0.5  -0.1
 1.0   1.2
 1.5   2.6
 2.0   3.9
 2.5   4.9
 3.0   5.0
```

結果をグラフィックス表示するためのプログラムを以下に示す.グラフィックス・ライブラリについては**第8章**を参照.

プログラム Rei17_2

```
# -------------------------------
# *     最小 2 乗法 ( グラフ表示 )     *
# -------------------------------

!pip3 install ColabTurtle
from ColabTurtle.Turtle import *
initializeTurtle(initial_window_size=(600, 600), initial_speed=13)
hideturtle()
width(2)
bgcolor('white')
color('blue')

def line(x1, y1, x2, y2):
    penup()
```

```
        goto(50*x1 + 300, 300 - 50*y1)
        pendown()
        goto(50*x2 + 300, 300 - 50*y2)

N = 7        # データ数
M = 5        # 当てはめ次数
x = [-3, -2, -1,  0, 1, 2, 3]
y = [ 5, -2, -3, -1, 1, 4, 5]
a = [[0] * (M + 2) for i in range(M + 1)]
s = [0 for i in range(2*M + 1)]
t = [0 for i in range(M + 1)]

for i in range(N):
    for j in range(2*M + 1):        # s0 から s2m の計算
        s[j] += pow(x[i], j)
    for j in range(M + 1):          # t0 から tm の計算
        t[j] += pow(x[i], j) * y[i]

for i in range(M + 1):              # a[][] に s[],t[] の値を入れる
    for j in range(M + 1):
        a[i][j] = s[i + j]
    a[i][M + 1] = t[i]

for k in range(M + 1):              # 掃き出し
    p = a[k][k]
    for j in range(k, M + 2):
        a[k][j] /= p
    for i in range(M + 1):
        if i != k:
            d = a[i][k]
            for j in range(k, M + 2):
                a[i][j] -= d * a[k][j]

line(-6, 0, 6, 0)
line(0, 6, 0, -6)
for i in range(N):  # +印のプロット
    line(x[i] - 0.05, y[i], x[i] + 0.05, y[i])
    line(x[i], y[i] - 0.1, x[i], y[i] + 0.1)

penup()
for k in range(M + 1):  # 係数の表示
    goto(0, k*20 + 50)
    write('a{:d}={:f}'.format(k, a[k][M+1]), font=(20, "Arial", ⏎
"normal"))

px = -3
while px <= 3:  # グラフの描画
    py = 0
    for i in range(M + 1):
        py += a[i][M + 1] * pow(px, i)
    if px == -3:
        penup()
    else:
```

```
        pendown()
    goto(50*px + 300, 300 - 50*py)
    px += 0.01
```

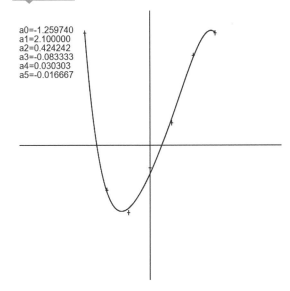

a0=-1.259740
a1=2.100000
a2=0.424242
a3=-0.083333
a4=0.030303
a5=-0.016667

第 **3** 章

ソートとサーチ

- ○ 数値計算と並んで多量のデータを処理することは，コンピュータの重要な仕事である．データ処理の基本的作業として，ソート（sort：整列）とサーチ（search：探索）がある．

- ○ ソートに関しては，直接選択法，バブルソート，基本挿入法といった基本形ソートと，これを改良したシェル・ソートについて学ぶ．より高速なソート法であるクイック・ソートとヒープ・ソートは第4章および第6章で説明する．

- ○ サーチに関しては線形探索と2分探索，さらに特殊な高速サーチ法であるハッシュについて説明する．なお，2分探索木を用いたサーチは第6章で説明する．

- ○ ソートされている2組のデータ列を1組のデータ列にするマージ（merge：併合），文字列の置き換え（リプレイス）や文字列の照合（パターンマッチング）についても説明する．

3-0 ソートとサーチとは

1　ソート（sort：整列）

　ソート（sort）は，データ列をある規則に従って並べ替えることをいう．1，5，11，20…というように小さい順に並べることを昇順（正順）といい，逆に，…20，11，5，1と大きい順に並べることを降順（逆順）という．

　コンピュータでは文字列も大きいか小さいか判定でき，それはいわゆる辞書式順に大小関係が決まっている．たとえば，

　　　　a＜aaa＜ab＜b…

という順序は，小さい順（辞書順）に並んでいる．

　ソートは大きく分けると，

　　・内部ソート
　　・外部ソート

になる．コンピュータの主記憶（メモリ）上の配列にデータが与えられていて，これを扱うのが内部ソート，外部記憶装置（ディスク，磁気テープ）上のデータを扱うのが外部ソートである．

　本書では内部ソートだけを扱う．内部ソートは**表3.1**に示す6種類に大別できる．

　ソートに要する時間は，比較回数と交換回数によりだいたい決まる．この回数は，ソートする数列のデータがどのように並んでいる（正順に近い，逆順に近い，でたらめ）かにより異なる．したがって，ソート時間を一概に論ずることはできないが，基本形と改良形では，データ数が多く（100以上）なったときに圧倒的な差が出る．

　数列の長さがn倍になると，基本整列法では所要時間はほぼn^2倍になるのに対し，シェル・ソートでは$n^{1.2}$倍，クイック・ソートやヒープ・ソートでは$n\log_2 n$倍になる．たとえば，nが10^6ならn^2は10^{12}，$n^{1.2} \approx 2 \times 10^7$，$n\log_2 n = 2 \times 10^7$となり，基本形は改良型に比べ50000倍もの差が出る．

　計算量のオーダー（order）を表すのに，$O(n^2)$，$O(n\log_2 n)$，$O(n^{1.2})$という表現を用いる．これをビッグO記法（big O-notation）と呼ぶ．$O(n^2)$はデータ数がn倍になれば計算量はn^2倍になることを示している．

	ソート法	特徴	計算量
基	基本交換法 (バブル・ソート)	隣接する2項を逐次交換する. 原理は簡単だが, 交換回数が多い.	$O(n^2)$
本	基本選択法 (直接選択法)	数列から最大(最小)を探すことを繰り返す. 比較回数は多いが交換回数が少ない.	
形	基本挿入法	整列された部分数列に対し該当項を適切な位置 に挿入することを繰り返す.	
改	改良交換法 (クイック・ソート) →第4章 4-6	数列の要素を1つずつ取り出し, それが数列の中 で何番目になるか, その位置を求める.	$O(n\log_2 n)$
良	改良選択法 (ヒープ・ソート) →第6章 6-7	数列をヒープ構造(一種の木構造)にしてソー トを行う.	
形	改良挿入法 (シェル・ソート)	数列をとび(gap)のあるいくつかの部分数列に 分け, そのおのおのを基本挿入法でソートする.	$O(n^{1.2})$

ℹ️ これらのソート法については『プログラム技法』(二村良彦, オーム社)に, 系統的でわか りやすく書かれているので. それを参考にするとよい.

表 3.1 代表的な内部ソート法

　Pythonのリストにはソートを行うメソッドがあるので, 以下のように簡単にソー トができる.

```python
a = [80, 41, 35, 90, 40, 20]
a.sort()
print(a)
```

　Pythonのsortメソッドのソートアルゴリズムはマージソートと挿入ソートを組み 合わせたTimsort (ティムソート) という新しいソートアルゴリズムである.

2 サーチ (search:探索)

　大量のデータの中から必要なデータを探し出す作業をサーチ (search:探索) と いう. サーチの方法は大きく分けて, 逐次探索法と2分探索法がある.
　データは一般に次のようなレコードで構成されている.

図 3.1

ひとかたまりのデータをレコード（record）と呼ぶ．レコードは複数のフィールド（field：項目）で構成される．サーチする項目（フィールド）を特にキー（key）と呼ぶ．

逐次探索法は，表のデータを先頭から順に探索する方法で，アルゴリズムはきわめて単純であり，表がソートされていない場合に用いられる．表の大きさがnの場合，逐次探索法において最も効率よくデータが探索されるのは，目的のデータが先頭にある場合であり，1回のサーチですむ．逆に最も効率が悪いのは，目的のデータが終端にある場合で，サーチをn回行う．したがって，サーチの平均オーダーは$O((n + 1)/2))$となる．

2分探索法は，あらかじめソートされている表から目的のデータをサーチする場合に有効な方法で，アルゴリズムもそれほど難しくない．基本原理は，表を2つのグループに分け，目的のデータがどちらのグループに属するかを調べる．グループがわかったらそのグループをさらに2分し，どちらに目的のデータが属するか調べる．この操作を繰り返す．計算量は$O(\log_2 n)$．

2分探索法を用いる場合は，データが更新されるたびに表をソートし直す必要があることを忘れてはならない．このため，探索と更新，ソートに適した表を実現するデータ構造として，

・リスト（配列）
・データ構造としてのリスト
・2分探索木

がある．この章ではリスト（配列）を用いる．データ構造としてのリストについては**第5章**参照．2分探索木については**第6章**参照．逐次探索法や2分探索法はキーの値と表のデータの比較を繰り返すものであるが，キーの値から即座に探索位置を求めるハッシュ法という高速な探索法がある．

3-1 基本ソート

例題 18 直接選択法

直接選択法により，データを昇順（正順）にソートする．

部分数列 $a_i \sim a_{n-1}$ の中から最小項を探し，それと a_i を交換することを，部分数列 $a_0 \sim a_{n-1}$ から始め，部分数列が a_{n-1} になるまで繰り返す．これが直接選択法と呼ばれるソートである．

次のような具体例で説明する．

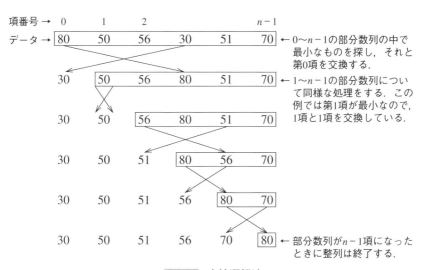

項番号 → 0　1　2　n-1
データ →
80 50 56 30 51 70 ← 0～n-1の部分数列の中で最小なものを探し，それと第0項を交換する．

30 50 56 80 51 70 ← 1～n-1の部分数列について同様な処理をする．この例では第1項が最小なので，1項と1項を交換している．

30 50 56 80 51 70

30 50 51 80 56 70

30 50 51 56 80 70

30 50 51 56 70 80 ← 部分数列が n-1 項になったときに整列は終了する．

図 3.2 直接選択法

これをアルゴリズムとして記述すると次のようになる．

① 対象項 i を 0 から $n-2$ まで移しながら，以下を繰り返す．
　② 対象項を最小値の初期値とする．
　③ 対象項 $+1 \sim n-1$ 項について以下を繰り返す．
　　④ 最小項を探し，その項番号を s に求める．
　⑤ i 項と s 項を交換する．

プログラム Rei18

```
# ---------------------------------
# *      直接選択法によるソート      *
# ---------------------------------

a = [80, 50, 56, 30, 51, 70]
N = len(a)
for i in range(N - 1):
    Min = a[i]
    s = i
    for j in range(i + 1, N):
        if a[j] < Min:
            Min = a[j]
            s = j
    a[i], a[s] = a[s], a[i]  # a[i]とa[s]の交換

print(a)
```

実行結果

```
[30, 50, 51, 56, 70, 80]
```

練習問題 **18-1** バブル・ソート

バブル・ソートにより，データを昇順（正順）にソートする．

　隣接する2項を比較し，下の項（後の項）が上の項（前の項）より小さければ，両項の入れ替えを行うことを繰り返す．これはちょうど小さい項が泡（バブル）のように上へ上っていく様子に似ていることからバブル・ソートという．

　図3.3のpass1についてだけ説明する．51と70を比較し，後者の方が大きいので交換しない．30と51を比較し．後者の方が大きいので交換しない．56と30を比較し．後者の方が小さいので交換する．50と30を比較し，後者の方が小さいので交換する．80と30を比較し，後者の方が小さいので交換する．第0項は30というデータで確定する．

　これをpass2～pass5まで繰り返せばソートは完了する．各パスの比較回数はパスが進むに従って1回づつ減っていくことになる．

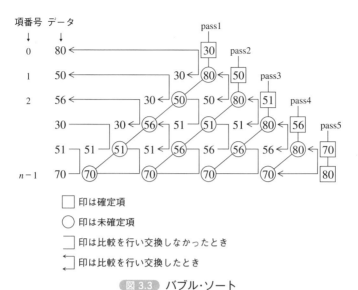

項番号 データ

□ 印は確定項

○ 印は未確定項

□ 印は比較を行い交換しなかったとき

← 印は比較を行い交換したとき

図 3.3 バブル・ソート

プログラム Dr18_1

```
# --------------------------
# *    バブル・ソート    *
# --------------------------

a = [80, 50, 56, 30, 51, 70]
N = len(a)

for i in range(N - 1):
    for j in range(N - 1, i, -1):
        if a[j] < a[j-1]:
            a[j], a[j-1] = a[j-1], a[j]

print(a)
```

実行結果

```
[30, 50, 51, 56, 70, 80]
```

❶ Dr18_1では，リストの後ろの項から始め，小さいものを前に移動したが，リストの先頭から始め，大きいものを後ろに移動してもよい.

```
for i in range(N - 1, 0, -1):
    for j in range(0, i):
        if a[j] > a[j + 1]:
            a[j], a[j + 1] = a[j + 1], a[j]
```

練習問題 **18-2** シェーカー・ソート

バブル・ソートを改良したシェーカー・ソートによりソートを行う.

　バブル・ソートでは部分数列が正しく並んでいたとしても無条件に比較を繰り返すために効率が悪い. もし数列の前方（左側）より走査を行ってきて，最後に交換が行われたのが i と $i+1$ の位置であれば，$i+1 \sim n-1$ の要素は正しく並んでいるはずであるから次からは走査しなくてもよい. そこで，最後に交換が行われた位置を shift に記憶しておき，次の走査のときの範囲とすればよい.

　しかし，もし右端近くに小さい要素があったとすれば，最後の交換はいつも数列の後の方で行われることになり，上の shift の効果は少ない. そこで走査を左からと右からの2方向で交互に行うようにする. これがシェーカー・ソートである.

プログラム **Dr18_2**

```
# ---------------------------
# *     シェーカー・ソート     *
# ---------------------------

a = [3, 5, 6, 9, 2, 7, 8, 10, 4]
N = len(a)

left, right = 0, N-1
while left < right:
    for i in range(left, right):
        if a[i] > a[i + 1]:
            a[i], a[i + 1] = a[i + 1], a[i]
            shift = i
    right = shift
    for i in range(right, left, -1):
        if a[i] < a[i - 1]:
            a[i], a[i-1] = a[i-1], a[i]
            shift = i
    left = shift

print(a)
```

実行結果

```
[2, 3, 4, 5, 6, 7, 8, 9, 10]
```

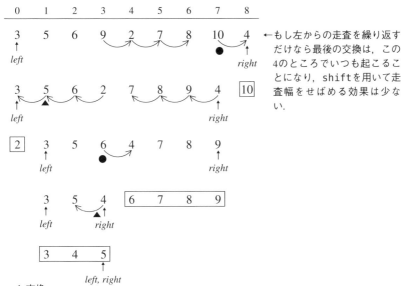

←もし左からの走査を繰り返す
だけなら最後の交換は，この
4のところでいつも起こるこ
とになり，shiftを用いて走
査幅をせばめる効果は少な
い．

⤴ 交換
● 左からの走査で最後に交換があった位置 ┐この位置をshiftに記憶する
▲ 右からの走査で最後に交換があった位置 ┘
□ 確定項

図 3.4 シェーカー・ソート

 インデックスのソート

ポインタのソートは実データの関連項目が多いような場合に，実データ自体の
交換をしなくてよいという利点がる．ポインタは指し示す者という意味である．
たとえば名前の「漢字」と「かな」がそれぞれリスト kanji と kana に格納され
ているとき，「かな」データを使って辞書順（あいうえお順）にソートする場合
を考えてみる．kanji と kana はそれぞれ同じインデックス（添字）で関連付け
られているので，「かな」データの kana だけをソートしてしまえば，この関連
が崩れてしまう．このような場合は実際のデータ kanji と kana を参照するポイ
ンタ index を用意し，実際のデータ kanji と kana の並べ替えでなくポインタ
の並べ替えを行うプログラムを作る．

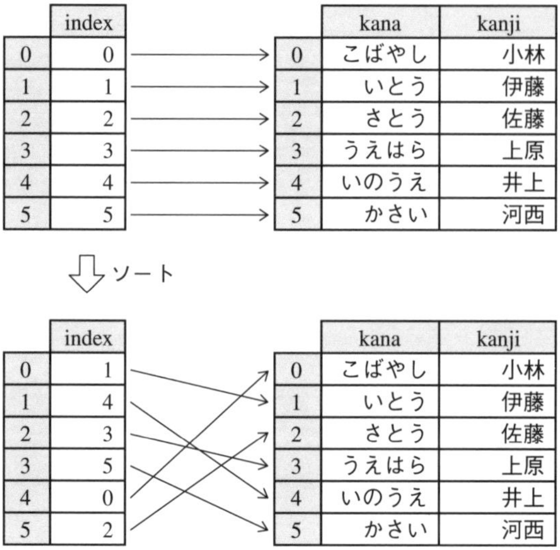

	index
0	0
1	1
2	2
3	3
4	4
5	5

	kana	kanji
0	こばやし	小林
1	いとう	伊藤
2	さとう	佐藤
3	うえはら	上原
4	いのうえ	井上
5	かさい	河西

ソート

	index
0	1
1	4
2	3
3	5
4	0
5	2

	kana	kanji
0	こばやし	小林
1	いとう	伊藤
2	さとう	佐藤
3	うえはら	上原
4	いのうえ	井上
5	かさい	河西

図 3.5

　ソートした結果，index[0] の要素には辞書順の最初の「かな」である「いとう」を指す添字番号の「1」が格納されている．以後，index[1] の要素には「いのうえ」を指す「4」が，index[2] の要素には「うえはら」を指す「3」が，index[3] の要素には「かさい」を指す「5」が，index[4] の要素には「こばやし」を指す「0」が，index[5] の要素には「さとう」を指す「2」が格納される．

プログラム Dr18_3

```
# ------------------------------
# *        インデックスのソート        *
# ------------------------------

kana = ['こばやし', 'いとう', 'さとう', 'うえはら', 'いのうえ', 
'かさい']
kanji = ['小林', '伊藤', '佐藤', '上原', '井上', '河西']
index = [0, 1, 2, 3, 4, 5]

N = len(kana)
for i in range(N - 1):
    for j in range(N - 1, i, -1):
        if kana[index[j]] < kana[index[j - 1]]:
            index[j], index[j - 1] = index[j - 1], index[j]

for i in range(N):
    print('{:s} {:s}'.format(kanji[index[i]], kana[index[i]]))
```

実行結果

伊藤　いとう
井上　いのうえ
上原　うえはら
河西　かさい
小林　こばやし
佐藤　さとう

3-2 シェル・ソート

例題 19 基本挿入法

基本挿入法により，データを昇順（正順）にソートする．

　基本挿入法の原理は数列 $a_0 \sim a_{n-1}$ の $a_0 \sim a_{i-1}$ がすでに整列された部分数列であるとして，a_i がこの部分数列のどの位置に入るかを調べてその位置に挿入することである．これを i を 1 から $n-1$ まで繰り返せばよい．

　a_i が部分数列のどこに入るかは，部分数列の右端の a_{i-1} から始め，a_i が部分数列の項より小さい間は交換を繰り返せばよい．

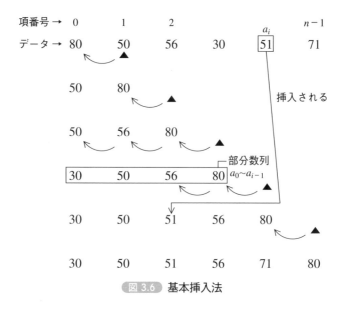

図 3.6　基本挿入法

　たとえば，30，50，56，80 という部分数列のどこに 51 が入るかを調べるには，まず 80 と比較し，51 の方が小さいので 80 と 51 を変換する．次に 56 と比較し，51 の方が小さいので 56 と 51 を交換する．次に 50 と比較し，51 の方が大きいので 51 が入る位置はここということになり，このパスの処理を終了する．

プログラム Rei19

```
# --------------------
# *    基本挿入法    *
# --------------------

import random

N = 100    # データ数
a = [random.randint(1, 1000) for i in range(N)]    # N 個の乱数

for i in range(1, N):
    for j in range(i - 1, -1, -1):
        if a[j] > a[j + 1]:
            a[j], a[j + 1] = a[j + 1], a[j]    ← ①
        else:
            break

print(a)
```

①部は次のように書くこともできる.

```
    t = a[i]
    j = i - 1
    while  j >= 0 and a[j] > t :
        a[j + 1] = a[j]
        j -= 1
    a[j + 1] = t
```

番兵を用いれば，もっと簡単な表現ができる．（**3-3**参照）

実行結果

```
[17, 25, 27, 30, 52, 65, 71, 72, 124, 130, 152, 164, 173, 174,
178, 186, 188, 188, 191, 194, 196, 202, 208, 220, 222, 225, 247,
253, 257, 271, 288, 300, 301, 312, 316, 324, 324, 329, 334, 342,
371, 371, 372, 379, 391, 392, 393, 397, 414, 417, 426, 431, 435,
445, 466, 483, 484, 505, 526, 574, 586, 597, 599, 632, 645, 655,
661, 665, 666, 711, 722, 722, 736, 742, 744, 760, 765, 777, 788,
789, 799, 808, 817, 819, 838, 850, 854, 855, 880, 881, 884, 919,
926, 933, 938, 942, 973, 977, 987, 995]
```

練習問題 19 シェル・ソート

シェル・ソートにより，データを昇順（正順）にソートする．

$a_0, a_1, a_2, \cdots, a_{n-1}$ という数列を基本挿入法で一気にソートせず，数列をとび（*gap*）のあるいくつかの部分数列に分け，そのおのおのを基本挿入法でソートする．このように部分数列を大ざっぱにソートしながら，部分数列を全数列に収束させる（*gap* を1にする）ことで最終的なソートが完了する．つまり，*gap* = 1 の基本挿入法を適用する前に，小さい要素は前に，大きい要素は後にくるように大ざっぱに並べ替えておくことで，比較と交換の回数を減らすようにするというのがシェル・ソートの考え方である．シェルというのはこのソートの考案者の名前 Shell である．

gap の決め方は最適な決め方があるが，ここでは単純に *gap* を半分にする方法を説明する．

図 3.7 を例にする．データを8個とすると最初の *gap* は 8/2 = 4 となるので，4つとびの部分数列（51, 45），（60, 70），…についておのおの基本挿入法でソートする．

次に，*gap* を 4/2 = 2 として，2つとびの部分数列（45, 55, 51, 80），（60, 21, 70, 30）についておのおの基本挿入法でソートする．

次に，*gap* を 2/2 = 1 にして，1つとびの部分数列（45, 21, …）について基本挿入法でソートする．*gap* = 1 の部分数列は全数列であるから，これによりソートは完了した．

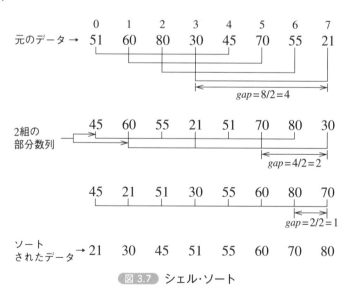

図 3.7　シェル・ソート

上図で，gap = 2 のときの部分数列は次のように 2 組ある．

01234567
○□○□○□○□

これを○○○○と□□□□の 2 つの部分数列について別々に基本挿入法を適用すると次のようになる．

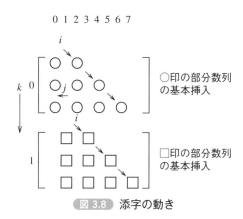

図 3.8 添字の動き

これをアルゴリズムとして記述すると次のようになる．

① gap に初期値（N/2）を設定
② gap が 1 になるまで以下を繰り返す
　③ gap とびの部分数列は全部で gap 個あるので，この回数だけ以下を繰り返す
　　④ gap とびの部分数列（a_j, a_{j+gap}, a_{j+2gap}, …）を基本挿入法でソート

プログラム Dr19_1

```
# ------------------------------------
# *      シェル・ソート（改良挿入法）      *
# ------------------------------------

import random

N = 100    # データ数
a = [random.randint(1, 1000) for i in range(N)]    # N 個の乱数

gap = N // 2                 # ギャップの初期値
while gap > 0:
    for k in range(gap):     # ギャプとびの部分数列のソート
```

```
        for i in range(k + gap, N, gap):
            for j in range(i - gap, k - 1, -gap):
                if a[j] > a[j + gap]:
                    a[j], a[j + gap] = a[j + gap], a[j]
                else:
                    break
        gap //= 2           # ギャップを半分にする
print(a)
```

実行結果

```
[6, 9, 18, 25, 29, 33, 38, 41, 43, 43, 52, 53, 59, 66, 71, 78,
90, 99, 107, 129, 131, 135, 157, 160, 166, 170, 188, 210, 241,
242, 270, 275, 292, 341, 341, 343, 346, 354, 359, 364, 374, 392,
395, 398, 405, 415, 417, 423, 448, 475, 491, 516, 517, 535, 537,
538, 546, 555, 558, 599, 600, 605, 605, 608, 611, 618, 626, 632,
632, 638, 652, 653, 683, 689, 689, 692, 708, 732, 732, 756, 767,
798, 799, 815, 824, 842, 843, 844, 847, 863, 878, 885, 895, 905,
915, 917, 919, 922, 935, 964]
```

 シェル・ソートの改良

gap の選び方

gap の系列を互いに素になるように選ぶと効率が最もよいとされているが，もう少し簡単な方法として，…，121，40，13，4，1という数列（1から3倍して＋1した数値）を使う方法がある．*gap* の初期値はデータ数 N を超えない範囲で上の数列の中から最大なものを選ぶ．なお，**練習問題19**のように，…，8，4，2，1のような2のべき乗で *gap* をとると効率は悪いとされている．

データの局所参照性

○□○□○□○□という2組の部分数列を○○○○と□□□□に分けて別々に基本挿入法を適用した場合，リストの添字の参照がとびとびになるため，メモリアクセスの効率が悪い．大量のデータを調べる場合はなるべく連続した領域を調べるようにした方がアクセス効率がよい．これをデータの局所参照性という．

先の部分数列も○○○○と□□□□の2つに分けずに○と□について平行して基本挿入法を適用した方がリストの添字がとびとびにならなくてすむ．

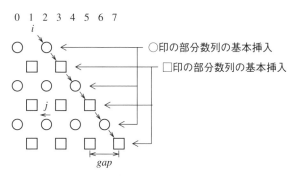

0 1 2 3 4 5 6 7

○印の部分数列の基本挿入

□印の部分数列の基本挿入

gap

図 3.9 添字の動き

以上の点を考慮したシェル・ソートのプログラムを以下に示す.

プログラム Dr19_2

```
# ------------------------------------
# *      シェル・ソート ( 改良挿入法 )      *
# ------------------------------------

import random

N = 100   # データ数
a = [random.randint(1, 1000) for i in range(N)]     # N 個の乱数

gap = 1    # N より小さい範囲で最大の gap を決める
while gap < N // 3:
    gap = 3*gap + 1

while gap > 0:
    for i in range(gap, N):
        for j in range(i - gap, -1, -gap):
            if a[j] > a[j + gap]:
                a[j], a[j + gap] = a[j + gap], a[j]
            else:
                break
    gap //= 3  # ギャップを 1/3 にする

print(a)
```

実行結果

```
[2, 4, 6, 12, 14, 22, 35, 38, 41, 47, 49, 52, 71, 82, 86, 86,
90, 97, 102, 119, 136, 149, 155, 174, 180, 225, 226, 227, 234,
237, 247, 249, 253, 307, 310, 312, 321, 334, 355, 356, 356, 358,
369, 377, 388, 402, 406, 407, 437, 437, 460, 471, 472, 474, 492,
497, 497, 532, 537, 564, 564, 566, 566, 572, 583, 597, 635, 652,
657, 662, 666, 677, 704, 723, 727, 734, 741, 751, 774, 776, 776,
793, 797, 812, 831, 844, 865, 893, 895, 899, 901, 904, 904, 915,
924, 941, 951, 982, 990, 992]
```

3-3 線形検索（リニアサーチ）と番兵

例題 20 線形探索（リニアサーチ）

線形探索によりデータを探索（サーチ）する.

　線形探索は，リストなどに格納されているデータを先頭から1つづつ順に調べていき，見つかればそこで探索を中止するという単純な探索法である.

　次のような名前と年齢をフィールド（field）とするレコード（record）がN件あったときに，名前フィールドをキー（key）にしてデータを探索する.

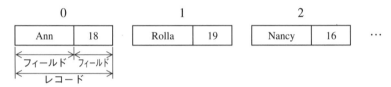

図 3.10 レコードとフィールド

プログラム Rei20

```
# ---------------------------------------
# *      線形探索法 ( リニアサーチ )      *
# ---------------------------------------

class Person:
    def __init__(self, name, age):
        self.name = name
        self.age = age

a = [Person('Ann', 18), Person('Rolla', 19), Person('Nancy', 
16),
     Person('Eluza', 17), Person('Juliet', 18), 
Person('Machilda', 20),
     Person('Emy', 15), Person('Candy', 16), Person('Ema', 17)]

N = len(a)     # データ数
keyname = 'Candy'
i = 0
while i < N and keyname != a[i].name:
    i += 1

if i < N:
    print('{:s} {:d}'.format(a[i].name, a[i].age))
else:
    print(' 見つかりませんでした ')
```

Candy 16

練習問題 20 番兵をたてる

番兵をたてることにより終了判定をスマートに設定する.

例題20で示したプログラムでは, リストの添字がNを超えないかの判定と, キーとデータが一致したかの判定の2つを行っている.

これが次のようにリスト要素の最後部に1つ余分な要素を追加し, そこに探索するキーと同じデータを埋め込んでおくことで, 終了判定をスマートに記述できることになる.

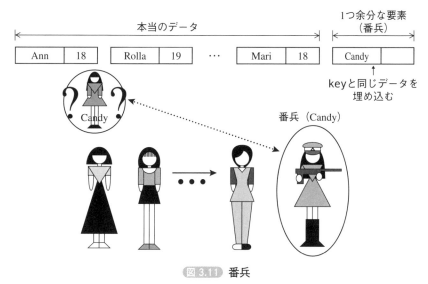

図 3.11 番兵

このようなデータ構造にしておけば, キーに一致するデータが見つかるまで単純に探索を行っていけばよい. もし, キーに一致するデータがない場合でも, 番兵のところまで探索して終了することになるから, リスト要素を超えて探索を続けることはない.

このように探索するキーと同じデータをわざとリストの後部におき, リストの上限を超えて探索を行わないように見張りをしているものを番兵（sentinel）と呼ぶ.

プログラム　Dr20_1

```python
# ------------------------------------
# *      線形探索法 ( 番兵をたてる )      *
# ------------------------------------

class Person:
    def __init__(self, name, age):
        self.name = name
        self.age = age

a = [Person('Ann', 18), Person('Rolla', 19), Person('Nancy',
16),
     Person('Eluza', 17), Person('Juliet', 18),
Person('Machilda', 20),
     Person('Emy', 15), Person('Candy', 16), Person('Ema',
17), Person('', 0)]

N = len(a) - 1              # データ数
keyname = 'Candy'
a[N].name = keyname        # 番兵
i = 0
while keyname != a[i].name:
    i += 1

if i < N:
    print('{:s} {:d}'.format(a[i].name, a[i].age))
else:
    print(' 見つかりませんでした ')
```

実行結果

```
Candy 16
```

参考　and演算子

　PythonやCのand演算子（&&演算子）は，左の条件式が偽なら右の条件式を評価せずに偽と判定する．したがって**例題20**のプログラムにおける，

```
i < N and keyname != a[i].name
```

という条件式で，i = Nになったときはi < Nを評価して偽と判定するため，a[N].nameという存在しないリスト要素を参照することはない．もし，これを

```
keyname != a[i].name and i < N
```

としたなら，i = Nのときにインデックスエラーとなる．

なおPascalやBASICのand演算子は左右を必ず評価するため，条件式の書き方を工夫しなければならない．

 参考 番兵の価値

例題20のプログラムは次のようにbreak文を用いてループから強制脱出するようにしてもよい．

プログラム Dr20_2

```
# ------------------------------
# *     線形探索法（break版）     *
# ------------------------------

class Person:
    def __init__(self, name, age):
        self.name = name
        self.age = age

a = [Person('Ann', 18), Person('Rolla', 19), Person('Nancy',
16),
     Person('Eluza', 17), Person('Juliet', 18),
Person('Machilda', 20),
     Person('Emy', 15), Person('Candy', 16), Person('Ema',
17)]

N = len(a)      # データ数
keyname = 'Candy'
flag = 0

for i in range(N):
    if keyname == a[i].name:
        print('{:s} {:d}'.format(a[i].name, a[i].age))
        flag = 1
        break

if flag != 1:
    print('見つかりませんでした')
```

実行結果

```
Candy 16
```

Pythonのようにループから強制脱出するスマートな制御構造（break）を持つ場合は番兵を使わないでもプログラムはスマートに書ける．わざわざ余分なデータを入れる煩雑さを考えれば，break版も決して悪くない．

しかし，Pascalのようにループからの強制脱出にgotoしか使えないものは番兵の価値は大きい．

 ## 番兵を用いた基本挿入法

例題19の基本挿入法のプログラムに番兵をたてる．a[0]にデータ範囲外の最小値を番兵として入れ，データはa[1]～a[N]に入っているものとする．

プログラム Dr20_3

```
# ---------------------------------
# *      番兵を用いた基本挿入法       *
# ---------------------------------

import random

N = 100   # データ数
a = [random.randint(1, 1000) for i in range(N)]     # N個の乱数

a[0] = -9999  # 番兵
for i in range(2, N):
    t = a[i]
    j = i - 1
    while a[j] > t:
        a[j + 1] = a[j]
        j -= 1
    a[j + 1] = t

print(a[1:])  # 要素1以後を表示
```

実行結果

```
[1, 23, 41, 51, 59, 66, 67, 83, 89, 92, 114, 131, 136, 138,
150, 163, 164, 173, 173, 186, 206, 211, 222, 223, 225, 228,
249, 252, 256, 261, 278, 282, 289, 290, 296, 316, 325, 340,
348, 350, 354, 361, 366, 388, 408, 420, 420, 422, 429, 430,
444, 456, 464, 465, 484, 522, 545, 551, 557, 569, 588, 589,
609, 617, 627, 654, 664, 682, 686, 688, 710, 730, 732, 744,
750, 750, 769, 770, 773, 780, 785, 818, 818, 842, 848, 854,
855, 859, 864, 867, 872, 888, 897, 906, 924, 952, 969, 975,
992]
```

3-4 2分探索（バイナリサーチ）

例題 21 2分探索

2分探索によりデータを探索する.

2分探索（バイナリサーチ）は, データがソートされて小さい順（または大きい順）
に並んでいるときに有効な探索法である.

たとえば, 次のようなデータからデータの50を2分探索する場合を考えてみる.

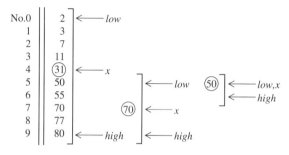

図 3.12 2分探索

探索範囲の下限を*low*, 上限を*high*とし, $x = (low + high) / 2$の位置のデータと
キー（探すデータ）を比較する. もし, キーの方が大きければ, キーの位置はxよ
り上にあるはずなので, *low*を$x + 1$にする. 逆に, キーの方が小さければ, キー
の位置はxより下にあるはずなので, *high*を$x - 1$にする. これを, $low \leqq high$の間
繰り返す. それでは, 上のデータについて実際に2分探索を行ってみよう.

① 最初$low = 0$, $high = 9$なので, $x = (0 + 9) / 2 = 4$となり, 4番目のデータの
　31と探すデータ50を比較し, 50の方が大きいので$low = 4 + 1 = 5$とする.

② $low = 5$, $high = 9$のとき, $x = (5 + 9) / 2 = 7$となり, 7番目のデータ70と
　50を比較し, 50の方が小さいので$high = 7 - 1 = 6$とする.

③ $low = 5$, $high = 6$のとき, $x = (5 + 6) / 2 = 5$となり, 5番目のデータ50と
　50を比較し, これでデータが探された.

つまり, 2分探索では, 探索するデータ範囲を半分に分け, キーがどちらの半分にあ
るかを調べることを繰り返し, 調べる範囲をキーに向かってだんだんに絞っていく.
もし, キーが見つからなければ, *low*と*high*が逆転して$low > high$となったとき

に終了する.

プログラム Rei21

```
# -----------------------------------
# *      2分探索法 ( バイナリサーチ )      *
# -----------------------------------

a = [2, 3, 7, 11, 31, 50, 55, 70, 77, 80]
N = len(a)     # データ数
keydata = 55
flag = 0
low, high = 0 , N-1
while low <= high:
    mid = (low + high) // 2
    if a[mid] == keydata:
        print('{:d} は {:d} 番目にありました '.format(a[mid], mid))
        flag = 1
        break
    if a[mid] < keydata:
        low = mid + 1
    else:
        high = mid - 1
if flag != 1:
    print(' 見つかりませんでした ')
```

実行結果

55 は 6 番目にありました

練習問題 **21-1** **例題 21 の改造**

例題21のプログラムを break 文を使わずに書く.

　例題21のプログラムでは，データが見つかったときに break 文によりループを強制脱出しているが，Pascal などではこの強制脱出ができない．そこで break 文を使わずに**例題21**のプログラムを書き直すには次のようにする.

　キーが見つかったときに，$low = mid + 1$ と $high = mid - 1$ の2つを行うことにすると，$low - high = (mid + 1) - (mid - 1) = 2$，つまり $low = high + 2$ となり，$low \leq high$ という条件を満たさなくなるから探索ループから抜けることができる.

　ループを終了したときに $low = high + 2$ ならデータが見つかったときで，mid 位置にデータがあることになる．$low = high + 1$ ならデータが見つからなかったことを示す.

プログラム Dr21_1

```
# -------------------------------------
# *      2分探索法 ( バイナリサーチ )      *
# -------------------------------------

a = [2, 3, 7, 11, 31, 50, 55, 70, 77, 80]
N = len(a)     # データ数
keydata = 55
flag = 0
low, high = 0, N-1
while low <= high:
    mid = (low + high) // 2
    if a[mid] <= keydata:
        low = mid + 1
    if a[mid] >= keydata:
        high = mid-1
if low == high + 2:
    print('{:d} は {:d} 番目にありました '.format(a[mid], mid))
else:
    print(' 見つかりませんでした ')
```

実行結果

```
55 は 6 番目にありました
```

練習問題 21-2 鶴亀算を 2 分探索法で解く

「鶴と亀が合わせて100匹います．足の数の合計が274本なら，鶴と亀はそれぞれ何匹でしょう」という鶴亀算を2分探索の手法で解く．

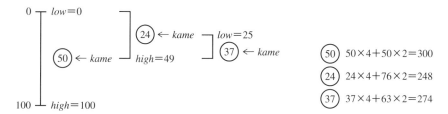

図 3.13 2分探索法による鶴亀算

　亀が0と100の真ん中の50匹として，亀と鶴の足の総数は「50 × 4+50 × 2=300本」となる．「274本」より多いので，亀は49匹以下となり，0と49の真ん中の24匹と

すれば「24×4+76×2=248本」となる.「274本」より少ないので,亀は25匹以上
となり,25と49の真ん中の37匹とすれば「37×4+63×2=274本」となり,答え
が求められた.

```
# -------------------------------
# *     鶴亀算を2分探索法で解く     *
# -------------------------------

low, high = 0, 100
legs = 0
while legs != 274:
    kame = (low + high) // 2
    legs = kame*4 + (100 - kame)*2    # 足の総数
    if legs > 274:
        high = kame - 1
    else:
        low = kame + 1
print(" 亀が {:d} 鶴が {:d}".format(kame, 100 - kame))
```

実行結果

亀が 37 鶴が 63

 参考 鶴亀算を人間的手法で解く

鶴亀算は連立方程式を使えば簡単に求めることができるが,連立方程式を知ら
ない小学生がこの問題を解くには,この2分探索に近い方法を使えば良い.亀が
50匹より少ないことがわかれば,真ん中の24匹で調べずに,たとえば40匹で調
べれば「40×4+60×2=280本」となり徐々に「274本」に近づいていく.

2分探索法的な手法は,プログラミング的な手法といえる.これを人間的手法
で解くなら次のようになる.

鶴が100匹,亀が0匹とすれば,足の本数は200本で,274本より74本足りない.
亀と鶴の足の本数の違いは「2本」なので,亀を1匹増やし,鶴を1匹減らせば,
足の本数は2本増える.従って亀を0匹から74÷2=37匹に増やせばよい.

3-5 マージ（併合）

例題 22 マージ

昇順に並んだ2組のデータ列を,やはり昇順に並んだ1組のデータ列にマージする.

マージ（merge：併合）とは, 整列（ソート）された2つの（3つ以上でもよい）データ列を合わせて, 1本のやはり整列されたデータ列にすることである.

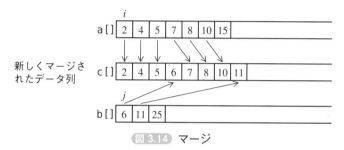

図 3.14 マージ

すでに整列されている2つのデータ列をa, b, 新しいデータ列をcとし, データ列の先頭からの番号をそれぞれi, j, pとするとマージのアルゴリズムは次のようになる.

① データ列a, bのどちらかの終末に来るまで以下を繰り返す.
　② a_iとb_jを比べ小さい方をc_pにコピーし, 小さい方のデータ列の番号を1つ先に進める.
③ 終末に達していないデータ列のデータを, 終末になるまでcにコピーする.

プログラム Rei22

```
# ------------------------
# *    マージ（併合）    *
# ------------------------

a = [2, 4, 5, 7, 8, 10, 15, 20, 30, 40]
b = [6, 11, 25, 33, 35]
M, N = len(a), len(b)
c = [0 for i in range(M + N)]

i = j = p = 0
while i < M and j < N:   # a[],b[] とも終わりでない間
    if a[i] <= b[j]:
        c[p] = a[i]
```

```
        p += 1
        i += 1
    else:
        c[p] = b[j]
        p += 1
        j += 1

while i < M:          # a[] が終わりになるまで
    c[p] = a[i]
    p += 1
    i += 1
while j < N:          # b[] が終わりになるまで
    c[p] = b[j]
    p += 1
    j += 1

print(c)
```

実行結果

```
[2, 4, 5, 6, 7, 8, 10, 11, 15, 20, 25, 30, 33, 35, 40]
```

練習問題 **22** 番兵をたてたマージ

番兵をたてることで終了判定をスマートに記述する.

　データ列 a, b の最後に大きな値 *MaxEof*（昇順に並んだ数列の場合）を番兵としておくと，データ列の終わりと，データの大小比較が簡単なアルゴリズムで記述できる.

　たとえば，データ列 a が終わりになったら a_i には *MaxEof* が入ることになり，データ列 b のどのようなデータに対しても大きいわけであるから，a_i と b_j の比較では，いつも b_j が小さくなり，b_j が c にコピーされていく. データ列 b も *MaxEof* になったときが終了である.

プログラム Dr22

```
# -------------------------
# *    マージ（併合）    *
# -------------------------

MaxEof = 9999     # 番兵
a = [2, 4, 5, 7, 8, 10, 15, 20, 30, 40, 45, 50, 60, MaxEof]
b = [6, 11, 25, 33, 35, MaxEof]
M, N = len(a) - 1, len(b) - 1
```

```
c = [0 for i in range(M + N)]

i = j = p = 0
while a[i] != MaxEof or b[j] != MaxEof:
    if a[i] <= b[j]:
        c[p] = a[i]
        p += 1
        i += 1
    else:
        c[p] = b[j]
        p += 1
        j += 1

print(c)
```

実行結果

```
[2, 4, 5, 6, 7, 8, 10, 11, 15, 20, 25, 30, 33, 35, 40, 45, 50,
60]
```

参考 マージ・ソート

　マージの考え方をソートに適用したものをマージ・ソートという．データ数が 2^n なら n パスのマージを繰り返せばソートできる．データ数が 2^n でないときは多少工夫する必要がある．

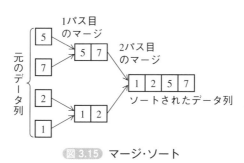

図 3.15 マージ・ソート

● 参考図書：『岩波講座 ソフトウェア科学 3 アルゴリズムとデータ構造』石畑清，岩波書店

3-6 文字列の照合（パターンマッチング）

例題 23 文字列の照合（単純な方法）

1文字づつずらしながら文字列の照合（**string pattern matching**）を行う.

テキストが text に，照合するキー文字列が key に入っているものとする.

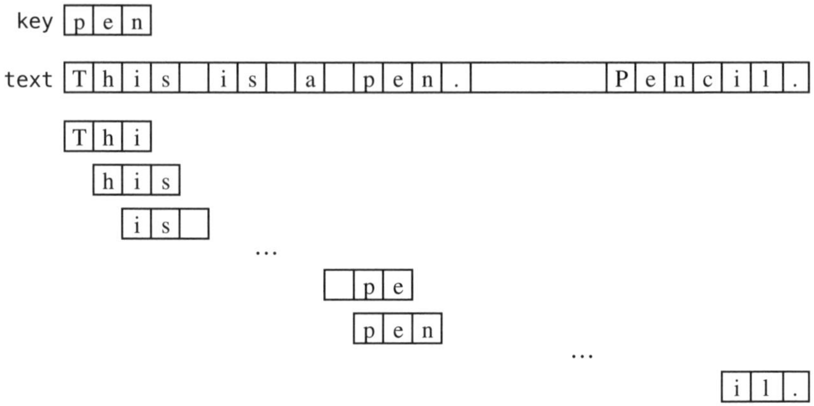

key | p | e | n |

text | T | h | i | s | | i | s | | a | | p | e | n | . | ... | P | e | n | c | i | l | . |

| T | h | i |

| h | i | s |

| i | s |

...

| | p | e |

| p | e | n |

...

| i | l | . |

図 3.16 文字列の照合

text 中から key を探すには，text の先頭から始めて 1 文字づつずらしながら key と比較していけばよい.

関数 search は text 中の key が見つかった位置へのポインタを返す. text の最後（正確に言えば text の終末から key の長さだけ前方位置）までいっても見つからなければ「−1」を返す.

プログラム Rei23

```
# ------------------------------------
# *     文字列の照合（単純な方法）    *
# ------------------------------------

def search(s, text, key):
    m = len(text)
    n = len(key)
    for p in range(s, m - n + 1):
        if text[p:p+n] == key:
            return p
    return -1

text = 'This is a pen. That is a pencil. '
```

```
key = 'pen'
p = search(0, text, key)
while p != -1:
    print('{:s}'.format(text[p:]))
    p = search(p + len(key), text, key)
```

実行結果

```
pen. That is a pencil.
pencil.
```

 ## find メソッド

Pythonでは find メソッドを使えば以下のように簡単にサーチが行える.

```
text = 'This is a pen. That is a pencil. '
key = 'pen'
p = 0
while True:
    p=text.find(key, p)
    if p == -1:
        break
    print(text[p:])
    p += 1
```

練習問題 **23** **Boyer-Moore 法**

Boyer-Moore法による文字列照合を行う.

　例題23の単純な方法では1文字づつずらしていくため効率が悪い. Boyer-Moore
法では，text中の文字列とkey文字列との照合を右端を基準にして行い，一致し
なかったときの次の照合位置を，1文字先ではなく，text中の照合文字の右端文
字で決まるある値分だけ先に進めるというものである.

　たとえば，key文字列のpencilを照合することを考えてみよう. 次のように，
pencilのどの文字でもないものが照合文字列の右端にあったなら，text内を5つず
らした範囲内でpencilとなることはあり得ないから，次の参照位置は6つ先に進め
てよい.

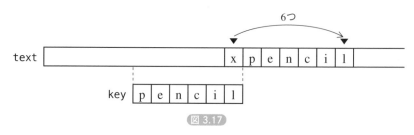

図 3.17

照合文字列の右端がeなら次の最も近い可能性は，以下のような場合なので次の照合位置は4つ先に進めてよい．

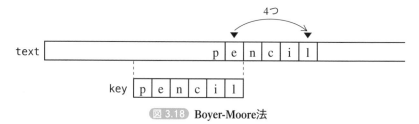

図 3.18 Boyer-Moore法

このようにして考えると右端文字の種類によって進めることができる値は次のようになる．

右端文字	p	e	n	c	i	l	その他の文字
進める値	5	4	3	2	1	6	6

表 3.2 スキップ値

key文字列に同じ文字がある場合，たとえば，arrayのような場合は，

a	r	r	a	y	その他
4	3	2	1	5	5

表 3.3

となるが，同じ文字列の「進める値」は小さい方を採用し

r	a	y	その他
2	1	5	5

表 3.4

とする．

Boyer-Moore法のアルゴリズムを記述すると以下のようになる.

① key文字列中の文字で決まる「進める値」の表を作る.
② textの終わりまで以下を繰り返す.
③ text中のp位置の文字とkeyの右端文字（key[n-1]で表せる）が一致
したらp−n＋1位置を先頭にするn文字の文字列とkeyを比較し，一致
したら，p−n＋1が求める位置とする.
④ p位置の文字で決まる「進める値」だけp位置を後にずらす.

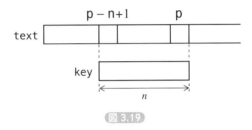

図 3.19

プログラム Dr23

```
# -------------------------------------
# *      文字列の照合（Boyer-Moore法）      *
# -------------------------------------

skip = [0 for i in range(256)]
def table(key):      # スキップ・テーブルの作成
    n = len(key)
    for k in range(256):
        skip[k] = n
    for k in range(0, n - 1):
        skip[ord(key[k])] = n - 1 - k

def search(s, text, key):
    n = len(key)
    p = s + n - 1
    while p < len(text):
        if text[p] == key[n - 1]:
            if text[p - n + 1:p + 1] == key:      ← ①
                return p - n + 1
        p += skip[ord(text[p])]
    return -1

text = 'This is a pen. That is a pencil.'
key = 'pen'
table(key)
p = search(0, text, key)
```

```
while p != -1:
    print('{:s}'.format(text[p:]))
    p = search(p + len(key), text, key)
```

実 行 結 果

```
pen. That is a pencil.
pencil.
```

❶ 右端の1文字を比較し，一致したときだけ key 全体を比較しているが，キー全体の比較の
処理がさほど時間のかからないものなら，①部は次のように直接キー全体を比較してもよ
い．

```
if text[p - n + 1:p + 1] == key:
    return p - n + 1
```

3-7 文字列の置き換え（リプレイス）

例題 24 リプレイス

text中のkey文字列をrepで示される文字列で置き換える（replace）.

text中から，keyで示される文字列を探し，そのkey文字列を文字列repで置き換える.

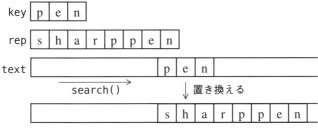

図 3.20 リプレイス

search関数は**例題23**で示したものを使う.

プログラム Rei24

```
# ---------------------------------------
# *      文字列の置き換え ( リプレイス )      *
# ---------------------------------------
def replace(text, key, rep):
    p = search(0, text, key)
    while p != -1:
        text = text[0:p] + rep + text[p + len(key):]    # 置き換え
        p = search(p + len(rep), text, key)
    return text

def search(s, text, key):
    m = len(text)
    n = len(key)
    for p in range(s, m - n + 1):
        if text[p:p + n] == key:
            return p
    return -1

text = 'This is a pen. That is a pencil.'
result = replace(text, 'pen', 'sharppen')
print(result)
```

```
This is a sharppen. That is a sharppencil.
```

 参考 replace メソッド

Python では replace メソッドを使えば以下のように簡単にリプレイスが行える.

```
text = 'This is a pen. That is a pencil.'
result = text.replace('pen', 'sharppen')
print(result)
```

練習問題 24 複数行のテキストのリプレイス

複数行のテキストがリスト text に格納されている場合のリプレイス.

プログラム Dr24

```
# ----------------------------------------
# *       文字列の置き換え ( リプレイス )       *
# ----------------------------------------

def replace(text, key, rep):
    p = search(0, text, key)
    while p != -1:
        text = text[0:p] + rep + text[p + len(key):]     # 置き換え
        p = search(p + len(rep), text, key)
    return text

def search(s, text, key):
    m = len(text)
    n = len(key)
    for p in range(s, m - n + 1):
        if text[p:p + n] == key:
            return p
    return -1


text = ['--- 初恋（若菜集より）---',
        'まだあげ初めし前髪の ',
        '林檎のもとに見えしとき ',
        '前にさしたる花櫛の ',
        '花ある君と思ひけり ',
        'やさしく白き手をのべて ',
        '林檎をD我れにあたへしは ']

for i in range(len(text)):
```

```
    text[i] = replace(text[i], '林檎', '花梨')
    text[i] = replace(text[i], '白', '蒼白')

for i in range(len(text)):
    print(text[i])
```

実 行 結 果

--- 初恋（若菜集より）---
まだあげ初めし前髪の
花梨のもとに見えしとき
前にさしたる花櫛の
花ある君と思ひけり
やさしく蒼白き手をのべて
花梨をわれにあたへしは

3-8 ハッシュ

例題 25 単純なハッシュ

名前と電話番号からなるレコードをハッシュ管理する.

　たとえば，1クラスの生徒データのように学籍番号で管理できるものは，この番号を添字（レコード番号）にしてリスト（ファイル）に格納しておけば，添字を元に即座にデータを参照することができる.

　ところが，番号で管理できないデータは，一般に名前などの非数値データをキーにしてサーチしなければデータ参照できない.

| ANN | 3211 − 1234 | EMY | 3331 − 4567 | CANDY | 3333 − 1222 | ··· |

　しかし，ハッシュ（hash）という技法を使えば名前などをキーにして即座にデータ参照が行える.

　ハッシング（hashing）は，キーの取り得る範囲の集合を，ある限られた数値範囲（レコード番号やリストの添字番号などに対応する）に写像する方法である. この写像を行う変換関数をハッシュ関数という.

　ハッシュ関数として次のようなものを考える.

　キーは英字の大文字からなる名前とし，A_1, A_2, A_3···, A_n の n 文字からなるものとする. キーの長さが n 文字とすると，取り得る名前の組み合わせは 26^n 個存在することになり，きわめて大きな数値範囲になってしまう. そこで，キーの先頭 A_1，中間 $A_{n/2}$，終わりから2番目 A_{n-1} の3文字を用いて

$$\text{hash}(A_1 A_2 \cdots A_n) = (A_1 + A_{n/2} \times 26 + A_{n-1} \times 26^2) \mod 1000$$

という関数を設定する.
たとえば，キーが "SUZUKI" なら，

$$
\begin{aligned}
\text{hash("SUZUKI")} &= (\,('S' - 'A') + ('Z' - 'A') \times 26 \\
&\quad + ('K' - 'A') \times 26^2)\ \%\ 1000 \\
&= (18 + 650 + 6760)\ \%\ 1000 \\
&= 428
\end{aligned}
$$

となるから，428という数値をリストなら添字，ファイルならレコード番号とみなして，キーの"SUZUKI"を対応づければよい．

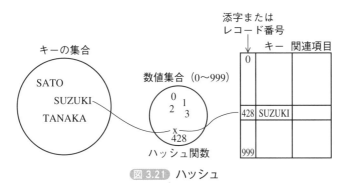

図 3.21 ハッシュ

プログラム Rei25

```
# -------------------
# *     ハッシュ     *
# -------------------

class Person:
    def __init__(self, name, tel):
        self.name = name
        self.tel = tel

def hash(s):     # ハッシュ関数
    n = len(s)
    return ((ord(s[0]) - ord('A')
            + (ord(s[n//2 - 1]) - ord('A')) * 26
            + (ord(s[n - 2]) - ord('A')) * 26 * 26) % ModSize)

TableSize = 1000
ModSize = 1000
table = [Person('', '') for i in range(TableSize)]  # データ・⏎
テーブル

while (data := input(' 名前 , 電話番号 ? ')) != '/':
    sdata = data.split(',')
    name = sdata[0]
    tel = sdata[1]
    n = hash(name)
    table[n] = Person(name, tel)

while (data := input(' 検索するデータ ? ')) != '/':
    n = hash(data)
    print('{:d} {:s} {:s}'.format(n, table[n].name, ⏎
table[n].tel))
```

データ
の探索

❗ このプログラムではキー文字として英大文字しかサポートしていない.

```
名前，電話番号？ SATO,03-111-1111
名前，電話番号？ TANAKA,03-222-2222
名前，電話番号？ SUZUKI,03-333-3333
名前，電話番号？ /
検索するデータ？ SUZUKI
428 SUZUKI 03-333-3333
検索するデータ？ SATO
862 SATO 03-111-1111
検索するデータ？ /
```

練習問題 25 かち合いを考慮したハッシュ

かち合いを起こしたときには別な場所にデータを格納するように例題25を改良する.

たとえば，キーとして"SUZUKI"と"SIZUKA"の2つがあるとき，これをハッシュ関数にかけると，どちらも428になる．これを，かち合い（collision）という．**例題25**のプログラムはかち合いに対処できない.

ハッシュ関数は，こうしたかち合いをできるだけ少なくするように決めなければならないが，そのかち合いが多かれ少なかれ発生することは確実である．そこで，もし，かち合いが生じたら，後のデータを別の場所に格納するようにする．いろいろな方法があるが，ここでは最も簡単な方法を示す.

次のようにレコードに使用状況を示すフィールドempty（empty＝1：使用中，empty＝非1：未使用）を付加しておき，もしかち合いが発生したら（emptyを調べれば，かち合っているか否かわかる），そこより下のテーブルを順次見て行き空いている所にデータを格納する．この例では429に"SIZUKA"が入ることになる.

データをサーチする場合も，まずハッシュにより求めた値の場所を探し，なければテーブルの終わりまで下方へ順次探して行く.

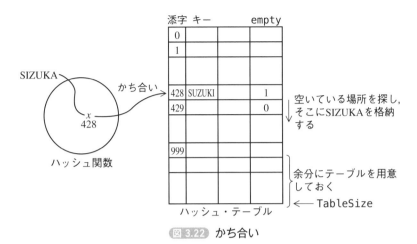

図 3.22 かち合い

この方法だと，ハッシュテーブルが詰まってくると，かち合いの発生したデータを入れるための空いたテーブルがなかなか見つからなくなり，本来の位置からだいぶ離れた位置になってしまうことがあり，効率的でない．

プログラム Dr25

```
# ------------------------------------
# *      ハッシュ ( かち合いを考慮 )      *
# ------------------------------------
class Person:
    def __init__(self, name, tel):
        self.name = name
        self.tel = tel

def hash(s):     # ハッシュ関数
    n = len(s)
    return ((ord(s[0]) - ord('A')
            + (ord(s[n//2 - 1]) - ord('A')) * 26
            + (ord(s[n - 2]) - ord('A')) * 26 * 26) % ModSize)

TableSize = 1000
ModSize = 1000
table = [Person('', '') for i in range(TableSize)]  # データ・
テーブル
empty = [0 for i in range(TableSize)]

while (data := input(' 名前 , 電話番号 ? ')) != '/':
    sdata = data.split(',')
    name = sdata[0]
```

```
    tel = sdata[1]
    n = hash(name)
    while n < TableSize and empty[n] == 1:
        n += 1
    if n < TableSize:
        table[n] = Person(name, tel)
        empty[n] = 1
    else:
        print(' 表が一杯です ')

while (data := input(' 検索するデータ？ ')) != '/':
    n = hash(data)
    while n < TableSize and data != table[n].name:
        n += 1
    if n < TableSize:
        print('{:d} {:s} {:s}'.format(n, table[n].name, ↩
table[n].tel))
    else:
        print(' データは見つかりませんでした ')
```

実 行 結 果

```
名前，電話番号？ SATO,03-111-1111
名前，電話番号？ TANAKA,03-222-2222
名前，電話番号？ SUZUKI,03-3333-3333
名前，電話番号？ SIZUKA,03-444-4444
名前，電話番号？ /
検索するデータ？ SUZUKI
428 SUZUKI 03-3333-3333
検索するデータ？ SIZUKA
429 SIZUKA 03-444-4444
検索するデータ？ /
```

　この方法では同じ名前のデータはそれぞれ別に登録されており，先に検索された
データだけが表示される．検索アルゴリズムを変更し，すべての同一名を検索する
ようにすることができる．

 参考 辞書の利用

　Pythonでは辞書を使えば，hash関数を作らなくても，名前を添字にしてデー
タを格納できる．

```
dat = {}  # 辞書
dat['SUZUKI'] = '03-111-1111'
dat['SATO'] = '03-222-2222'
```

```
print(dat['SUZUKI'])
print(dat['SATO'])
```

 ハッシュテーブルへのデータの格納方式

　ハッシュテーブル（ハッシュ表）に直接データを格納する方式をオープンアドレス法と呼ぶ.

　ハッシュテーブルには直接データを格納せず，データへのポインタを格納する方式をチェイン法と呼ぶ.

 かち合い（collision）の解決法

・リストを用いたチェイン法

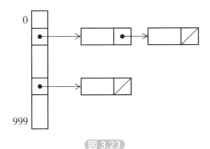

（図 3.23）

　ハッシュテーブルには直接データを格納せず，データへのポインタを格納し，かち合いデータはリストの後に連結していく. リストを用いたハッシュ（**第5章 5-9**）参照.

・ダブル・ハッシュ法

　かち合いが起こったとき，空きテーブルを1つづつ下に探していく方法（これを1次ハッシュ法という）は**練習問題25**で示したが，この探す距離を別のハッシュ関数を用いて計算する.

● 参考図書：『Cデータ構造とプログラム』Leendert Ammeraal 著，小山裕徳 訳，オーム社

再帰

- 再帰（recursion）というのは，自分自身の中から自分自身を呼び出すという，何やら得体の知れないからくりなのである．数学のような論理体系では，このような再帰を簡単明快に定義できるのに，人間の論理観はそれに追いつけない面を持っている．こうしたことから，再帰的なアルゴリズムは慣れなければ一般に理解しにくいが，一度慣れてしまうと，複雑なアルゴリズムを明快に記述する際に効果を発揮する．再帰は近代的プログラミング法における重要な制御構造の1つである．

- この章では階乗，フィボナッチ数列などの単純な再帰の例から始め，ハノイの塔や迷路などの問題を再帰を用いて明快に解く方法を示す．さらに，高速ソート法であるクイックソートも再帰を用いて示す．

- 再帰が真に威力を発揮するのは，再帰的なデータ構造（木やグラフなど）を扱うアルゴリズムを記述するときである．これについては第6章，第7章で示す．

4-0 再帰とは

再帰的（recursive：リカーシブ）な構造とは，自分自身（n次）を定義するのに，自分自身より1次低い部分集合（$n-1$次）を用い，さらにその部分集合は，より低次の部分集合を用いて定義するということを繰り返す構造である．このような構造を一般に再帰（recursion）と呼んでいる．

たとえば，$n!$は次のように再帰的に定義できる．

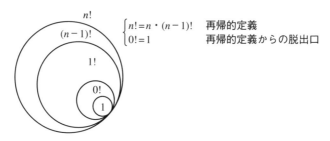

$$\begin{cases} n! = n \cdot (n-1)! & \text{再帰的定義} \\ 0! = 1 & \text{再帰的定義からの脱出口} \end{cases}$$

図 4.1 階乗の再帰的定義

再帰を用いると，複雑なアルゴリズムを明快に記述できることがあるため，近代的プログラミング法では重要な制御構造の1つとして考えられている．

FORTRANや従来型BASICでは再帰を認めていないが，Python，C，C++，Java，Pascal，Visual Basic，Visual C++では再帰を認めている．

プログラムにおける再帰は次のような構造をしている．

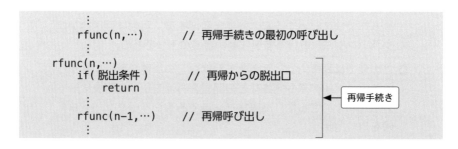

ある手続きの内部で，再び自分自身を呼び出すような構造の手続きを再帰的手続き（recursive procedure）と呼び，手続き内部で再び自分自身を呼び出すことを再帰呼び出し（recursive call）という．

再帰手続きには，一般に再帰からの脱出口を置かなければならない．こうしない

と，再帰呼び出しは永遠に続いてしまうことになる．

一般に手続きの呼び出しにおいては，リターンアドレス，引数，局所変数（手続きの中で宣言されている変数）などがスタックにとられる．再帰呼び出しでは，手続きの呼び出しがネストして行われるため，ネストが深くなれば右図のようにスタックを浪費することになる．

再帰は，再帰的なデータ構造（たとえば**第6章**で示す"木"など）に適用すると特に効果を発揮する．

たとえば，2分木は次のように定義できる．詳しくは**第6章**を参照．

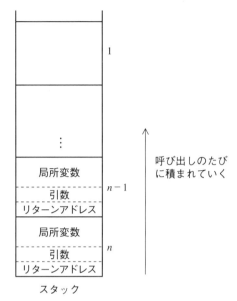

図 4.2 再帰呼び出しにおけるスタックの状態

> 「空きでない2分木は，1つの根（節）と2つの部分木（左部分木と右部分木）からなる」
> 「空きの木も2分木である」

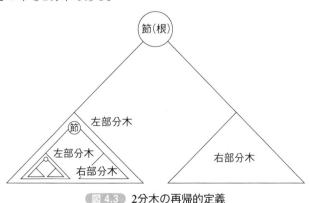

図 4.3 2分木の再帰的定義

4-1 再帰の簡単な例

例題 26 階乗の再帰解

$n!$ を求める関数を再帰を用いて作る.

$n!$ は次のように定義できる.

$$\begin{cases} n! = n \cdot (n-1)! & n > 0 \\ 0! = 1 \end{cases}$$

これは次のような意味に解釈できる.

· $n!$ を求めるには1次低い $(n-1)!$ を求めてそれに n を掛ける

· $(n-1)!$ を求めるには1次低い $(n-2)!$ を求めてそれに $n-1$ を掛ける

   ⋮

· $1!$ を求めるには $0!$ を求め, それに 1 を掛ける

· $0!$ は 1 である

以上を再帰関数として記述すると,

```
def kaijo(n):
    if n == 0:
        return 1        ← 0!の脱出口
    else:
        return n * kaijo(n - 1)   ← (n-1)!を求める再帰の呼び出し
```

となる. この再帰関数を用いて4!を求めるには, メイン・ルーチンから,

```
kaijo(4)
```

と呼び出す. このとき, 上の再帰関数は次のように実行される.

引数 n が再帰呼び出しのたびにスタック上に積まれ, 再帰呼び出しからリターンするときには逆にスタックから取り戻されていくことに注意すること.

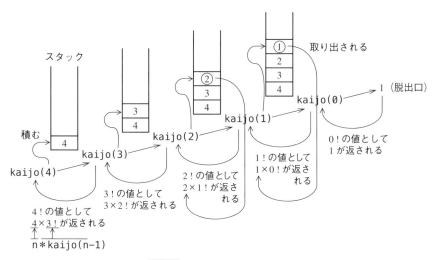

図 4.4 階乗の再帰呼び出し

まず4!を求めようとするが，これは4×3!なので，3!を求めようとする．3!は3×2!なので，2!を求めようとする．このように，自分を求めるために同じ手続きを使って前を求めるというのが再帰的アルゴリズムなのである．

再帰的なアルゴリズムには必ず脱出口がなければならない．もしなければ，再帰呼び出しは永遠に続いてしまう．（実際にはスタックオーバーフローエラーまたは暴走）．

kaijoの脱出口は0! = 1である．再帰呼び出しが0!に行き着いたとき，この値は1と定義されているから，もうこれ以上再帰呼び出しを行わず，あとは来た道を逆にたどって帰る．

つまり，kaijo(0)は値1（0!）を得てリターンし，kaijo(1)はkaijo(0)から得られた0!の値（1）にスタック上のnの値（1）を掛けた1×0!を得てリターンし，kaijo(2)はkaijo(1)から得られた1!の値にスタック上のnの値（2）を掛けた2×1!を得てリターンし…と続き，一番最初の呼び出しに対し，4×3!を返して，再帰呼び出しを完了する．

プログラム Rei26

```
# ------------------------------
# *      階乗計算の再帰解      *
# ------------------------------

def kaijo(n):    # 再帰手続
    if n == 0:
        return 1
    else:
        return n * kaijo(n - 1)

for n in range(13):
    print('{:2d}!={:10d}'.format(n, kaijo(n)))
```

実行結果

```
0!=          1          7!=      5040
1!=          1          8!=     40320
2!=          2          9!=    362880
3!=          6         10!=   3628800
4!=         24         11!=  39916800
5!=        120         12!= 479001600
6!=        720
```

練習問題 26-1 フィボナッチ数列の再帰解

フィボナッチ数列を再帰を用いて求める.

次のような数列をフィボナッチ数列という.

$$1 \quad 1 \quad 2 \quad 3 \quad 5 \quad 8 \quad 13 \quad 21 \quad 34 \quad 55 \quad 89 \quad \cdots\cdots$$

この数列の第n項は第$n-1$項と第$n-2$項を加えたものであり, 第1項と第2項は1であるから, 次のように定義できる.

$$\begin{cases} f_n = f_{n-1} + f_{n-2} & n \geqq 3 \\ f_1 = f_2 = 1 & n = 1, 2 \end{cases}$$

プログラム Dr26_1

```
# ------------------------------------
# *      フィボナッチ数 ( 再帰版 )      *
# ------------------------------------

def fib(n):
    if n == 1 or n == 2:
```

```
        return 1
    else:
        return fib(n - 1) + fib(n - 2)

for n in range(1, 21):
    print('{:3d}:{:5d}'.format(n, fib(n)))
```

実行結果
```
 1:    1
 2:    1
 3:    2
 4:    3
 5:    5
 6:    8
 7:   13
 8:   21
 9:   34
10:   55
11:   89
12:  144
13:  233
14:  377
15:  610
16:  987
17: 1597
18: 2584
19: 4181
20: 6765
```

 フィボナッチ（Fibonacci）

1200年頃のヨーロッパの数学者．彼の著書に次のような記述がある．

1つがいのウサギは，毎月1つがいの子を生む．その子は1ヶ月後から子を生み始める．最初1つがいのウサギがいたとすると，1ヶ月たつとウサギは2つがいとなり，2ヶ月後には3つがいとなり….

これがフィボナッチ数列である．フィボナッチ数列は植物における葉や花の配置に適用できる．

$_n\mathrm{C}_r$ の再帰解

$_n\mathrm{C}_r$を再帰を用いて求める.

すでに**第1章1-1**のPascalの三角形で示したように $_n\mathrm{C}_r$ は次のように定義できる.

$$\begin{cases} _n\mathrm{C}_r = {}_{n-1}\mathrm{C}_{r-1} + {}_{n-1}\mathrm{C}_r & (n > r > 0) \\ _r\mathrm{C}_0 = {}_r\mathrm{C}_r = 1 & (r = 0\text{または}n = r) \end{cases}$$

これを図で表すと次のようになる.

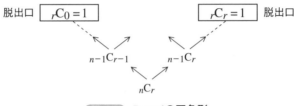

脱出口 $\boxed{_r\mathrm{C}_0 = 1}$ $\boxed{_r\mathrm{C}_r = 1}$ 脱出口

$_{n-1}\mathrm{C}_{r-1}$ $_{n-1}\mathrm{C}_r$

$_n\mathrm{C}_r$

図 4.5 Pascalの三角形

$_r\mathrm{C}_0 = 1$ が $_{n-1}\mathrm{C}_{r-1}$ の呼び出しに対する脱出口, $_r\mathrm{C}_r = 1$ が $_{n-1}\mathrm{C}_r$ の呼び出しに対する脱出口と考えればよい.

プログラム Dr26_2

```
# ------------------------------
# *    nCr の計算 ( 再帰版 )    *
# ------------------------------

def combi(n, r):
    if r == 0 or r == n:
        return 1
    else:
        return combi(n - 1, r) + combi(n - 1, r - 1)

for n in range(6):
    result = ''
    for r in range(n + 1):
        result += '{:d}C{:d}={:<4d}'.format(n, r, combi(n, r))
    print(result)
```

実行結果

```
0C0=1
1C0=1    1C1=1
```

```
2C0=1    2C1=2    2C2=1
3C0=1    3C1=3    3C2=3    3C3=1
4C0=1    4C1=4    4C2=6    4C3=4    4C4=1
5C0=1    5C1=5    5C2=10   5C3=10   5C4=5    5C5=1
```

練習問題 26-3 Horner の方法の再帰解

Hornerの方法を再帰を用いて行う.

Hornerの方法によれば,

$$f(x) = a_N x^N + a_{N-1} x^{N-1} + \cdots + a_1 x_1 + a_0$$

という多項式は

$$\begin{cases} f_i = f_{i-1} \cdot x + a_{N-i} \\ f_0 = a_N \end{cases}$$

と表せる. 詳しくは**第1章1-1**の**練習問題1**を参照. なお, プログラムでは係数a_0 ～a_Nはリスト a[0] ～ a[N] に対応する.

プログラム Dr26_3

```
# -------------------------------
# *    Honer の方法 ( 再帰版 )    *
# -------------------------------

def fn(x, a, i):
    if i == 0:
        return a[N]
    else:
        return fn(x, a, i - 1)*x + a[N-i]

N = 4    # 次数
a = [1, 2, 3, 4, 5]
print('{:f}'.format(fn(2, a, N)))
```

実行結果

```
129.000000
```

練習問題 26-4 ユークリッドの互除法の再帰解 1

ユークリッドの互除法を再帰で実現する.

ユークリッドの互除法は,「そもそも2つの数 m, n の最大公約数は,その2つの数の差と小さい方の数との最大公約数を求めることである」ということに基づいている.そして,このことを $m = n$ になるまで繰り返し,そのときの m の値が求める最大公約数である.

m と n の最大公約数を求める関数を $gcd(m, n)$ とすると,

$$m > n \text{なら} \quad gcd(m, n) = gcd(m - n, n)$$
$$m < n \text{なら} \quad gcd(m, n) = gcd(m, n - m)$$
$$m = n \text{なら} \quad gcd(m, n) = m$$

ということになる.24と18について具体例を示す.

$$gcd(24, 18) = gcd(6, 18)$$
$$= gcd(6, 12)$$
$$= gcd(6, 6)$$
$$= 6$$

プログラム Dr26_4

```
# -------------------------------------
# *      ユークリッドの互除法 ( 再帰版 )      *
# -------------------------------------

def gcd(m, n):
    if m == n:
        return m
    if m > n:
        return gcd(m - n, n)
    else:
        return gcd(m, n - m)

a, b = 128, 72
print('{:d} と {:d} の最大公約数 ={:d}'.format(a, b, gcd(a, b)))
```

実行結果

128 と 72 の最大公約数 =8

練習問題 26-5 ユークリッドの互除法の再帰解 2

剰余を用いたユークリッドの互除法を再帰で実現する.

ユークリッドの互除法において, $m - n$を用いるより$m \% n$を用いた方が効率がよい. mとnの最大公約数を求める関数を$gcd(m, n)$とすると,

$$m \neq n \quad なら \quad gcd(m, n) = gcd(n, m \% n)$$
$$n = 0 \quad なら \quad gcd(m, n) = m$$

ということになる. 32と14について具体例を示す.

$$\begin{aligned} gcd(32, 14) &= gcd(14, 4) \\ &= gcd(4, 2) \\ &= gcd(2, 0) \\ &= 2 \end{aligned}$$

練習問題26-4の方式と違い, mとnの大小判断による場合分けは必要ない, なぜならもし$m < n$なら$m \% n$はmとなるので,

$$gcd(14, 32) = gcd(32, 14)$$

となり, あとは同じである.

プログラム Dr26_5

```
# ----------------------------------------
# *      ユークリッドの互除法 ( 再帰版 )      *
# ----------------------------------------

def gcd(m, n):
    if n == 0:
        return m
    else:
        return gcd(n, m % n)

a, b = 128, 72
print('{:d} と {:d} の最大公約数 ={:d}'.format(a,b,gcd(a,b)))
```

実行結果

```
128 と 72 の最大公約数 =8
```

4-2 | 再帰解と非再帰解

例題 27　階乗の非再帰解

$n!$ を求める関数を再帰を用いずに作る.

$$n! = n \cdot (n-1) \cdot (n-2) \cdots 3 \cdot 2 \cdot 1$$

であるから1から始めて n まで n 回繰り返して掛けていけばよい.

プログラム Rei27

```
# ------------------------------
# *      階乗計算の非再帰解      *
# ------------------------------

def kaijo(n):    # 階乗
    p = 1
    for k in range(n, 0, -1):
        p = p * k
    return p

for n in range(13):
    print('{:2d}!={:10d}'.format(n, kaijo(n)))
```

実行結果

```
 0!=         1
 1!=         1
 2!=         2
 3!=         6
 4!=        24
 5!=       120
 6!=       720
 7!=      5040
 8!=     40320
 9!=    362880
10!=   3628800
11!=  39916800
12!= 479001600
```

練習問題 27 フィボナッチ数列の非再帰解

フィボナッチ数列を再帰を用いずに求める.

$$1 \quad 1 \quad 2 \quad 3 \quad 5 \quad 8 \quad 13 \quad 21 \quad \cdots\cdots$$

$a = 1$, $b = 1$ から始め,

$$b \quad \leftarrow \quad a + b$$
$$a \quad \leftarrow \quad 前のb$$

を繰り返していけば, b にフィボナッチ数列が求められる.

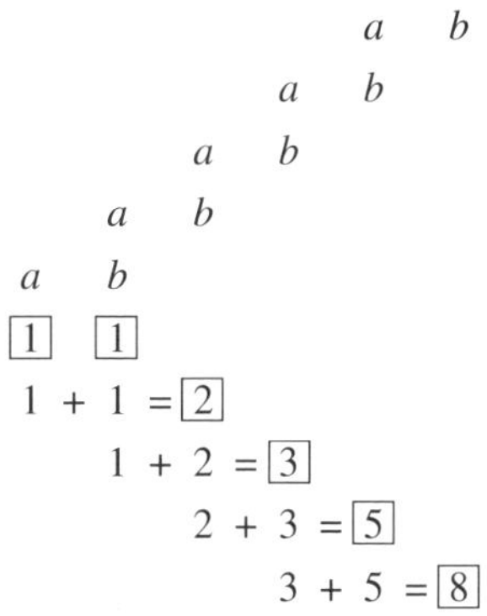

$$
\begin{array}{cccc}
 & & a & b \\
 & a & b & \\
 & a & b & \\
 a & b & & \\
 a & b & & \\
 \boxed{1} & \boxed{1} & & \\
 1 + 1 = \boxed{2} & & \\
 1 + 2 = \boxed{3} & & \\
 2 + 3 = \boxed{5} & & \\
 3 + 5 = \boxed{8} & &
\end{array}
$$

図 4.6

プログラム Dr27

```
# ------------------------------------
# *      フィボナッチ数 ( 非再帰版 )      *
# ------------------------------------

def fib(n):
    a, b = 1, 1
    for k in range(3, n + 1):
        dummy = b
        b = a + b
        a = dummy
    return b

for n in range(1, 21):
    print('{:3d}:{:5d}'.format(n, fib(n)))
```

実行結果

```
 1:    1
 2:    1
 3:    2
 4:    3
 5:    5
 6:    8
 7:   13
 8:   21
 9:   34
10:   55
11:   89
12:  144
13:  233
14:  377
15:  610
16:  987
17: 1597
18: 2584
19: 4181
20: 6765
```

4-1で，階乗，フィボナッチ数列，$_nC_r$，ホーナー法，ユークリッドの互除法の再帰アルゴリズムを示したが．これらにいずれも非再帰解が存在する．アルゴリズムとして再帰解を用いるのか非再帰解を用いるかの指針を以下に示す．

　・アルゴリズムを記述するのに再帰表現がぴったりの場合．たとえば，この章で示すハノイの塔，迷路，クイックソートなど．これらを非再帰版で書くとかなり複雑になる．

・再帰的なデータ構造（木やグラフなど）を扱うアルゴリズムを記述するには再帰は強力である. **第6章**, **第7章**参照.

・階乗の再帰版でみられるように, 関数の最後に1つだけ再帰呼び出しがおかれているようなものを末尾再帰（tail recursion）というが, この手のものは簡単な繰り返しの非再帰版があり, その方がよい.

・一概にはいえないがおおよその傾向として以下のことがいえる.

 — 再帰版は一般に再帰呼び出しのためにスタックを浪費する.

 — 実行時間は, 再帰版の方が非再帰版に比べ若干かかる. 特にフィボナッチ数列や$_nC_r$のように再帰呼び出しが2つ含まれているものは特に遅い.

 — C言語のようなコンパイラ言語の場合, オブジェクトサイズは再帰版の方が若干小さくなる.

4-3 | 順列の生成

n個の数字を使ってできる順列をすべて求める.

たとえば, 1, 2, 3を並べる並べ方は

$$123, \quad 132, \quad 213, \quad 231, \quad 312, \quad 321$$

の6通りある. これを順列といい, n個 (互いに異なる) を並べる順列は$n!$通りある.

1, 2, $\cdots$, n個の順列の問題は,

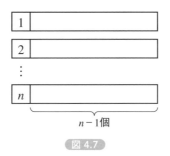

図 4.7

のようにそれぞれ1～nを先頭にする$n-1$個からなる順列の問題に分解でき, $n-1$個からなる順列についてはまた同様なことがいえる.

先頭に1～nの値を持ってくるには, 数列の第0項と第0項～第$n-1$項のそれぞれを逐次交換することにより行う.

それでは, 1, 2, 3, 4に対して具体例を示す.

1, 2, 3, 4の順列は

・1と1を交換してできる1, 2, 3, 4のうちの2, 3, 4の順列の問題に分解
・1と2　　〃　　　　2, 1, 3, 4のうちの1, 3, 4　　　　〃
・1と3　　〃　　　　3, 2, 1, 4のうちの2, 1, 4　　　　〃
・1と4　　〃　　　　4, 2, 3, 1のうちの2, 3, 1　　　　〃

となり, これは再帰呼び出しで表現できる. 再帰呼び出しの前に第0項と第0項～第$n-1$項のそれぞれを交換する処理を置き, 再帰呼び出しの後に, 交換した数列を元に戻す処理を置く.

交換の基点 i は再帰呼び出しが深くなるたびに 0 から $n-1$ に向かって，1つずつ右に移っていく．

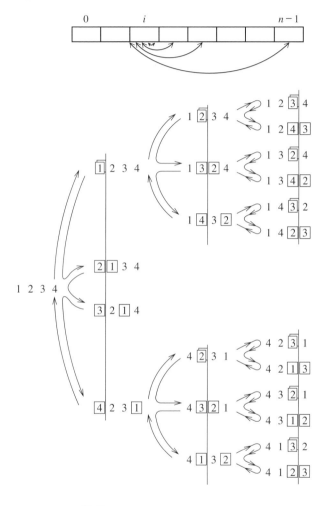

□□ は2つの項の交換

□ は自分同士の交換

図 4.8 順列の再帰呼び出し

プログラム　Rei28

```
# --------------------------------
# *    順列生成 ( 辞書式順でない )      *
# --------------------------------

def perm(i):
    if i < N:
        for j in range(i, N):
            p[i], p[j] = p[j], p[i]   # p[i] と p[j] の交換
            perm(i + 1)               # 再帰呼び出し
            p[i], p[j] = p[j], p[i]   # 元に戻す
    else:
        result = ''
        for j in range(0, N):     # 順列の表示
            result += '{:2d}'.format(p[j])
        print(result)

N = 4
p = [1, 2, 3, 4]
perm(0)
```

実 行 結 果

```
 1 2 3 4          2 3 1 4          3 4 1 2
 1 2 4 3          2 3 4 1          3 4 2 1
 1 3 2 4          2 4 3 1          4 2 3 1
 1 3 4 2          2 4 1 3          4 2 1 3
 1 4 3 2          3 2 1 4          4 3 2 1
 1 4 2 3          3 2 4 1          4 3 1 2
 2 1 3 4          3 1 2 4          4 1 3 2
 2 1 4 3          3 1 4 2          4 1 2 3
```

練習問題 28 　辞書式順に順列生成

n個の要素を使ってできる順列を辞書式順序ですべて求める.

　例題28では生成される順列は辞書式順ではない. これを辞書式順にするには, 第i項と第n項を交換する処理を, $i \sim i$, $i \sim i + 1$, $i \sim i + 2$, $\cdots$, $i \sim n$, について逐次右に1つローテイトする処理に置き換える.

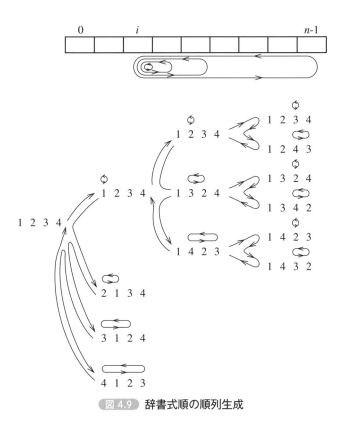

図 4.9 辞書式順の順列生成

```
# --------------------------------
# *     順列生成（辞書式順）    *
# --------------------------------

def perm(i):
    if i < N:
        for j in range(i, N):
            t = p[j]        # p[i]-p[j] の右ローテイト
            for k in range(j, i, -1):
                p[k] = p[k - 1]
            p[i] = t

            perm(i + 1)     # 再帰呼び出し

            for k in range(i, j): # リストの並びを再帰呼び出し前に戻す
                p[k] = p[k + 1]
            p[j] = t
```

```
    else:
        result = ''
        for j in range(0, N):        # 順列の表示
            result+='{:2d}'.format(p[j])
        print(result)

N = 4
p = [1, 2, 3, 4]
perm(0)
```

実行結果

1 2 3 4	2 3 1 4	3 4 1 2
1 2 4 3	2 3 4 1	3 4 2 1
1 3 2 4	2 4 1 3	4 1 2 3
1 3 4 2	2 4 3 1	4 1 3 2
1 4 2 3	3 1 2 4	4 2 1 3
1 4 3 2	3 1 4 2	4 2 3 1
2 1 3 4	3 2 1 4	4 3 1 2
2 1 4 3	3 2 4 1	4 3 2 1

 単語の生成

練習問題28のプログラムにおいて，データとして，

```
p = ['a', 'c', 'h', 't']
```

というアルファベットを用い，生成される順列の先頭3文字だけを表示すると，
次のような英単語が生成される．

プログラム Dr28_2

```
# ------------------------------------------------
# *        順列生成アルファベット版（辞書式順）        *
# ------------------------------------------------

def perm(i):
    if i < N:
        for j in range(i, N):
            t = p[j]        # p[i]-p[j] の右ローテイト
            for k in range(j, i, -1):
                p[k] = p[k-1]
            p[i] = t
```

```
            perm(i + 1)      # 再帰呼び出し

            for k in range(i, j): # 配列の並びを再帰呼び出し前に戻す
                p[k] = p[k + 1]
            p[j] = t
    else:
        result = ''
        for j in range(0, N - 1):           # 順列の表示
            result += '{:s} '.format(p[j])
        print(result)

N = 4
p = ['a', 'c', 'h', 't']
perm(0)
```

```
a c h          c h a          h t a
a c t          c h t          h t c
a h c          c t a          t a c
a h t          c t h          t a h
a t c          h a c          t c a
a t h          h a t          t c h
c a h          h c a          t h a
c a t          h c t          t h c
```

4-4 ハノイの塔

例題 29 ハノイの塔

ハノイの塔問題を再帰を用いて解く.

　ハノイの塔の問題は，再帰の問題でよく取り上げられる．ハノイの塔の問題は次のように定義される.

　図4.10に示す3本の棒a，b，cがある．棒aに，中央に穴が空いたn枚の円盤が大きい順に積まれている．これを1枚ずつ移動させて棒bに移す．ただし，移動の途中で円盤の大小が逆に積まれてはならない．また，棒cは作業用に使用するものとする.

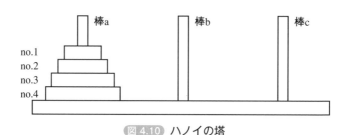

図 4.10 ハノイの塔

　棒aの円盤が1枚なら，

$$a \rightarrow b \quad \text{──────} \quad ⓐ$$

と移す．棒aの円盤が2枚なら，**図4.11**に示すように

$$
\left.
\begin{array}{l}
1.\ a \rightarrow c \\
2.\ a \rightarrow b \\
3.\ c \rightarrow b
\end{array}
\right\} \text{────} ⓑ
$$

の順に移す.

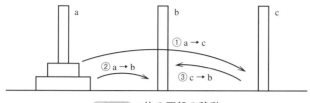

図 4.11 2枚の円盤の移動

これがハノイの塔の基本操作になる．なぜ基本操作になるかはすぐにわかる．

さて，棒aの円盤が3枚の場合を考えてみよう．**図4.12**において，棒aの上の2枚の円盤を△とし，

1. aの△を　　a→c　　に移せたとし
2. 下の1枚を　a→b　　に移し，　　　　　　　　⎫
3. cの△を　　c→b　　に移せたとする．　　　　⎬—— ⑦
　　　　　　　　　　　　　　　　　　　　　　　　⎭

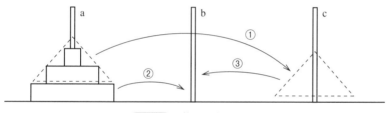

図 4.12 3枚の円盤の移動

ここで，△の移動は円盤の1枚ずつの移動ではないから，△の移動を1枚ずつの移動に置き換えなければならない．つまり，aの△をa→cに移す動作は，

a→b
a→c
b→c

となる．この操作は，2枚の円盤をaからbに移したβの解の目的の棒bを棒cに置き換えたものに他ならない．つまり，

a→b　　⎫　　　　　　　　a→c　　⎫
a→c　　⎬　swap b, c　→　a→b　　⎬ β 解
b→c　　⎭　　　　　　　　c→b　　⎭

と考えられる．同様に，cの△をc→bに移す動作も⑧解の元の棒aを棒cに置き換えたものに他ならない．つまり，

$$
\left.\begin{array}{l}
c \to a \\
c \to b \\
a \to b
\end{array}\right\} \xrightarrow{\text{swap a, c}} \left.\begin{array}{l}
a \to c \\
a \to b \\
c \to b
\end{array}\right\} \text{⑧解}
$$

したがって，3枚の円盤を移す解⑦は，

    1. bとcを交換した⑧解

    2. ⓐ解

    3. aとcを交換した⑧解

と書くことができる．同様に2枚の円盤を移す解⑧は，

    1. bとcを交換したⓐ解

    2. ⓐ解

    3. aとcを交換したⓐ解

と書き直すことができる．

これを一般化するとn枚の円盤を a→b に移す問題を解く関数 hanoi は次のように記述できる．

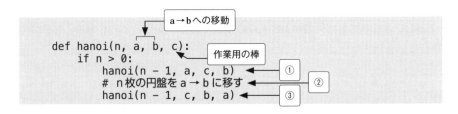

①の呼び出しではbとcを交換し，③の呼び出しではaとcを交換していることに注意せよ．これは，a→bの移動は次のように表現できるからである．

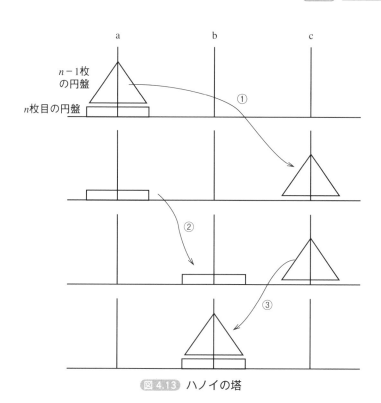

a
b
c
n − 1枚
の円盤
n枚目の円盤
①
②
③

図 4.13 ハノイの塔

n
a → b
n−1
a → c
n を a → b
n−1
c → b
n
a → b
はn枚の円盤をa → bに移す再帰呼び出しを示し，
nをa → b
はn番目の円盤をa → bに実際に移すことを示す.

図 4.14

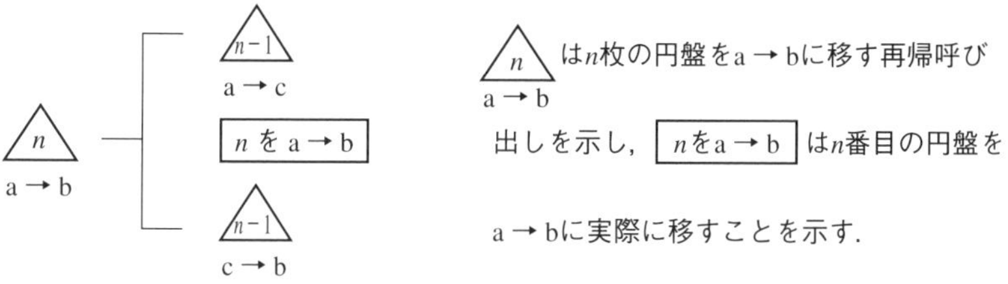

4枚の場合についてhanoiがどのように再帰呼び出しされるかを図4.15に示す.

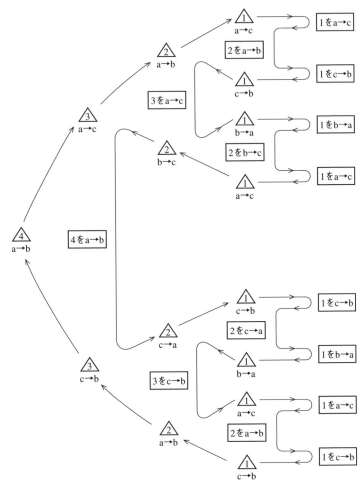

図 4.15 ハノイの塔の再帰呼び出し

プログラム **Rei29**

```
# -----------------------------
# *     ハノイの塔の再帰解      *
# -----------------------------
def hanoi(n, a, b, c): # 再帰手続
    if n > 0:
        hanoi(n - 1, a, c, b)
        print('{:d}番の円盤を {:s} から {:s} に移動 '.format(n, a, ↵
b))
        hanoi(n - 1, c, b, a)

hanoi(4, 'a', 'b', 'c')
```

実行結果

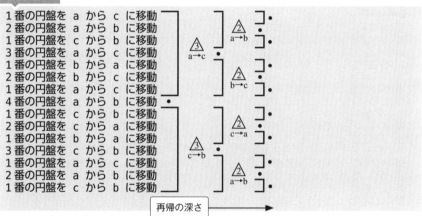

```
1 番の円盤を a から c に移動
2 番の円盤を a から b に移動
1 番の円盤を c から b に移動
3 番の円盤を a から c に移動
1 番の円盤を b から a に移動
2 番の円盤を b から c に移動
1 番の円盤を a から c に移動
4 番の円盤を a から b に移動
1 番の円盤を c から b に移動
2 番の円盤を c から a に移動
1 番の円盤を b から a に移動
3 番の円盤を c から b に移動
1 番の円盤を a から c に移動
2 番の円盤を a から b に移動
1 番の円盤を c から b に移動
```

再帰の深さ

練習問題 29 hanoi の引数を 1 つ減らす

例題29の関数hanoiの引数cをなくす.

例題29ではhanoi(n, a, b, c)のように棒a, b, cの3つを引数にしていたが,作業用の棒cに関する情報はaとbが決まれば,

$$c = ('a' + 'b' + 'c') - (a + b)$$

により求めることができる.したがって,cを引数にしなくてもよい.

なお,a,b,cは変数であり,実際の棒は'a','b','c'で示している.

プログラム　Dr29

```
# ------------------------------------------------
# *      ハノイの塔の再帰解 ( 引数を１つ減らす )      *
# ------------------------------------------------

def hanoi(n, a, b):    # 再帰手続
    if n > 0:
        hanoi(n - 1, a, Total - (a + b))
        print('{:d}番の円盤を {:s} から {:s} に移動 '.format(n, ⏎
chr(a), chr(b)))
        hanoi(n - 1,Total - (a + b), b)

Total = ord('a') + ord('b') + ord('c')
hanoi(4, ord('a'), ord('b'))
```

実 行 結 果

```
1 番の円盤を  a  から  c  に移動
2 番の円盤を  a  から  b  に移動
1 番の円盤を  c  から  b  に移動
3 番の円盤を  a  から  c  に移動
1 番の円盤を  b  から  a  に移動
2 番の円盤を  b  から  c  に移動
1 番の円盤を  a  から  c  に移動
4 番の円盤を  a  から  b  に移動
1 番の円盤を  c  から  b  に移動
2 番の円盤を  c  から  a  に移動
1 番の円盤を  b  から  a  に移動
3 番の円盤を  c  から  b  に移動
1 番の円盤を  a  から  c  に移動
2 番の円盤を  a  から  b  に移動
1 番の円盤を  c  から  b  に移動
```

参考　ハノイの塔

　Édouard Lucas の作り話に，3 本のダイアモンドの棒に 64 枚の金の円盤があり，これを全部移し終えたときにハノイの塔が崩れ，世界の終わりが来るというものがある．

　さて，n 枚の円盤を移す回数は，

$$2^n - 1$$

であるから，64 枚の場合は，

$$2^{64} - 1 = 18446744073709551615$$

回の移動が必要ということになる．1回の移動に1秒かかるとすれば，

$$18446744073709551615 \div (365 \times 24 \times 60 \times 60) \approx 5850 \text{億年}$$

となる．

4-5 迷路

迷路の解を1つだけ見つける.

次のような迷路を解く問題を考える.

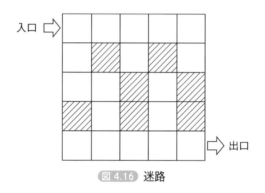

図 4.16 迷路

問題を解きやすくするために（探索の過程で外に飛び出してしまわないように）,
外側をすべて壁で囲むことにする.

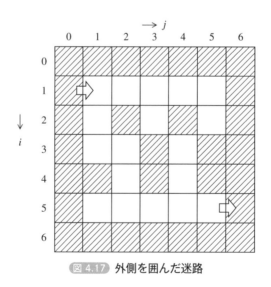

図 4.17 外側を囲んだ迷路

この迷路図の1つのマスを要素とする2次元リストを考え，□は通過できるので0，▨は通過できないので2というデータを与えることにする．また，マス目の縦方向をi，横方向をjで管理することにすると，迷路内の位置は(i, j)で表せる．

(i, j)位置から次の位置へ進む試みは次のように①，②，③，④の順に行い，もしその進もうとする位置が通行可なら，そこに進み，だめなら，次の方向を試みる．

これを出口に到達するまで繰り返す．なお，1度通過した位置は再トライしないように，リスト要素に1を入れる．

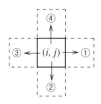

図 4.18 進む方向

(i, j)位置を訪問する手続きを`visit(i,j)`とすると，迷路を進むアルゴリズムは次のようになる．

① (i, j)位置に1をつける
② 脱出口に到達しない間，以下を行う
  ③ もし，右が空いていれば`visit(i,j+1)`を行う
  ④ もし，下が空いていれば`visit(i+1,j)`を行う
  ⑤ もし，左が空いていれば`visit(i,j-1)`を行う
  ⑥ もし，上が空いていれば`visit(i-1,j)`を行う
⑦ 脱出口に到達していれば通過してきた位置(i, j)を表示

プログラム Rei30

```
# -------------------------------------
# *      迷路をたどる（1つだけ見つける）      *
# -------------------------------------

def visit(i, j):
    global success, result
    m[i][j] = 1              # 訪れた位置に印をつける

    if i == Ei and j == Ej:  # 出口に到達したとき
        success = 1
                             # 出口に到達しない間迷路をさまよう
```

181

```
        if success != 1 and m[i][j + 1] == 0:
            visit(i, j + 1)
        if success != 1 and m[i + 1][j] == 0:
            visit(i + 1, j)
        if success != 1 and m[i][j - 1] == 0:
            visit(i, j - 1)
        if success != 1 and m[i - 1][j] == 0:
            visit(i - 1, j)

        if success == 1:        # 通過点の表示
            result += '({:d},{:d}) '.format(i, j)
        return success

m = [[2, 2, 2, 2, 2, 2, 2],        # 迷路
     [2, 0, 0, 0, 0, 0, 2],
     [2, 0, 2, 0, 2, 0, 2],
     [2, 0, 0, 2, 0, 2, 2],
     [2, 2, 0, 2, 0, 2, 2],
     [2, 0, 0, 0, 0, 0, 2],
     [2, 2, 2, 2, 2, 2, 2]]

success = 0                        # 脱出に成功したかを示すフラグ
Si, Sj, Ei, Ej = 1, 1, 5, 5        # 入口と出口の位置

print('迷路の探索')
result = ''
if visit(Si, Sj) == 1:
    print(result)
else:
    print('出口は見つかりませんでした')
```

①

実行結果

迷路の探索
(5,5) (5,4) (5,3) (5,2) (4,2) (3,2) (3,1) (2,1) (1,1)

このプログラムを実行したときの迷路の探索は次のように行われる.

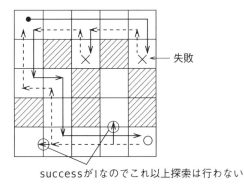

失敗

successが1なのでこれ以上探索は行わない

図 4.19 迷路の探索

(i, j)の値は，──→の向きに進むときにスタックに積まれ，----→で戻るときに取り除かれる.

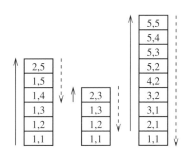

図 4.20 スタックに積まれた経路

プログラム中の①部を，

```
if success != 1:
    if m[i][j + 1] == 0:    ←──    ①
        visit(i, j + 1)
    if m[i + 1][j] == 0:    ←──    ②
        visit(i + 1, j)
    if m[i][j - 1] == 0:    ←──    ③
        visit(i, j - 1)
    if m[i - 1][j] == 0:    ←──    ④
        visit(i - 1, j)
```

のようにした場合，もし①の呼び出しで出口に到達した場合に，②，③，④は少な

くとも1回実行される（success != 1の判定が外にあるため）.

したがって，すでに出口が見つかっているにもかかわらず，別なルートを探すことになる（図中の(4,4), (5,1)の位置）. そしてこの値はスタックに積まれるため，経路の表示の際に誤って出力されることになる.

練習問題 30-1 通過順に経路を表示する

例題30のプログラムでは再帰呼び出しの際にスタックに積まれるi, jの値を表示したため, 経路は出口からの順になってしまった. これを入口からの順にする.

iの値を積むスタックをri[], jの値を積むスタックをrj[]とし, どこまで積まれたかをspで示す.

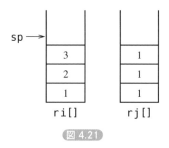

図 4.21

プログラム Dr30_1

```
# ------------------------------------------------------
# *       迷路をたどる ( 経路をスタックに記録する )        *
# ------------------------------------------------------

def visit(i, j):
    global success, result, sp
    m[i][j] = 1          # 訪れた位置に印をつける
    ri[sp] = i           # 訪問位置をスタックに積む
    rj[sp] = j
    sp += 1
    if i == Ei and j == Ej:      # 出口に到達したとき
        for k in range(sp): # 通過点の表示
            result+='({:d},{:d}) '.format(ri[k], rj[k])
        success = 1
                              # 出口に到達しない間迷路をさまよう
    if success != 1 and m[i][j + 1] == 0:
        visit(i, j + 1)
    if success != 1 and m[i + 1][j] == 0:
```

```
        visit(i + 1, j)
    if success != 1 and m[i][j - 1] == 0:
        visit(i, j - 1)
    if success != 1 and m[i - 1][j] == 0:
        visit(i - 1, j)

    sp -= 1    # スタックから捨てる
    return success

m = [[2, 2, 2, 2, 2, 2, 2],         # 迷路
     [2, 0, 0, 0, 0, 0, 2],
     [2, 0, 2, 0, 2, 0, 2],
     [2, 0, 0, 2, 0, 2, 2],
     [2, 2, 0, 2, 0, 2, 2],
     [2, 0, 0, 0, 0, 0, 2],
     [2, 2, 2, 2, 2, 2, 2]]

ri = [0 for i in range(100)]
rj = [0 for i in range(100)]
sp = 0                          # スタック・ポインタの初期化
success = 0                     # 脱出に成功したかを示すフラグ
Si, Sj, Ei, Ej = 1, 1, 5, 5     # 入口と出口の位置

print(' 迷路の探索 ')
result = ''
if visit(Si, Sj) == 1:
    print(result)
else:
    print(' 出口は見つかりませんでした ')
```

実 行 結 果

迷路の探索
(1,1) (2,1) (3,1) (3,2) (4,2) (5,2) (5,3) (5,4) (5,5)

練習問題 **30-2** **すべての経路をたどる**

出口に到達できるすべての経路を求める.

　すべての経路を求めるには, 袋小路に入るか脱出口に到達して進んできた道を戻るときに, 訪問位置の印として1を置いてきたものを再び0に戻してやればよい. 図の ──→ の向きに進むときは1を置き, ---→で戻るときは0に戻す.

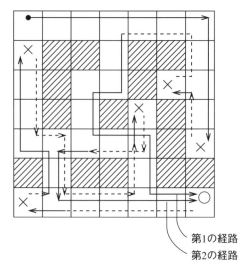

第1の経路
第2の経路

図 4.22 すべての迷路をたどる

プログラム Dr30_2

```
# ------------------------------
# *        すべての迷路をたどる        *
# ------------------------------

def visit(i, j):
    global success, result, sp, path
    m[i][j] = 1    # 訪れた位置に印をつける
    ri[sp] = i     # 訪問位置をスタックに積む
    rj[sp] = j
    sp += 1
    if i == Ei and j == Ej:      # 出口に到達したとき
        result += 'path{:d}='.format(path)
        path += 1
        for k in range(sp): # 通過点の表示
            result += '({:d},{:d}) '.format(ri[k], rj[k])
        result += '\n'
        success = 1
                # 出口に到達しない間迷路をさまよう
    if m[i][j + 1] == 0:
        visit(i, j + 1)
    if m[i + 1][j] == 0:
        visit(i + 1, j)
    if m[i][j - 1] == 0:
        visit(i, j - 1)
    if m[i - 1][j] == 0 :
        visit(i - 1, j)
```

186

```
    sp -= 1        # スタックから捨てる
    m[i][j] = 0    # 別な経路の探索のため
    return success

m = [[2, 2, 2, 2, 2, 2, 2, 2, 2],   # 迷路
     [2, 0, 0, 0, 0, 0, 0, 0, 2],
     [2, 0, 2, 2, 0, 2, 2, 0, 2],
     [2, 0, 2, 0, 0, 2, 0, 0, 2],
     [2, 0 ,2, 0, 2, 0, 2, 0, 2],
     [2, 0, 0, 0, 0, 0, 2, 0, 2],
     [2, 2, 0, 2, 2, 0, 2, 2, 2],
     [2, 0, 0, 0, 0, 0, 0, 0, 2],
     [2, 2, 2, 2, 2, 2, 2, 2, 2]]

ri = [0 for i in range(100)]   # 通過位置を入れるスタック
rj = [0 for i in range(100)]
sp = 0                          #スタック・ポインタの初期化
success = 0                     # 脱出に成功したかを示すフラグ
path = 1
Si, Sj, Ei, Ej = 1, 1, 7, 7    # 入口と出口の位置

print(' 迷路の探索 ')
result = ''
if visit(Si, Sj) == 1:
    print(result)
else:
    print(' 出口は見つかりませんでした ')
```

実行結果

```
迷路の探索
path1=(1,1) (1,2) (1,3) (1,4) (2,4) (3,4) (3,3) (4,3) (5,3)
(5,4) (5,5) (6,5) (7,5) (7,6) (7,7)
path2=(1,1) (1,2) (1,3) (1,4) (2,4) (3,4) (3,3) (4,3) (5,3)
(5,2) (6,2) (7,2) (7,3) (7,4) (7,5) (7,6) (7,7)
path3=(1,1) (2,1) (3,1) (4,1) (5,1) (5,2) (5,3) (5,4) (5,5)
(6,5) (7,5) (7,6) (7,7)
path4=(1,1) (2,1) (3,1) (4,1) (5,1) (5,2) (6,2) (7,2) (7,3)
(7,4) (7,5) (7,6) (7,7)
```

訪問した位置に1を置くだけの処理

訪問した位置に1を置くだけの処理にした visit を示す.

プログラム Dr30_3

```python
# -----------------------------------
# *       枠の中を埋める ( ペイント )       *
# -----------------------------------

def visit(i, j):
    m[i][j] = 1
    if m[i][j + 1] == 0:
        visit(i, j + 1)
    if m[i + 1][j] == 0:
        visit(i + 1, j)
    if m[i][j - 1] == 0:
        visit(i, j - 1)
    if m[i - 1][j] == 0:
        visit(i - 1, j)

m = [[2, 2, 2, 2, 2, 2, 2, 2, 2, 2],
     [2, 0, 0, 0, 0, 0, 0, 0, 0, 2],
     [2, 0, 0, 0, 0, 0, 0, 0, 0, 2],
     [2, 0, 2, 2, 2, 2, 2, 2, 2, 2],
     [2, 0, 2, 0, 2, 0, 2, 0, 2],
     [2, 0, 2, 0, 0, 2, 0, 2, 0, 2],
     [2, 0, 0, 2, 2, 2, 0, 2, 0, 2],
     [2, 0, 2, 2, 2, 2, 0, 2, 0, 2],
     [2, 0, 0, 0, 0, 0, 0, 0, 0, 2],
     [2, 2, 2, 2, 2, 2, 2, 2, 2, 2]]

visit(1, 1)

for i in range(10):
    result = ''
    for j in range(10):
        result += '{:2d}'.format(m[i][j])
    print(result)
```

実行結果

```
 2 2 2 2 2 2 2 2 2 2
 2 1 1 1 1 1 1 1 1 2
 2 1 1 1 1 1 1 1 1 2
 2 1 2 2 2 2 2 2 2 2
 2 1 2 0 0 2 1 2 1 2
 2 1 2 0 0 2 1 2 1 2
 2 1 1 2 2 2 1 2 1 2
 2 1 2 2 2 2 1 2 1 2
```

ここは2で囲まれている
ためペイントされない

```
2 1 1 1 1 1 1 1 1 2
2 2 2 2 2 2 2 2 2 2
```

 グラフィックペイント

前のプログラムは2という枠で囲まれた0の空間を1で埋め尽くすことになる．いわゆるペイント処理である．

このアルゴリズムを利用すれば，グラフィック画面におけるペイント処理を行うことができる．

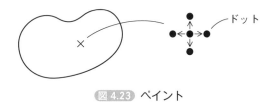

図 4.23 ペイント

ただし，スタックを浪費するため大きな領域のペイントはできない．

(x, y) 位置の描画情報を取得するメソッドがないので，画面のドットイメージを格納する二次元リストm[][]を用意し，描いた点のドットイメージ（0: 点なし，1: 点あり）をm[][]に保存するメソッドpsetを用意した．

プログラム Dr30_4

```
# ---------------------------------
# *        グラフィック・ペイント        *
# ---------------------------------

!pip3 install ColabTurtle
from ColabTurtle.Turtle import *

initializeTurtle(initial_window_size=(400, 400), initial_speed=13)
hideturtle()
width(2)
bgcolor('white')
color('blue')

def pset(x, y):
    penup()
    goto(x, y)
    pendown()
```

```
    goto(x, y)
    m[int(x)][int(y)] = 1

def visit(i, j):
    pset(i, j)
    if m[i][j + 1] == 0:
        visit(i, j + 1)
    if m[i + 1][j] == 0:
        visit(i + 1, j)
    if m[i][j - 1] == 0:
        visit(i, j - 1)
    if m[i - 1][j] == 0:
        visit(i - 1, j)

m = [[0] * 100 for i in range(100)]

for x in range(10, 90):   # 直線 1 ◄──────────── ①
    pset(x, 0.5 * x)
for x in range(10, 90):   # 直線 2 ◄──────────── ②
    pset(x, 80 - 0.5*x)
for y in range(10, 90):   # 直線 3 ◄──────────── ③
    pset(50, y)

visit(70, 40)
```

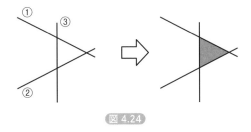

図 4.24

4-6 | クイック・ソート

クイック・ソート法により，データを昇順にソートする．

　クイック・ソートの原理は，数列中の適当な値（これを軸と呼ぶことにする）を基準値として，それより小さいか等しいものを左側，大きいか等しいものを右側に来るように並べ替える．こうしてできた左部分列と右部分列に対し同じことを繰り返す．ここでは簡単にするため，軸を数列の左端のものにする．

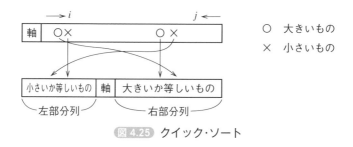

図4.25 クイック・ソート

　数列の左側から走査していく変数をi，右側から走査していく変数をjとすると，軸に対し，左部分列と右部分列を作る操作は次のようにする．

① iを数列の左端＋1，jを数列の右端に設定する
② 数列を右に操作していき，軸以上のものがある位置iを見つける
③ 数列を左に操作していき，軸以下のものがある位置jを見つける
④ $i>=j$ならループを抜ける
⑤ i項とj項を交換する
⑥ 左端の軸とj項を交換する

　具体例を示す．

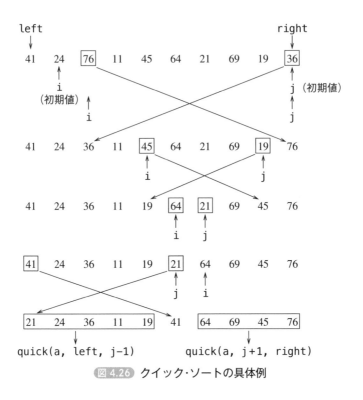

図 4.26 クイック・ソートの具体例

交換終了時の i と j の関係は次の2通りである.

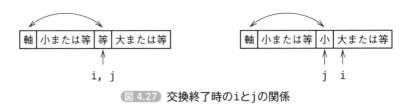

図 4.27 交換終了時の i と j の関係

したがって，次回に交換を行う左部分列は left から j−1，右部分列は j+1 から right となる．軸は正しい位置に置かれているので，次回の交換対象にならない．

プログラム Rei31

```python
# ---------------------------
# *      クイック・ソート     *
# ---------------------------
def quick(a, left, right):
    if left < right:
        s = a[left]      # 左端の項を軸にする          ①
        i = left         # 軸より小さいグループと
        j = right + 1    # 大きいグループに分ける
        while True:
            i += 1
            while a[i] < s:
                i += 1
            j -= 1
            while a[j] > s:
                j -= 1
            if i >= j:
                break
            a[i], a[j] = a[j], a[i]

        a[left] = a[j]      # 軸を正しい位置に入れる
        a[j] = s

        quick(a, left, j - 1)   # 左部分列に対する再帰呼び出し
        quick(a, j + 1, right)  # 右部分列に対する再帰呼び出し

a = [41, 24, 76, 11, 45, 64, 21, 69, 19, 36]
N = len(a)
quick(a, 0 ,N - 1)

print(a)
```

実行結果

```
[11  19  21  24  36  41  45  64  69  76]
```

❶ 軸として左端または右端を用いるのは効率が悪く，数列の中央を軸にした方が効率がよい とされている．こうするためには，①部の前に，中央項と左端項を交換しておけばよい．

```python
m = (left + right) // 2
a[m], a[left] = a[left], a[m]
```

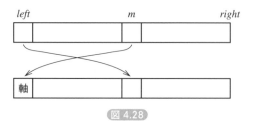

図 4.28

練習問題 **31**
クイック・ソート2

左部分列と右部分列に分離する方法として例題31と異なる方法を用いる.

例題31では軸は左端に置いて交換対象からはずしていたが,軸の値を基準値とし,軸も含めて交換を行い,左部分列と右部分列に分ける方法もある.軸としては数列の中央を用いる.

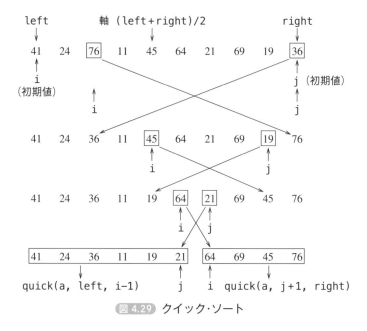

図 4.29 クイック・ソート

交換の終了時のiとjの関係は次の2通りである．

図 4.30 交換終了時のiとjの関係

したがって，次回に交換を行う左部分列はleft～i-1，右部分列はj+1～rightとなる．iとjが等しいときはその項は基準値と同じ値で，正しい位置に置かれているので次回の交換の対象にはならない．

プログラム　Dr31

```
# ---------------------------
# *      クイック・ソート      *
# ---------------------------

def quick(a, left, right):
    if left < right:
        s = a[(left + right) // 2]      # 中央の値を軸にする
        i = left - 1            # 軸より小さいグループと
        j = right + 1           # 大きいグループに分ける
        while True:
            i += 1
            while a[i] < s:
                i += 1
            j -= 1
            while a[j] > s:
                j -= 1
            if i >= j:
                break
            a[i], a[j] = a[j], a[i]

        quick(a, left, i - 1)    # 左部分列に対する再帰呼び出し
        quick(a, j + 1, right)  # 右部分列に対する再帰呼び出し

a = [41, 24, 76, 11, 45, 64, 21, 69, 19, 36]
N = len(a)
quick(a, 0, N - 1)

print(a)
```

実行結果

```
[11, 19, 21, 24, 36, 41, 45, 64, 69, 76]
```

クイック・ソートの高速化

クイック・ソートをさらに高速化する方法として以下のものがある.

・**軸（基準値）の選び方**

数列の中からいくつかの値（3個程度）をサンプリングし，それらの中央値を基準値とする.

・**挿入法の併用**

部分数列の長さが，ある値より短くなったら，挿入法を用いてソートする.ある値は一概にはいえないが，10〜20程度がよいとされている，

・**再帰性の除去**

再帰呼び出しを除去して繰り返し型のプログラムにする.

● 参考図書：『岩波講座 ソフトウェア科学 3. アルゴリズムとデータ構造』石畑清, 岩波書店

第 **5** 章

データ構造

○ コンピュータを使った処理では多量のデータを扱うことが多い．この場合，取り扱うデータをどのようなデータ構造（data structure）にするかで，問題解決のアルゴリズムが異なってくる．『Algorithms + Data Structures = Programs（アルゴリズム＋データ構造＝プログラム）』N. Wirth 著という書名にもなっているように，データ構造とアルゴリズムは密接な関係にあり，よいデータ構造を選ぶことがよいプログラムを作ることにつながる．データ構造としては，リスト，木，グラフが特に重要である．木とグラフについては第6章，第7章に分けて説明する．

○ この章では，スタック（stack：棚），キュー（queue：待ち行列），リスト（list）といったデータ構造を説明する．

○ リストはデータの挿入・削除が行いやすいデータ構造であるので，この方法について，また双方向リスト，循環リストなどの特殊なリストについても説明する．

○ スタックの応用例として，逆ポーランド記法（reverse polish notation）とパージング（parsing）について，リストの応用例として自己再編成探索（self re-organizing search）とハッシュ（hash）のチェイン法について説明する．

5-0 データ構造とは

Pythonの持つデータ型を大きく分類すると次のようになる.

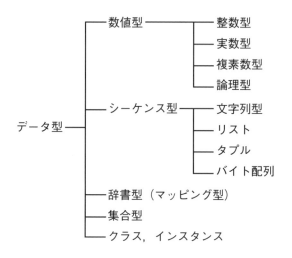

　このようなコンピュータ言語が持つデータ型だけでは，大量のデータや複雑なデータを効率よく操作することはできない. そこでデータ群を都合よく組織化するための抽象的なデータ型をデータ構造（data structure）と呼ぶ.

　代表的なデータ構造として次のようなものがある.

1. 表（table：テーブル）
2. 棚（stack：スタック）
3. 待ち行列（queue：キュー）
4. リスト（list）
5. 木（tree：トゥリー）
6. グラフ（graph）

これらのデータ構造は，コンピュータ言語が持つデータ型と組合わせてユーザが作る.

　表，棚，待ち行列はリスト（配列）を用いて表現できる.

　FORTRAN，従来型BASICには，構造体（レコード）とポインタ型がないので，リスト，木，グラフといったデータ構造を実現するには不向きである.

表は，実社会で最も使われているデータ構造で，次のような成績表を思い浮かべればよい．このような表は2次元リスト（2次元配列）を用いて簡単に表現できる．

❗ Pythonでは，C系言語でいう配列はリストに相当する．本書では，この言語仕様上のリストとデータ構造としてのリストは区別している．

	名前＼科目	国語	社会	数学	理科	英語
1	赤川一郎	75	80	90	73	81
2	岸　伸彦					
3	佐藤健一			75		
4	鈴木太郎					
5	三木良介					90

表 5.1　表（table）

表については，本書では特に説明しない．

スタック，キュー，データ構造としてのリストについてはこの章で，木については**第6章**で，グラフについては**第7章**で説明する．

データ構造とアルゴリズムは密接な関係にあり，よいデータ構造を選ぶことがよいプログラムを作ることにつながる．一口によいデータ構造といってもなかなか難しいが，データの追加，削除，検索が効率よく行えるとか，複雑な構造が簡潔に表現できるといった観点が一つの判断基準となる．

5-1 スタック

例題 32 プッシュ／ポップ

スタックにデータを積む関数pushとデータを取り出す関数popを作る.

データを棚（stack）の下部から順に積んでいき，必要に応じて上部から取り出していく方式（last in first out：後入れ先出し）のデータ構造をスタック（stack：棚）という.

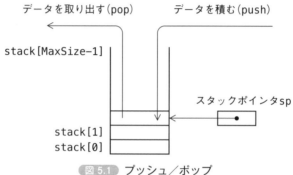

図 5.1 プッシュ／ポップ

データをスタックに積む動作をpush，スタックから取り出す動作をpopと呼ぶ.スタック上のデータがどこまで入っているかをスタックポインタspで管理する.

データがスタックにpushされるたびにspの値は+1され，popされるたびに−1される.

スタック・ポインタspの初期値は最初0に設定しておき，データをpushするときは現spが示す位置にデータを積んでからspを+1し，データをpopするときは，spの値を−1してからそれが示す位置のデータを取り出すものとするとする.

したがって，spが0の状態でpopしようとする場合は，スタックは「空の状態」であるし，spがMaxSizeの状態でpushしようとする場合はスタックは「溢れ状態」である.

プログラム Rei32_1

```python
# --------------------
# *     スタック      *
# --------------------

def push(n):    # スタックにデータを積む手続き
    global sp
    if sp < MaxSize:
        stack[sp] = n
        sp += 1
        return 0
    else:
        return -1   # スタックが一杯のとき

def pop():              # スタックからデータを取り出す手続き
    global sp
    if sp > 0:
        sp -= 1
        return 0, stack[sp]
    else:
        return -1, 0 # スタックが空のとき

MaxSize = 100           # スタック・サイズ
stack = [0 for i in range(MaxSize)]   # スタック
sp = 0                  # スタック・ポインタ

while (c := input('i:push, o:pop, e:end ?')) != 'e':
    if c == 'i':
        data = input('data?')
        ret = push(data)
        if ret == -1:
            print('スタックが一杯です ')
    if c == 'o':
        ret, n=pop()
        if ret == -1:
            print('スタックは空です ')
        else:
            print('pop --> {:s}'.format(n))
```

実行結果

```
i:push, o:pop, e:end ?i
data?21
i:push, o:pop, e:end ?i
data?56
i:push, o:pop, e:end ?o
pop --> 56
i:push, o:pop, e:end ?o
pop --> 21
i:push, o:pop, e:end ?o
スタックは空です
i:push, o:pop, e:end ?e
```

Pythonではappendメソッドとpopメソッドを使えば簡単にスタックを実現できる.

プログラム Rei32_2

```python
# ------------------
# *    スタック    *
# ------------------

def push(n):     # スタックにデータを積む手続き
    stack.append(n)

def pop():       # スタックからデータを取り出す手続き
    try:
        n = stack.pop()
        return 0, n
    except IndexError:
        return -1, 0  # スタックが空のとき

stack = []    # スタック

while (c := input('i:push, o:pop, e:end ?')) != 'e':
    if c == 'i':
        data = input('data?')
        push(data)
    if c == 'o':
        ret, n = pop()
        if ret == -1:
            print('スタックは空です ')
        else:
            print('pop --> {:s}'.format(n))
```

 参考 代入式が使えない場合

代入式が使えない場合は以下のようにする.

```python
while True:
    c = input('i:push, o:pop, e:end ?')
    if c == 'e':
        break
```

練習問題 32 ハノイの塔のシミュレーション

ハノイの塔の円盤の移動をシミュレーションする.

　ハノイの塔の円盤（4枚の場合）の移動を次のようにシミュレーションする.

1番の円盤を a→c に移す

```
2
3
4                   1

a           b       c
```

2番の円盤を a→b に移す

```
3
4           2       1

a           b       c
```

1番の円盤を c→b に移す

```
3           1
4           2

a           b       c
```

⋮

　棒 a，b，c の円盤の状態をスタック pie[][0]，pie[][1]，pie[][2] にそれぞれ格納し，円盤の最上位位置をスタック・ポインタ sp[0]，sp[1]，sp[2] で管理する．円盤は1番小さいものから 1，2，3，…という番号を与える．

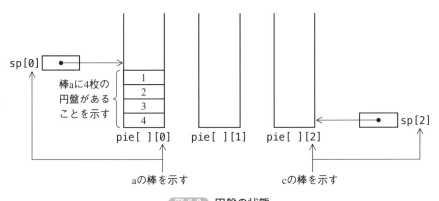

図 5.2　円盤の状態

棒 s の最上位の円盤を棒 d に移す動作は

```
pie[sp[d]][d] = pie[sp[s] - 1][s]
```

と表せる.

プログラム　Dr32

```
# -----------------------------------------------
# *        ハノイの塔 ( シミュレーション付き )        *
# -----------------------------------------------

def hanoi(n, a, b, c):        # 再帰手続
    if n > 0:
        hanoi(n - 1, a, c, b)
        move(n, a, b)
        hanoi(n - 1, c, b, a)

def move(n, s, d):              # 円盤の移動シミュレーション
    pie[sp[d]][d] = pie[sp[s] - 1][s]    # s->d へ円盤の移動
    sp[d] += 1                            # スタック・ポインタの更新
    sp[s] -= 1
    for i in range(N - 1, -1, -1):
        result = ''
        for j in range(3):
            if i < sp[j]:
                result += '{:8d}'.format(pie[i][j])
            else:
                result += '        '
        print(result)
    print('        a        b        c')
    print('{:d} 番の円盤を {:s}-->{:s} に移す '.
          format(n, chr(ord('a') + s),chr(ord('a') + d)))

pie = [[0] * 3 for i in range(20)]   # 20: 円盤の最大枚数 , 3: 棒の数
sp = [0, 0, 0]                        # スタック・ポインタ

N = 4
for i in range(N):                    # 棒 a に円盤を積む
    pie[i][0] = N - i
sp[0], sp[1], sp[2] = N, 0, 0         # スタック・ポインタの初期設定

hanoi(N, 0, 1, 2)
```

実 行 結 果

```
2
3
4                       1
a          b            c
1 番の円盤を a-->c に移す


3
4          2            1
a          b            c
2 番の円盤を a-->b に移す


3          1
4          2
a          b            c
1 番の円盤を c-->b に移す


           1
4          2            3
a          b            c
3 番の円盤を a-->c に移す


1
4          2            3
a          b            c
1 番の円盤を b-->a に移す


1
4                       2
                        3
a          b            c
2 番の円盤を b-->c に移す


                        1
                        2
4                       3
a          b            c
1 番の円盤を a-->c に移す


                        1
                        2
           4            3
a          b            c
4 番の円盤を a-->b に移す
```

```
           1            2
           4            3
a          b            c
1 番の円盤を c-->b に移す


           1
2          4            3
a          b            c
2 番の円盤を c-->a に移す


1
2          4            3
a          b            c
1 番の円盤を b-->a に移す


1          3
2          4
a          b            c
3 番の円盤を c-->b に移す


           3
2          4            1
a          b            c
1 番の円盤を a-->c に移す


           2
           3
           4            1
a          b            c
2 番の円盤を a-->b に移す

           1
           2
           3
           4
a          b            c
1 番の円盤を c-->b に移す
```

5-2 | キュー

例題 33　キュー

キューにデータを入れる関数queueinと取り出す関数queueoutを作る.

　スタックは,データの格納順とは逆の順序でデータを取り出していくLIFO（last in first out：後入れ先出し）方式であったが,窓口に並んだ待ち行列を処理するには,LIFO方式では後に並んだ客から処理されることになり,不公平である.こうした場合はFIFO（first in first out：先入れ先出し）方式のデータ構造が必要となる.このモデルが待ち行列（queue：待ち行列）である.

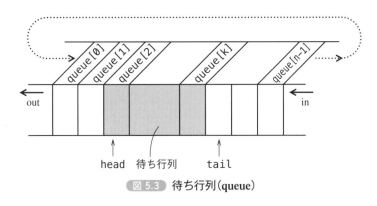

図 5.3 待ち行列（queue）

　待ち行列もスタックと同様に,1次元リストで実現される.
　今,queue[0]からqueue[n-1]のn個のリストを用意し,待ち行列の先頭を示すポインタをhead,待ち行列の終端を示すポインタをtailとする.
　データの取り出しは待ち行列の先頭,つまりheadの位置から行い,データの格納は待ち行列の終端,つまりtailの位置から行うものとする.
　データの取り出し,格納のたびに,headとtailはそれぞれ+1されていくので,いずれリストの終端に到達してしまう.しかし,よく考えてみると,待ち行列を取り出してしまった後のリスト要素（headより左側）は空いているのだから,無駄をしていることになる.

そこで，リストの終端queue[n-1]と先頭queue[0]をつないでリング状のリストを考え，queue[n-1]まで待ち行列が並んでいて，次にデータが入ってきたらqueue[0]，queue[1]，…と入れることにするのである.

待ち行列の初期状態はhead = tail = 0とする．head = tailのときは待ち行列が空の状態を示し，tailがひとまわりして，headの直前にあるとき（つまり，tail + 1 % n = headのとき）は待ち行列が一杯の状態を示す．tail位置にはデータは入らないので，tailとheadの間に1つ空きができてしまうことになる．しかしこれは，もしtailをもう1つ進めてデータを格納するとhead = tailとなり，待ち行列が空の状態と区別がつかなくなってしまうからである．したがって，この方式でqueue[0]～queue[n-1]のリストを確保したときの待ち行列の最大長は$n - 1$となる.

プログラム Rei33

```
# ---------------------------
# *      キュー ( 待ち行列 )     *
# ---------------------------

def queuein(n):      # キューにデータを入れる手続き
    global head, tail
    if (tail + 1) % MaxSize != head:
        queue[tail] = n
        tail += 1
        tail %= MaxSize
        return 0
    else:
        return -1    # キューが一杯のとき

def queueout():      # キューからデータを取り出す手続き
    global head, tail
    if tail != head:
        n = queue[head]
        head += 1
        head %= MaxSize
        return 0, n
    else:
        return -1, 0    # キューが空のとき

MaxSize = 100          # キュー・サイズ
queue = [0 for i in range(MaxSize)]    # キュー
head = tail = 0        # 先頭データ,終端データへのポインタ

while (c := input('i:queuein, o:queueout, e:end ?')) != 'e':
    if c == 'i':
        data = input('data?')
```

```
        ret = queuein(data)
        if ret == -1:
            print(' 待ち行列が一杯です ')
    if c == 'o':
        ret, n = queueout()
        if ret == -1:
            print(' 待ち行列は空です ')
        else:
            print('queue data --> {:s}'.format(n))
```

実行結果

```
i:queuein, o:queueout, e:end ?i
data?56
i:queuein, o:queueout, e:end ?i
data?87
i:queuein, o:queueout, e:end ?o
queue data --> 56
i:queuein, o:queueout, e:end ?o
queue data --> 87
i:queuein, o:queueout, e:end ?o
待ち行列は空です
i:queuein, o:queueout, e:end ?e
```

練習問題 **33** キューデータの表示

待ち行列の内容を表示する.

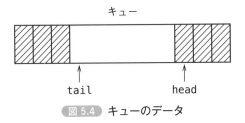

図 5.4　キューのデータ

プログラム　Dr33

```
# --------------------------
# *    キュー（待ち行列）    *
# --------------------------

def queuein(n):      # キューにデータを入れる手続き
    global head, tail
    if (tail + 1) % MaxSize != head:
        queue[tail] = n
```

```
            tail += 1
            tail %= MaxSize
            return 0
    else:
        return -1    # キューが一杯のとき

def queueout():      # キューからデータを取り出す手続き
    global head, tail
    if tail != head:
        n = queue[head]
        head += 1
        head %= MaxSize
        return 0, n
    else:
        return -1, 0 # キューが空のとき

def disp():          # 待ち行列の内容を表示する手続き
    global head, tail
    i = head
    result = ''
    while i != tail:
        result += '{:s},'.format(queue[i])
        i += 1
        i = i % MaxSize
    print('all queue data --> {:s}'.format(result))

MaxSize = 100        # キュー・サイズ
queue = [0 for i in range(MaxSize)]    # キュー
head = tail = 0         # 先頭データ,終端データへのポインタ

while (c := input('i:queuein, o:queueout, l:list, e:end ?')) != ⏎
'e':
    if c == 'i':
        data = input('data?')
        ret = queuein(data)
        if ret == -1:
            print('待ち行列が一杯です')
    if c == 'o':
        ret, n = queueout()
        if ret == -1:
            print('待ち行列は空です')
        else:
            print('queue data --> {:s}'.format(n))
    if c == 'l':
        disp()
```

```
i:queuein, o:queueout, l:list, e:end ?i
data?20
i:queuein, o:queueout, l:list, e:end ?i
data?89
```

```
i:queuein, o:queueout, l:list, e:end ?i
data?53
i:queuein, o:queueout, l:list, e:end ?l
all queue data --> 20,89,53,
i:queuein, o:queueout, l:list, e:end ?o
queue data --> 20
i:queuein, o:queueout, l:list, e:end ?l
all queue data --> 89,53,
i:queuein, o:queueout, l:list, e:end ?e
```

 リストを用いたキュー

キューは静的な配列を用いるより，リスト（**5-3**参照）を用いた方が簡単に表現できる．

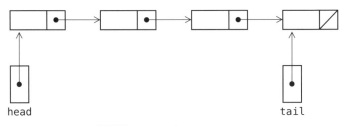

図 5.5　リストを用いたキュー

5-3 データ構造としてのリスト

データ部とポインタ部からなるデータを鎖状につなげたデータ構造を,リスト(線形リスト:linear list)という.

headは最初のレコードを指し示すポインタである.リストの最後のレコードのポインタ部の「−1」は,どこも指し示さない(つまり,リストの終わりを示す)という意味の値である.

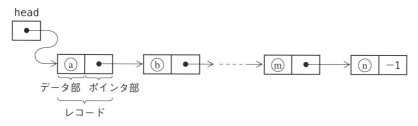

図 5.6 リスト

リストは,データの挿入,削除に適している.C系言語の配列のようなデータ構造では,データの途中に新しいデータを挿入したり,途中のデータを削除する場合,配列要素の一部を移動させなければならないが,リストではポインタ部の入れ替えを行うだけで,他のデータは移動する必要はない.

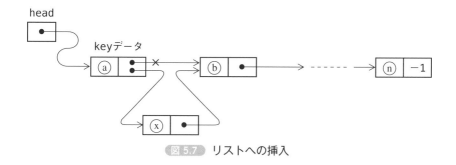

図 5.7 リストへの挿入

例題 34　リストへのデータ挿入

Pythonのリスト関連メソッドを使わずに，リストデータを挿入する．

プログラム　Rei34

```
# ---------------------------------------
# *        Python メソッドを使わないリスト       *
# ---------------------------------------

class Person:
    def __init__(self, name, age, next):
        self.name = name
        self.age = age
        self.next = next

    def disp(self):
        print('name={:s},age={:d}'.format(self.name, self.age))

def ins(key, name, age):
    global tail
    for i in range(tail):
        if a[i].name == key:
            a[tail] = Person(name, age, a[i].next)
            a[i].next = tail
            tail += 1

Max = 20
a = [Person('', 0, 0) for i in range(Max)]
a[0] = Person('taro', 18, 1)
a[1] = Person('jiro', 17, 2)
a[2] = Person('kotaro', 19, -1)
tail = 3   # リストの末尾

ins('taro', 'gaku', 16)
ins('kotaro', 'ken', 21)

p = 0
while p != -1:
    a[p].disp()
    p = a[p].next
```

実行結果

```
name=taro,age=18
name=gaku,age=16
name=jiro,age=17
name=kotaro,age=19
name=ken,age=21
```

5-4 Pythonの言語仕様のリスト

Pythonではデータ構造としてのリストを作らなくても，言語仕様の中にリストがある．C系言語の配列に相当するものであるが，柔軟な処理が行える．主な特徴は以下である．

・要素には異なる型を格納できる．クラスデータも格納できる
・リスト要素の挿入，削除，ソートはメソッドを使って簡単にできる

例題 35 メソッドを使ったリストへのデータ挿入

リスト中からキーデータを探し，その前に新しいデータを挿入する.

図 5.8 キーデータを探してデータを挿入

プログラム Rei35

```
# --------------------------------
# *      リストへのデータ挿入      *
# --------------------------------

class Person:
    def __init__(self, name, age):
        self.name = name
        self.age = age

    def disp(self):
        print('name={:s},age={:d}'.format(self.name, self.age))

a = [Person('taro', 18), Person('jiro', 17), Person('kotaro', ↩
19)]
b = Person('gaku', 16)
```

```
keyname = 'jiro'
flag = 0
for i in range(len(a)):
    if a[i].name == keyname:
        a.insert(i, b)   # keyname の前に挿入
        flag = 1
        break
if (flag == 0):   # keyname がなければ末尾に追加
    a.append(b)

for ai in a:
    ai.disp()
```

実行結果

```
name=taro,age=18
name=gaku,age=16
name=jiro,age=17
name=kotaro,age=19
```

練習問題 35 リストからの削除

リスト中からキーデータを探し，それをリストから削除する.

プログラム Dr35

```
# ---------------------------
# *      リストからの削除      *
# ---------------------------

class Person:
    def __init__(self, name, age):
        self.name = name
        self.age = age

    def disp(self):
        print('name={:s},age={:d}'.format(self.name, self.age))

a = [Person('taro', 18), Person('jiro', 17), Person('kotaro', ⏎
19)]
keyname = 'jiro'
for i in range(len(a)):
    if a[i].name == keyname:
        del a[i]
        break

for ai in a:
    ai.disp()
```

実行結果

```
name=taro,age=18
name=kotaro,age=19
```

5-5 双方向リスト

いろいろなリスト

先に示したheadから順に後ろへ要素をたどり，最後の「−1」で終わるようなリストを特に，線形リスト（linear list）と呼ぶ．リストには線形リスト以外にも，循環リスト（circular list）と双方向リスト（doubly-linked list）がある．

循環リストは，線形リストの最後のポインタが「−1」でなく，先頭ノードを指している構造をとる．したがって，データの終端はない．

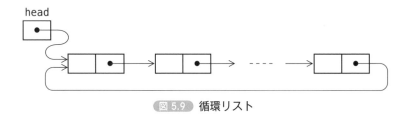

図 5.9 循環リスト

線形リストは前から後ろに向かって進むには都合がよいが，リスト・データを後戻りさせることはできない．そこで前向きのポインタ（逆ポインタ）と後ろ向きのポインタ（順ポインタ）を持つリストがあり，これを双方向リストという．

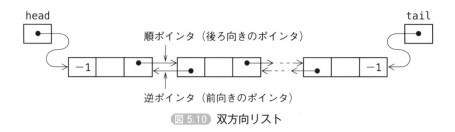

図 5.10 双方向リスト

| 例題 36 | 双方向リストの作成 |

名前，年齢からなるデータを双方向リストとして構成する．

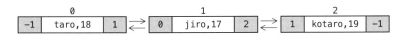

図 5.11

プログラム Rei36

```python
# -----------------------
# *      双方向リスト      *
# -----------------------

class Person:
    def __init__(self, prev, name, age, next):
        self.prev = prev
        self.name = name
        self.age = age
        self.next = next

    def disp(self):
        print('name={:s},age={:d}'.format(self.name, self.age))

a = [Person(-1, 'taro', 18, 1), Person(0, 'jiro', 17, 2),
     Person(1, 'kotaro', 19, -1)]

print(' 順方向 ')
p = 0
while p != -1:
    a[p].disp()
    p = a[p].next

print(' 逆方向 ')
p = len(a) - 1
while p != -1:
    a[p].disp()
    p = a[p].prev
```

実行結果

```
順方向
name=taro,age=18
name=jiro,age=17
name=kotaro,age=19
逆方向
name=kotaro,age=19
name=jiro,age=17
name=taro,age=18
```

5-6 逆ポーランド記法

例題 37　逆ポーランド記法

挿入記法の式から逆ポーランド記法の式に変換する.

数式を

$$a + b - c * d / e$$

のように，オペランド（演算の対象となるもの）の間に演算子を置く書き方を挿入記法（中置記法：infix notation）と呼び，数学の世界で一般に用いられている.

これを，

$$ab + cd * e / -$$

のようにオペランドの後に演算子を置く書き方を，後置記法（postfix notation）または逆ポーランド記法（reverse polish notation）と呼ぶ. この式は，「aとbを足し，cとdを掛け，それをeで割ったものを引く」というように式の先頭から読んでいけばよいのと，かっこが不要なため，演算ルーチンを簡単に作れることから，コンピュータの世界ではよく使われる.

それでは挿入記法の式から，逆ポーランド記法に変換するアルゴリズムを示す. 問題を簡単にするため，次のような条件をつける.

・オペランドは1文字からなる
・演算子は＋，－，＊，／の4つの2項演算子だけとする
・式が誤っている場合のエラー処理はつけない

式の各要素を因子（factor）と呼ぶ. 因子にはオペランドと演算子があるが，これを評価する優先順位（priority，precedence）は次のようになる.

因子	優先順位
オペランド	3
＊，／	2
＋，－	1

数字の大きいものが優先順位が高い

表 5.2　優先順位表

この優先順位表は pri[] というリストに格納しておく.

式を評価するとき,取り出した因子を格納する作業用の stack[],逆ポーランド記法の式を作る polish[] という2つのスタックを用いて次のように行う.

① 式の終わりになるまで以下を繰り返す

② 式から1つの因子を取り出す

③ (取り出した因子の優先順位) <= (スタック・トップの因子の優先順位) である間, polish[] に stack[] の最上位の因子を取り出して積む

④ ②で取り出した因子を stack[] に積む

⑤ stack に残っている因子を取り出し polish[] に積む

具体例を示す.

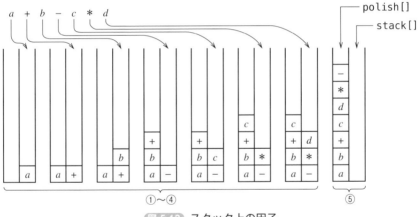

図 5.12 スタック上の因子

プログラムに際しては,次のように stack[0] に番兵を置き,

図 5.13 番兵

・一番最初の因子に対する特別な処理

・スタックの底を越えたかの判定

の2つの処理を行わなくてもよいようにする．具体的には，stack[0]には番兵として0を入れる．そしてpri[stack[0]]つまり，pri[0]の値として-1（最も低い優先順位）を入れる．

プログラム Rei37

```
# ---------------------------
# *      逆ポーランド記法      *
# ---------------------------

stack = [chr(0) for i in range(50)]
polish = [chr(0) for i in range(50)]
pri = [3 for i in range(256)]        # 優先順位テーブル
pri[ord('+')] = pri[ord('-')] = 1
pri[ord('*')] = pri[ord('/')] = 2

p = 'a+b-c*d/e'   # 式

stack[0], pri[0] = chr(0), -1   # 番兵
sp1 = sp2 = 0
for i in range(len(p)):
    while pri[ord(p[i])] <= pri[ord(stack[sp1])]:
        sp2 += 1
        polish[sp2] = stack[sp1]
        sp1 -= 1
    sp1 += 1
    stack[sp1] = p[i]

for i in range(sp1, 0, -1):    # スタックの残りを取り出す
    sp2 += 1
    polish[sp2] = stack[i]

result = ''
for i in range(1, sp2 + 1):
    result += polish[i]
print(result)
```

実行結果

```
ab+cd*e/-
```

かっこの処理を含む

かっこを含む式を逆ポーランド記法の式に変換する.

かっこの処理は次のようになる.

- ‘(’ はそのまま stack[] に積む.
- ‘)’ は stack[] のトップが ‘(’ になるまで, stack[] に積まれている因子を取り出し, polish[] に積む. スタック・トップに来た ‘(’ は捨てる. ‘)’ は, stack[] に積まない.

例題37のプログラムに上の2つの処理を加える. なお ‘(’ は ‘)’ が来るまで stack[] から取り出されてはいけないので優先順位は一番低くする. ‘)’ の処理はスタックに積まず別処理にしているので優先順位は与えない.

具体例を示す.

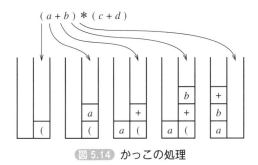

図 5.14 かっこの処理

プログラム Dr37_1

```
# ------------------------------------------------
# *      逆ポーランド記法 ( かっこの処理を含む )      *
# ------------------------------------------------

stack = [chr(0) for i in range(50)]
polish = [chr(0) for i in range(50)]
pri = [3 for i in range(256)]      # 優先順位テーブル
pri[ord('+')] = pri[ord('-')] = 1
pri[ord('*')] = pri[ord('/')] = 2
pri[ord('(')] = 0

p = '(a+b)*(c+d)'    # 式

stack[0], pri[0] = chr(0), -1   # 番兵
sp1 = sp2 = 0
```

```
for i in range(len(p)):
    if p[i] == '(':               # ( の処理
        sp1 += 1
        stack[sp1] = p[i]
    elif p[i] == ')':             # ) の処理
        while stack[sp1] != '(':
            sp2 += 1
            polish[sp2] = stack[sp1]
            sp1 -= 1
        sp1 -= 1
    else:
        while pri[ord(p[i])] <= pri[ord(stack[sp1])]:
            sp2 += 1
            polish[sp2] = stack[sp1]
            sp1 -= 1
        sp1 += 1
        stack[sp1] = p[i]

for i in range(sp1, 0, -1):    # スタックの残りを取り出す
    sp2 += 1
    polish[sp2] = stack[i]

result = ''
for i in range(1, sp2 + 1):
    result += polish[i]
print(result)
```

実行結果

```
ab+cd+*
```

練習問題 37-2　かっこの処理を含む（コンパクト版）

かっこの処理を練習問題37-1よりもコンパクトな方法で行う.

　練習問題37-1では '(' と ')' の処理を他の因子の場合と別扱いにしていた.
ここでは，それを一緒にしてプログラムをコンパクトにする.
　'(' の優先順位の与え方によって次のような問題がでる.

① '(' の優先順位を最低に設定すると，それをスタックに積むときに，
stack[]からの因子取り出しが行われてしまう.

② '(' の優先順位を最高に設定すると，stack[]からの因子取り出しが '('
位置で止まらない.

　練習問題**37-1**では，スタックからの取り出し作業において，'(' を他の因子と同じ扱いにしているため，'(' の優先順位を最低にした．このため '(' を stack[] に積む処理は別処理としなければならなかった．

　ここでは次のような方法をとる．

- '(' の優先順位を最高にし，これをスタックに積む処理を別扱いにしないようにする．しかし，この結果，スタックからの取り出しのときに '(' を突き抜けてしまうので，スタック・トップが '(' なら，取り出しを行わないという条件をつけ加える．
- ')' にも優先順位を与える．')' の優先順位を最低にすることで，stack[] の内容が ')' に来るまで全部取り出される．この処理が終了し，スタック・トップに来た ')' を取り除く．

　この場合の優先順位表は次のようになる．

因子	優先順位
(	4
オペランド	3
*, /	2
+, −	1
)	0

数字が大きいものが優先順位が高い

表 5.3 かっこを含めた優先順位

プログラム Dr37_2

```
# --------------------------------------------------
# *        逆ポーランド記法 ( かっこの処理を含む )       *
# --------------------------------------------------

stack = [chr(0) for i in range(50)]
polish = [chr(0) for i in range(50)]
pri = [3 for i in range(256)]        # 優先順位テーブル
pri[ord('+')] = pri[ord('-')] = 1
pri[ord('*')] = pri[ord('/')] = 2
pri[ord('(')], pri[ord(')')] = 4, 0

p = '(a+b)*(c+d)'    # 式

stack[0], pri[0] = chr(0), -1    # 番兵
```

```
sp1 = sp2 = 0
for i in range(len(p)):
    while pri[ord(p[i])] <= pri[ord(stack[sp1])] and stack[sp1]
!= '(':
        sp2 += 1
        polish[sp2] = stack[sp1]
        sp1 -= 1
    if p[i] != ')':
        sp1 += 1
        stack[sp1] = p[i]
    else:
        sp1 -= 1

for i in range(sp1, 0, -1):    # スタックの残りを取り出す
    sp2 += 1
    polish[sp2] = stack[i]

result = ''
for i in range(1, sp2 + 1):
    result += polish[i]
print(result)
```

実行結果

ab+cd+*

 参考 逆ポーランド記法

　逆ポーランド記法という名前は，考案者であるポーランドの数学者ルカシェーヴィッチにちなんでつけられた．演算子を後に置くポーランド記法はポーランド後置記法または逆ポーランド記法という．Polish は「ポーランド（Poland）の」という意味．

5-7 | パージング

例題 38 逆ポーランド式のパージング

$(6 + 2) / (6 - 2) + 4$ のような式を解析（parse）して式の値を求める.

式のオペランドは '0' ～ '9' までの1文字の定数とする.

例題37, **練習問題37**の方法により, $(6 + 2) / (6 - 2) + 4$ のような式を逆ポーランド記法の式に変換する. 変換結果はpolish[]に格納されている.

これを次の要領で計算していく. オペランドおよび計算結果はスタックv[]に格納していき, 最後に残ったv[1]の値が答となる.

① 以下をpolish[]が空になるまで繰り返す
② polish[]から1因子を取り出す
③ それがオペランド（'0' ～ '9'）ならv[]に積む
④ 演算子（+, -, *, /）ならスタック最上位（v[sp1]）とその下（v[sp1 - 1]）を演算子（*ope*）に応じて次のように計算し, v[sp1 - 1]に結果を格納する.

v[sp1 - 1] = v[sp1 - 1] *ope* v[sp1]

具体例を示す.

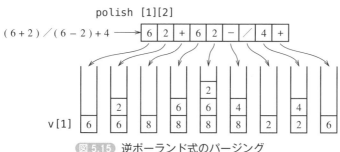

図 5.15 逆ポーランド式のパージング

なお, このプログラムでは, べき乗を行う '^' という演算子も含めることにする.

プログラム Rei38

```python
# ---------------------------------------------------------
# *       優先順位パージング ( 逆ポーランドに変換 )       *
# ---------------------------------------------------------

stack = ['' for i in range(50)]
polish = ['' for i in range(50)]
v = [0.0 for i in range(50)]

pri = [4 for i in range(256)]        # 優先順位テーブル
pri[ord('+')] = pri[ord('-')] = 1
pri[ord('*')] = pri[ord('/')] = 2
pri[ord('^')] = 3
pri[ord('(')], pri[ord(')')] = 5, 0

p = '(6+3)/(6-2)+3*2^3-1'  # 式

stack[0], pri[0] = chr(0), -1    # 番兵
sp1 = sp2 = 0
for i in range(len(p)):
    while pri[ord(p[i])] <= pri[ord(stack[sp1])] and stack[sp1]↩
!= '(':
        sp2 += 1
        polish[sp2] = stack[sp1]
        sp1 -= 1
    if p[i] != ')':
        sp1 += 1
        stack[sp1] = p[i]
    else:
        sp1 -= 1

for i in range(sp1, 0, -1):    # スタックの残りを取り出す
    sp2 += 1
    polish[sp2] = stack[i]

sp1 = 0                              # 式の計算
for i in range(1, sp2 + 1):
    if '0' <= polish[i] and polish[i] <= '9':
        sp1 += 1
        v[sp1] = float(polish[i])
    else :
        if polish[i] == '+':
            v[sp1 - 1] += v[sp1]
        elif polish[i] == '-':
            v[sp1 - 1] -= v[sp1]
        elif polish[i] == '*':
            v[sp1 - 1] *= v[sp1]
        elif polish[i] == '/':
            v[sp1 - 1] /= v[sp1]
        elif polish[i] == '^':
            v[sp1 - 1] = pow(v[sp1 -1 ], v[sp1])
        sp1 -= 1
```

```
print('{:s}={:f}'.format(p, v[1]))
```

```
(6+3)/(6-2)+3*2^3-1=25.250000
```

練習問題 38 直接法

逆ポーランド記法に変換しながら同時に演算を行い，式の値を求める.

計算用スタック v[] と演算子用スタック ope[] の2つのスタックを用いて次のように式を評価していく.

① 式から1因子を取り出しては以下を行う.

② オペランド（定数：'0' 〜 '9'）なら計算用スタックに積む.

③ そうでない（演算子）なら**例題38**と同じ規則を適用する．ただし，**例題38**では stack[]→polish[] へのデータ移動を行っていたが，その代わりに calc という「演算処理」を行う.

④ 演算子用スタックに残っている演算子を取り出しては「演算処理」を行う.

ここで，上述の「演算処理」とは，演算子用スタックの最上部の演算子を用いて，計算用スタックの最上位（v[sp1]）とその下（v[sp1-1]）を計算し，結果を v[sp1-1] に格納する処理である.

具体例を示す.

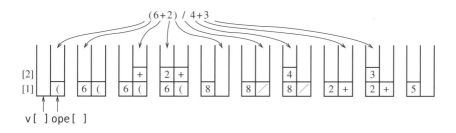

図 5.16 直接法

　さて，算術式として普通の加減乗除算を与えてもおもしろ味はないので，ここでは以下に示す'＞'，'＜'，'｜'の3つのユーザ定義演算子を作ることにする.

　　　　・$a＞b$ … aとbの大きい方を式の値とする
　　　　・$a＜b$ … aとbの小さい方を式の値とする
　　　　・$a｜b$ … $(a＋b)/2$を式の値とする

　たとえば，$(1＞2｜5＜9)＜5$という式は次のように評価される.

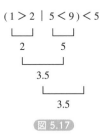

図 5.17

優先順位表は次のようになる.

因子	優先順位
(	3
＞, ＜	2
｜	1
)	0

数字が大きいものが優先順位が高い

表 5.4　直接法における優先順位表

プログラム　Dr38

```
# ----------------------------------------
# *      優先順位パージング ( 直接法 )      *
# ----------------------------------------

def calc():     # 演算処理
    global sp1, sp2
    if ope[sp1] == '|':
        v[sp2 - 1] = (v[sp2 - 1] + v[sp2]) / 2.0
    elif ope[sp1] == '>':
        v[sp2 - 1] = max(v[sp2 - 1], v[sp2])
    elif ope[sp1] == '<':
        v[sp2 - 1] = min(v[sp2 - 1], v[sp2])
```

```
    sp2 -= 1
    sp1 -= 1

ope = ['' for i in range(50)]
v = [0.0 for i in range(50)]

pri = [0 for i in range(256)]       # 優先順位テーブル
pri[ord('|')] = 1
pri[ord('<')] = pri[ord('>')] = 2
pri[ord('(')], pri[ord(')')]] = 3, 0

p = '(1>2|2<8|3<4)|(9<2)'   # 式

ope[0], pri[0] = chr(0), -1         # 番兵
sp1 = sp2 = 0
for i in range(len(p)):
    if '0' <= p[i] and p[i] <= '9':
        sp2 += 1
        v[sp2] = float(p[i])
    else:
        while pri[ord(p[i])] <= pri[ord(ope[sp1])] and ope[sp1]⏎
!= '(':
            calc()
        if p[i] != ')':
            sp1 += 1
            ope[sp1] = p[i]
        else:
            sp1 -= 1
while sp1 > 0:
    calc()

print('{:s}={:f}'.format(p, v[1]))
```

実行結果

```
(1>2|2<8|3<4)|(9<2)=2.250000
```

5-8 自己再編成探索

線形探索では，データの先頭から1つ1つ調べていくので，後ろにあるものほど探索に時間がかかる．一般に一度使われたデータというのは再度使われる可能性が高いので，探索ごとに探索されたデータを前の方に移すようにすると，自ずと使用頻度の高いデータが前の方に移ってくる．このような方法を自己再編成探索という．身近な例としては，ワープロで漢字変換をした場合，直前に変換した漢字が，今回の第1候補になる学習機能といわれるものがそうである．自己再編成探索はデータの入れ替えを探索のたびに行うため，データの挿入・削除が容易なリストで実現するのが適している．

データを再編成する方法として，次のような2つの方法が考えられる．

①探索データを先頭に移す
②1つ前に移す

例題 39 自己再編成探索（先頭に移す）

線形探索において，よく探索されるデータが先頭に来るようにリストを再編成する．

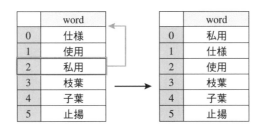

図 5.18 先頭に移す

プログラム Rei39

```
# -------------------------------------
# *      自己再編成探索 ( 先頭に移す )      *
# -------------------------------------

def selforg(a):
    for i in range(len(word)):
        if a == word[i]:
            del word[i]
            word.insert(0, a)

word = ['仕様', '使用', '私用', '枝葉', '子葉', '止揚']
selforg('私用')
print(word)

selforg('枝葉')
print(word)
```

実行結果

```
['私用', '仕様', '使用', '枝葉', '子葉', '止揚']
['枝葉', '私用', '仕様', '使用', '子葉', '止揚']
```

練習問題 39 自己再編成探索 （1つ前に移す）

探索されたデータを1つ前の位置に移す.

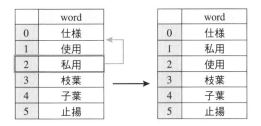

図 5.19 1つ前に移す

プログラム Dr39

```
# ---------------------------------------
# *      自己再編成探索 (1つ前に移す)      *
# ---------------------------------------

def selforg(a):
    for i in range(len(word)):
        if a == word[i] and i != 0:
            word[i - 1], word[i] = word[i], word[i - 1]

word = ['仕様', '使用', '私用', '枝葉', '子葉', '止揚']
selforg('私用')
print(word)

selforg('私用')
print(word)
```

実行結果

```
['仕様', '私用', '使用', '枝葉', '子葉', '止揚']
['私用', '仕様', '使用', '枝葉', '子葉', '止揚']
```

5-9 リストを用いたハッシュ

例題 40 チェイン法

ハッシュ法で管理されるデータをリストで構成する.

第3章3-8はハッシュ表に直接データを置くものであった. これをオープンアドレス法（open addressing）と呼ぶ.

これに対し, 同じハッシュ値を持つデータ（かち合いを起こしたデータ）を2次元リストでつないだものをチェイン法（chaining）と呼ぶ. この方法によれば, かち合いで生じたときのデータの追加が簡単に, しかも無制限に行うことができる.

次の例は, かち合いが生じたデータをリストに追加するものである. データは①, ②, ③の順に末尾に追加される.

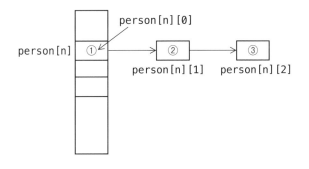

図 5.20 リストを用いたハッシュ

プログラム Rei40

```
# ------------------------------------------------
# *      リストを用いたハッシュ ( 末尾に追加 )      *
# ------------------------------------------------

class Person:
    def __init__(self, name, tel):
        self.name = name
        self.tel = tel

def hash(s):    # ハッシュ関数
    n = len(s)
```

```
    return ((ord(s[0]) - ord('A')
            + (ord(s[n//2 - 1]) - ord('A')) * 26
            + (ord(s[n - 2]) - ord('A')) * 26 * 26) % ModSize)

TableSize = 1000
ModSize = 1000

person = [[] for i in range(TableSize)]   # データ・テーブル

while (data := input('名前,電話番号? ')) != '/':
    sdata = data.split(',')
    name = sdata[0]
    tel = sdata[1]
    n = hash(name)
    person[n].append(Person(name, tel))

while (data := input('検索するデータ? ')) != '/':
    n = hash(data)
    for p in person[n]:
        if p.name == data:
            print('{:d} {:s} {:s}'.format(n, p.name, p.tel))
```

実行結果

```
名前,電話番号? SATO,03-111-1111
名前,電話番号? TANAKA,03-222-2222
名前,電話番号? SUZUKI,03-333-3333
名前,電話番号? SIZUKA,03-444-4444
名前,電話番号? /
検索するデータ? SUZUKI
428 SUZUKI 03-333-3333
検索するデータ? SIZUKA
428 SIZUKA 03-444-4444
検索するデータ? /
```

木 (tree)

- 木（tree）はデータ構造の中で最も重要でよく使われるものである。次々に場合分けされていくような物事（たとえば家系図や会社の組織図）を階層的（hierarchy：ハイアラーキ）に表すのに木はぴったりの表現である。

- 木のうちで、各節点（node：ノード）から出る枝（branch）が2本以下のものを特に2分木（binary tree）といい、この章ではこの2分木を中心に、木の作成法、木の走査（traversal：トラバーサル）法を説明する。

- 走査とは、一定の順序で木のすべてのノードを訪れることをいい、再帰のアルゴリズムがデータ構造と結び付いている典型的な例である。2分木のノードに与えるデータの性質により、2分探索木、ヒープ（heap：山）、式の木、決定木などがある。

- 木の応用例としてヒープ・ソートと知的データベースについて説明する。

6-0 | 木とは

線形リストはポインタにより一方向にデータが伸びていくが，途中で枝分かれすることはない．枝分かれをしながらデータが伸びていくデータ構造を木（tree）と呼ぶ．

木はいくつかの節点（node：ノード）と，それらを結ぶ枝（branch）から構成される．節点はデータに対応し，枝はデータとデータを結ぶ親子関係に対応する．ある節点から下方に分岐する枝の先にある節点を子といい，分岐元の節点を親という．

木の一番始めの節点をとくに根（root：ルート）といい，子を持たない節点を葉（leaf）という．木の中のある節点を相対的な根と考え，そこから枝分かれしている枝と節点の集合を部分木という．

木は階層（hierarchy：ハイアラーキ）構造を表すのに適している．階層構造の身近な例としては，家系図や会社の組織図がある．**図6.1**に階層構造の木の例を示す．

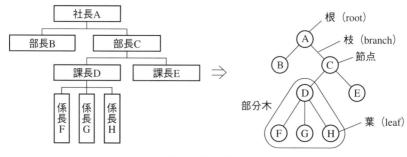

図 6.1　階層構造と木

木のうちで，各節点から出る枝が2本以下のものを特に2分木（binary tree：2進木ともいう）という．木のアルゴリズムの中心はこの2分木である．

2分木の中で，個々の節点のデータが比較可能であり，親と子の関係が，ある規則（大きい，小さいなど）に従って並べられている木を2分探索木（binary search tree）という．

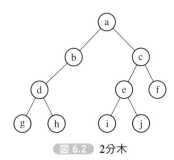

図 6.2 2分木

　根から，ある節点に到達するまでに通る枝の数を，その節点の深さ（depth）といい，根から最も深い節点までの深さを木の高さ（height）という．図6.2における節点b，cの深さは1，節点d，e，fの深さは2，節点g，h，i，jの深さは3となり，木の高さは3となる．なお，根の深さは0である．

　2分木の左右のバランスをとったAVL木，多分木のB木などもあるが，本書では扱わない．

● 参考図書：『アルゴリズムとデータ構造』石畑清，岩波書店

6-1 2分探索木のリスト表現

例題 41 2分探索木のサーチ

リストで表現した2分探索木のサーチを行う.

　2分木の中で,個々のノードのデータが比較可能であり,親と子の関係が,ある規則(大きい,小さいなど)に従って並べられている木を2分探索木という.

　以下の例は,名前を辞書順に並べたもので,左の子＜親＜右の子という関係が,すべての親と子の間で成立している.

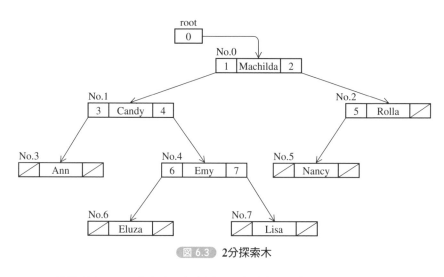

図 6.3　2分探索木

　この2分探索木のデータをリストを用いて表現すると次のようになる.

p	a[p].left	a[p].name	a[p].right
0	1	Machilda	2
1	3	Candy	4
2	5	Rolla	nil
3	nil	Ann	nil
4	6	Emy	7
5	nil	Nancy	nil
6	nil	Eluza	nil
7	nil	Lisa	nil
⋮	⋮	⋮	⋮

表 6.1　2分探索木のリスト表現

a[p].leftに左の子へのポインタ，a[p].rightに右の子へのポインタを与える．このポインタの値はリストの要素番号を用いる．rootは根となるリスト要素へのポインタとなる．

nilはポインタが指し示す物がないという意味で，具体的には−1などの値を用いるものとする．

さて，このような2分探索木の中から，keyというデータを探すにはrootから始め，keyがノードのデータより小さければ左側の木へ，大きければ右側の木へと探索を進めていく．ポインタがnilになっても見つからなければデータはないことになる．

プログラム Rei41

```
# -------------------------------
# *      2分探索木のリスト表現      *
# -------------------------------

class Person:
    def __init__(self, left, name, right):
        self.left = left
        self.name = name
        self.right = right

nil = -1
a = [Person(  1, 'Machilda',   2), Person(  3, 'Candy',    4),
     Person(  5, 'Rolla'   , nil), Person(nil, 'Ann'   , nil),
     Person(  6, 'Emy'     ,   7), Person(nil, 'Nancy', nil),
```

```
        Person(nil, 'Eluza'  , nil), Person(nil, 'Lisa' , nil)]
keyname = 'Ann'
p = 0
while p != nil:
    if keyname == a[p].name:
        print('{:s}は見つかりました '.format(keyname))
        break
    elif keyname < a[p].name:
        p = a[p].left      # 左部分木へ移動
    else:
        p = a[p].right     # 右部分木へ移動
if p == nil:
    print('{:s}は見つかりませんでした '.format(keyname))
```

実行結果

Ann は見つかりました

練習問題 **41** **2分探索木へのデータの追加**

2分探索木に新しいデータを追加する.

例題41の要領で，新しいデータkeyが入るべき位置oldを探す．keyデータと親のデータとの大小関係を比較し，keyデータが大きければ親の右側に，小さければ親の左側に接続する．

新しいデータはリストのノード格納現在位置（sp）が示すリスト要素に格納する．

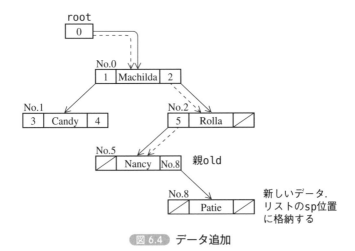

図6.4 データ追加

240

プログラム Dr41

```
# ------------------------------------
# *      2分探索木へのデータ追加      *
# ------------------------------------

class Person:
    def __init__(self, left, name, right):
        self.left = left
        self.name = name
        self.right = right

nil = -1
a = [Person(  1, 'Machilda',   2), Person(  3, 'Candy',   4),
     Person(  5, 'Rolla'  , nil), Person(nil, 'Ann'   , nil),
     Person(  6, 'Emy'    ,   7), Person(nil, 'Nancy', nil),
     Person(nil, 'Eluza'   , nil), Person(nil, 'Lisa' , nil)]

keyname = 'Patie'
p = 0                    # 木のサーチ
while p != nil:
    old = p
    if keyname <= a[p].name:
        p = a[p].left
    else:
        p = a[p].right

a.append(Person(nil, keyname,nil))    # 新しいノードの接続

if keyname <= a[old].name:
    a[old].left = len(a)-1
else:
    a[old].right = len(a)-1

for ai in a:
    print('{:2d},{:10s},{:2d}'.format(ai.left, ai.name, ai.↵
right))
```

実行結果

```
 1,Machilda  , 2
 3,Candy     , 4
 5,Rolla     ,-1
-1,Ann       ,-1
 6,Emy       , 7
-1,Nancy     , 8
-1,Eluza     ,-1
-1,Lisa      ,-1
-1,Patie     ,-1
```

6-2 2分探索木の作成

例題 42 2分探索木の作成

空の木から始めて，2分探索木を作成する．

　2分探索木のノードにするデータはdataにあるものとする．ルートノード（根）の作成と2つ目以降のノードの接続は別処理とする．

プログラム Rei42

```
# --------------------------
# *      2分探索木の作成      *
# --------------------------

class Person:
    def __init__(self, left, name, right):
        self.left = left
        self.name = name
        self.right = right

nil = -1
data = ['Machilda', 'Candy', 'Rolla', 'Ann', 'Emy', 'Nancy', ⏎
'Eluza', 'Lisa']
person = [Person(nil, '', nil)]

for i in range(len(data)):
    if i == 0:
        person[i] = Person(nil, data[i], nil)
    else:
        p = 0
        while p != nil:
            old = p
            if data[i] <= person[p].name:
                p = person[p].left
            else:
                p = person[p].right
        person.append(Person(nil, data[i], nil))
        if data[i] < person[old].name:
            person[old].left = i
        else:
            person[old].right = i

for pi in person:
    print('{:2d},{:10s},{:2d}'.format(pi.left,pi.name, pi. ⏎
right))
```

実 行 結 果

```
 1,Machilda  , 2
 3,Candy     , 4
 5,Rolla     ,-1
-1,Ann       ,-1
 6,Emy       , 7
-1,Nancy     ,-1
-1,Eluza     ,-1
-1,Lisa      ,-1
```

練習問題 42 最小ノード・最大ノードの探索

2分探索木の中から最小のノードと最大のノードを探す.

　2分探索木を左のノード，左のノードとたどっていき，行き着いたところに最少ノードがある．逆に右のノード，右のノードとたどっていき，行き着いたところに最大ノードがある．

プログラム Dr42

```
# ----------------------------------
# *      最小ノード・最大ノード      *
# ----------------------------------

class Person:
    def __init__(self, left, name, right):
        self.left = left
        self.name = name
        self.right = right

nil = -1
data = ['Machilda', 'Candy', 'Rolla', 'Ann', 'Emy', 'Nancy', ⏎
'Eluza', 'Lisa']
person = [Person(nil, '', nil)]

for i in range(len(data)):
    if i == 0:
        person[i] = Person(nil, data[i], nil)
    else:
        p = 0
        while p != nil:
            old = p
            if data[i] <= person[p].name:
                p = person[p].left
            else:
                p = person[p].right
        person.append(Person(nil, data[i], nil))
```

```
            if data[i] < person[old].name:
                person[old].left = i
            else:
                person[old].right = i

p = 0
while person[p].left != nil:
    p = person[p].left
print('最小ノード ={:s}'.format(person[p].name))

p = 0
while person[p].right != nil:
    p = person[p].right
print('最大ノード ={:s}'.format(person[p].name))
```

実行結果

```
最小ノード =Ann
最大ノード =Rolla
```

6-3 | 2分探索木の再帰的表現

例題 43 2分探索木の作成（再帰版）

2分探索木の作成を再帰を用いて行う.

　親ノードpに新しいデータwを接続する手続きをgentree(p,w)とすると，接続位置を求めて左の木に進むには，

```
person[p].left = gentree(person[p].left, w)
```

とし，右の木に進むには，

```
person[p].right = gentree(person[p].right, w)
```

とする．gentree()は次のような値を返すものとする.

- ・新しいノードが作られたときはそれへのポインタ.
- ・そうでないときは，gentreeの呼び出しのときにpに渡されたデータ，つまり元のポインタ値.

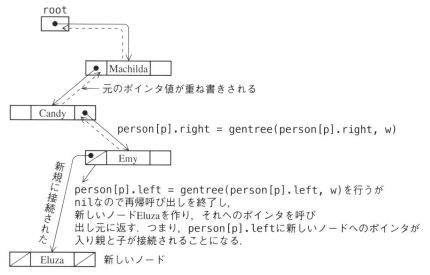

図 6.5 木の再帰手続き

245

　これにより，新しいノードは，その親に新規に接続され，再帰呼び出しから戻る際に親と子の接続が，同じ関係に再度接続されていくことになる.

　Eluzaが追加される様子を**図6.5**に示す.

プログラム **Rei43**

```
# -------------------------------
# *     2分探索木の作成 ( 再帰版 )      *
# -------------------------------

class Person:
    def __init__(self, left, name, right):
        self.left = left
        self.name = name
        self.right = right

def gentree(p, w):    # 木の作成の再帰手続き
    global n
    if p == nil:
        if n == 0:
            person[n] = Person(nil, w, nil)
        else:
            person.append(Person(nil, w, nil))
        n += 1
        return n - 1
    elif w < person[p].name:
        person[p].left = gentree(person[p].left, w)
    else:
        person[p].right = gentree(person[p].right, w)
    return p

nil = -1
person = [Person(nil, '', nil)]
n = 0
root = nil
while (data := input(' 名前 ?')) != '/':
    root = gentree(root, data)

for pi in person:
    print('{:2d},{:10s},{:2d}'.format(pi.left,pi.name, pi.⏎
right))
```

実行結果

```
名前 ?Machilda
名前 ?Candy
名前 ?Rolla
名前 ?Ann
名前 ?Emy
名前 ?Nancy
```

```
名前 ?Eluza
名前 ?Lisa
名前 ?/
 1,Machilda  , 2
 3,Candy     , 4
 5,Rolla     ,-1
-1,Ann       ,-1
 6,Emy       , 7
-1,Nancy     ,-1
-1,Eluza     ,-1
-1,Lisa      ,-1
```

練習問題 43 2分探索木のサーチ（再帰版）

2分探索木のサーチを再帰を用いて行う.

keyを持つノードpを探すアルゴリズムは次のようになる.

- もし，ノードpが端（nil）に来るか，ノードpにkeyが見つかれば，pの値を返す.
- もし，keyの方が小さければ左の木へのサーチの再帰呼び出しを行い，そうでないなら右の木へのサーチの再帰呼び出しを行う.

プログラム Dr43

```
# ------------------------------------
# *     2分探索木のサーチ ( 再帰版 )     *
# ------------------------------------

class Person:
    def __init__(self, left, name, right):
        self.left = left
        self.name = name
        self.right = right

def gentree(p, w):    # 木の作成の再帰手続き
    global n
    if p == nil:
        if n == 0:
            person[n] = Person(nil, w, nil)
        else:
            person.append(Person(nil, w, nil))
        n += 1
        return n - 1
    elif w < person[p].name:
        person[p].left = gentree(person[p].left, w)
    else:
```

```
        person[p].right = gentree(person[p].right, w)
    return p

def search(p, keyname):  # 木のサーチ
    if p == nil or person[p].name == keyname:
        return p
    if keyname < person[p].name:
        return search(person[p].left, keyname)
    else:
        return search(person[p].right, keyname)
nil = -1
person = [Person(nil, '', nil)]
n = 0
root = nil
while (data := input(' 名前 ?')) != '/':
    root = gentree(root, data)

while (data := input(' 検索する名前 ?')) != '/':
    p = search(root, data)
    if p != nil:
        print('{:s} が見つかりました '.format(person[p].name))
    else:
        print(' 見つかりません ')
```

実 行 結 果

```
名前 ?Machilda
名前 ?Candy
名前 ?Rolla
名前 ?Ann
名前 ?Nancy
名前 ?Eluza
名前 ?Lisa
名前 ?/
検索する名前 ?Rolla
Rolla が見つかりました
検索する名前 ?Elise
見つかりません
検索する名前 ?
見つかりません
検索する名前 ?/
```

6-4 | 2分探索木のトラバーサル

例題 44 2分探索木のトラバーサル

2分探索木のすべてのノードを訪問する.

　一定の手順で, 木のすべてのノードを訪れることを木の走査（トラバーサル：traversal）という.

　次の例は, 左のノードへ行けるだけ進み, 端に来たら1つ前の親に戻って右のノードに進み, 同じことを繰り返すものである.

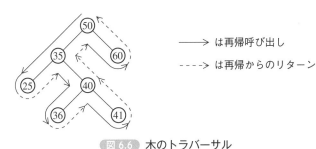

　　　　　　　　　　　　——→ は再帰呼び出し

　　　　　　　　　　　　----→ は再帰からのリターン

図 6.6　木のトラバーサル

　木の走査の過程において,「訪れたノードを表示する処理」をどこに置くかで次の3つに分かれる.

　　・行きがけ順（先順：preorder traversal）
　　　① ノードの表示
　　　② 左の木を走査する再帰呼び出し
　　　③ 右の木を走査する再帰呼び出し

表示されるデータは50, 35, 25, 40, 36, 41, 60の順になる.

　　・通りがけ順（中順：inorder traversal）
　　　① 左の木を走査する再帰呼び出し
　　　② ノードの表示
　　　③ 右の木を走査する再帰呼び出し

表示されるデータは25, 35, 36, 40, 41, 50, 60とちょうど小さい順に並ぶ.

右の木の走査と左の木の走査を逆にすれば，大きい順に並ぶ.

・帰りがけ順（後順：postorder traversal）
   ① 左の木を走査する再帰呼び出し
   ② 右の木を走査する再帰呼び出し
   ③ ノードの表示

表示されるデータは25，36，41，40，35，60，50の順になる.

プログラム Rei44

```
# ---------------------------------
# *      2分探索木のトラバーサル      *
# ---------------------------------

class Person:
    def __init__(self, left, name, right):
        self.left = left
        self.name = name
        self.right = right

def gentree(p, w):    # 木の作成の再帰手続き
    global n
    if p == nil:
        if n == 0:
            person[n] = Person(nil, w, nil)
        else:
            person.append(Person(nil, w, nil))
        n += 1
        return n - 1
    elif w < person[p].name:
        person[p].left = gentree(person[p].left, w)
    else:
        person[p].right = gentree(person[p].right, w)
    return p

def treewalk(p):    # 木のトラバーサル
    if p != nil:
        treewalk(person[p].left)
        print('{:s}'.format(person[p].name))
        treewalk(person[p].right)

nil = -1
data = ['Machilda', 'Candy', 'Rolla', 'Ann', 'Emy', 'Nancy', ⏎
'Eluza', 'Lisa']
person = [Person(nil, '', nil)]
n = 0
root = nil
for di in data:
```

```
    root = gentree(root, di)

treewalk(0)
```

```
Ann
Candy
Eluza
Emy
Lisa
Machilda
Nancy
Rolla
```

練習問題 44-1 大きい順に並べる

2分探索木のノードを走査し，大きい順に表示する．

プログラム Dr44_1

```
# -----------------------------------
# *      2分探索木のトラバーサル      *
# -----------------------------------

class Person:
    def __init__(self, left, name, right):
        self.left = left
        self.name = name
        self.right = right

def gentree(p, w):    # 木の作成の再帰手続き
    global n
    if p == nil:
        if n == 0:
            person[n] = Person(nil, w, nil)
        else:
            person.append(Person(nil, w, nil))
        n += 1
        return n - 1
    elif w < person[p].name:
        person[p].left = gentree(person[p].left, w)
    else:
        person[p].right = gentree(person[p].right, w)
    return p

def treewalk(p):    # 木のトラバーサル
    if p != nil:
        treewalk(person[p].right)
```

```
        print('{:s}'.format(person[p].name))
        treewalk(person[p].left)


nil = -1
data = ['Machilda', 'Candy', 'Rolla', 'Ann', 'Emy', 'Nancy', ⏎
'Eluza', 'Lisa']
person = [Person(nil, '', nil)]
n = 0
root = nil
for di in data:
    root = gentree(root, di)

treewalk(0)
```

実行結果

```
Rolla
Nancy
Machilda
Lisa
Emy
Eluza
Candy
Ann
```

練習問題 **44-2** トラバーサルの非再帰版

木のトラバーサル（通りがけ順）を非再帰版で作る.

　次のように，スタックw[]に親の位置を積みながら走査を行う.

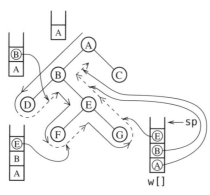

図 6.7　親の位置の保存

① 「スタックが空でかつ右の端」が終了条件となるので，これを満たさない間以下を繰り返す．

② 左の子へ行けるだけ進む．このとき親の位置をスタックw[sp]に保存する．

③ 1つ前の親に戻り，そのノードを表示する．これは，spを-1したときのw[sp]が親の位置を示すデータとなっていることを利用する．

④ 右の子へ進む．

プログラム Dr44_2

```
# ------------------------------------------------
# *       2分探索木のトラバーサル ( 非再帰版 )      *
# ------------------------------------------------

class Person:
    def __init__(self, left, name, right):
        self.left = left
        self.name = name
        self.right = right

def gentree(p, w):    # 木の作成の再帰手続き
    global n
    if p == nil:
        if n == 0:
            person[n] = Person(nil, w, nil)
        else:
            person.append(Person(nil, w, nil))
        n += 1
        return n - 1
    elif w < person[p].name:
        person[p].left = gentree(person[p].left, w)
    else:
        person[p].right = gentree(person[p].right, w)
    return p

nil = -1
data = ['Machilda', 'Candy', 'Rolla', 'Ann', 'Emy', 'Nancy', ⏎
'Eluza', 'Lisa']
person = [Person(nil, '', nil)]
n = 0
root = nil
for di in data:
    root = gentree(root, di)

w = [0 for i in range(128)]
sp, p = 0, 0
q = p
while sp != 0 or q != nil:
```

```
    while q != nil:
        w[sp] = q
        sp += 1
        q = person[q].left
    sp -= 1
    print('{:s}'.format(person[w[sp]].name))
    q = person[w[sp]].right
```

実行結果

```
Ann
Candy
Eluza
Emy
Lisa
Machilda
Nancy
Rolla
```

6-5 レベルごとのトラバーサル

例題 45 レベルごとのトラバーサル

木のレベル（深さ）ごとに，さらに同一レベルでは左から右にノードをトラバーサルする．

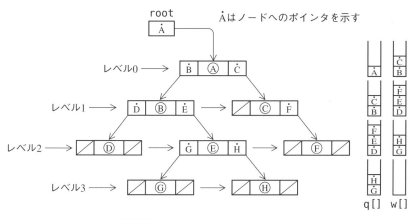

図 6.8 レベルごとのトラバーサル

レベルnの各ノードへのポインタが，最左端ノードから最右端ノードの順にスタック q[] に入っているものとすれば，このスタック情報を元に，レベルnの各ノードを左から右に走査することができる．この走査の過程で各ノードの子を左の子，右の子の順に並べ，あれば，それへのポインタをスタック w[] に格納しておく．こうして w[] に得られたデータが次のレベルの全ノードとなる．

したがって，レベル$n + 1$の走査は，w[] → q[] にコピーし，上と同じことを繰り返せばよい．

プログラム　Rei45

```
# ------------------------------------------------
# *      レベルごとの 2 分探索木のトラバーサル       *
# ------------------------------------------------

class Person:
    def __init__(self, left, name, right):
        self.left = left
        self.name = name
        self.right = right

def gentree(p, w):    # 木の作成の再帰手続き
    global n
    if p == nil:
        if n == 0:
            person[n] = Person(nil, w, nil)
        else:
            person.append(Person(nil, w, nil))
        n += 1
        return n - 1
    elif w < person[p].name:
        person[p].left = gentree(person[p].left, w)
    else:
        person[p].right = gentree(person[p].right, w)
    return p

nil = -1
data = ['Machilda', 'Candy', 'Rolla', 'Ann', 'Emy', 'Nancy', ↩
'Eluza', 'Lisa']
person = [Person(nil, '', nil)]
n = 0
root = nil
for di in data:
    root = gentree(root, di)

q = [0 for i in range(128)]
w = [0 for i in range(128)]
child, q[0], level = 1, 0, 0
while child != 0:
    m = 0
    result = 'Level{:d}:'.format(level)
    for i in range(child):
        result += '{:10s}'.format(person[q[i]].name)
        if person[q[i]].left != nil:
            w[m] = person[q[i]].left
            m += 1
        if person[q[i]].right != nil:
            w[m] = person[q[i]].right
            m += 1
    print(result)
    child = m
    for i in range(child):
```

```
        q[i] = w[i]
    level += 1
```

実行結果

```
Level0:Machilda
Level1:Candy     Rolla
Level2:Ann       Emy        Nancy
Level3:Eluza     Lisa
```

レベルごとのトラバーサルにおいて，そのノードの親との接続関係を表示する．

　たとえば，LisaはMachildaの左の子なので，`Machilda->l:Lisa`のように表示するものとする．

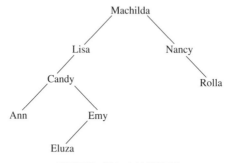

図 6.9 親との接続関係

　例題45のスタック`q[]`,`w[]`を次のような接続関係を示すリストにする．`qparent`，`wparent`と`qdirect`，`wdirect`の情報が増えた点以外は**例題45**と同じ考え方でよい．

qnode[], wnode[]	子ノード．**例題45**のq[],w[]に相当する
qparent[], wparent[]	親の名前
qdirect[], wdirect[]	親の左か右かを示す

表 6.2

プログラム Dr45

```
# -------------------------------------------------------------------
# *        レベルごとの２分探索木のトラバーサル（親との接続関係）         *
# -------------------------------------------------------------------

class Person:
    def __init__(self, left, name, right):
        self.left = left
        self.name = name
        self.right = right

def gentree(p, w):    # 木の作成の再帰手続き
    global n
```

```
        if p == nil:
            if n == 0:
                person[n] = Person(nil, w, nil)
            else:
                person.append(Person(nil, w, nil))
            n += 1
            return n - 1
        elif w < person[p].name:
            person[p].left = gentree(person[p].left, w)
        else:
            person[p].right = gentree(person[p].right, w)
        return p

nil = -1
data = ['Machilda', 'Candy', 'Rolla', 'Ann', 'Emy', 'Nancy', 🔁
'Eluza', 'Lisa']
person = [Person(nil, '', nil)]
n = 0
root = nil
for di in data:
    root = gentree(root, di)

qnode = [0 for i in range(128)]
wnode = [0 for i in range(128)]
qparent = ['' for i in range(128)]
wparent = ['' for i in range(128)]
qdirect = ['' for i in range(128)]
wdirect = ['' for i in range(128)]
child, level = 1, 0
qnode[0], qparent[0], qdirect[0] = 0, 'root', ' '
while child != 0:
    m = 0
    print('Level{:d}:'.format(level))
    for i in range(child):
        print('{:8s}->{:2s}{:10s}'.format(qparent[i],
            qdirect[i], person[qnode[i]].name))
        if person[qnode[i]].left != nil:
            wparent[m] = person[qnode[i]].name
            wdirect[m] = 'L'
            wnode[m] = person[qnode[i]].left
            m += 1
        if person[qnode[i]].right != nil:
            wparent[m] = person[qnode[i]].name
            wdirect[m] = 'R'
            wnode[m] = person[qnode[i]].right
            m += 1

    child = m
    for i in range(child):
        qnode[i] = wnode[i]
        qparent[i] = wparent[i]
        qdirect[i] = wdirect[i]
    level += 1
```

実行結果

```
Level0:
root     ->  Machilda
Level1:
Machilda->L Candy
Machilda->R Rolla
Level2:
Candy    ->L Ann
Candy    ->R Emy
Rolla    ->L Nancy
Level3:
Emy      ->L Eluza
Emy      ->R Lisa
```

6-6 ヒープ

例題 46　ヒープの作成（上方移動）

上方移動によりヒープ・データを作成する.

すべての親が必ず2つの子を持つ（最後の要素は左の子だけでもよい）完全2分木で, どの親と子をとっても, 親<子になっている木をヒープ（heap：山, 堆積）という. なお, 左の子と右の子の大小関係は問わない.

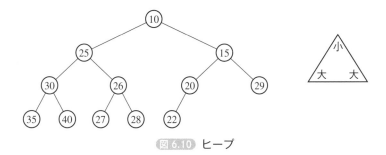

図 6.10　ヒープ

このヒープは, 2分木をレベルごとの走査で得られる順にリストに格納して表すこともできる.

図 6.11　ヒープのリスト表現

左の子の位置をsとすると, 右の子の位置は$s+1$となるが, このとき, 2つの子の親の位置pは$s/2$で求められる.

ⓘ リスト要素の基底を0から始める場合は親の位置pは$(s-1)/2$となる. ヒープデータは基底を1にした方が自然である.

　新しいデータをヒープに追加するには次のように行う．この操作は空のヒープから始めることができる．

　　・新しいデータをヒープの最後の要素として格納する．
　　・その要素を子とする親のデータと比較し，親の方が大きければ子と親を交換する．
　　・次に親を子として，その上の親と同じことを繰り返す．繰り返しの終了条件は，子の位置が根まで上がるか，親 ≦ 子になるまで．

　このように新しいデータをヒープの関係を満たすまで上方に上げていくことを上方移動という．

　データの12が追加される具体例を示す．

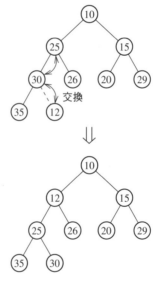

図6.12　上方移動（shift up）

```
# ----------------------
# *     ヒープの作成     *
# ----------------------

heap = [0 for i in range(100)]

n = 1
while (data := input('data?')) != '/':
    heap[n] = int(data)
    s = n
    p = s // 2        # 親の位置
    while s >= 2 and heap[p] > heap[s]: # 上方移動
        heap[p], heap[s] = heap[s], heap[p]
        s = p
        p = s // 2
    n += 1

print(heap[1:n])
```

実 行 結 果

```
data?1
data?5
data?3
data?9
data?2
data?/
[1, 2, 3, 9, 5]
```

練習問題 46 ヒープの作成（下方移動）

下方移動によりヒープ・データを作成する.

例題46ではデータを1つずつヒープに追加していったが，全データを2分木に割り当ててからヒープに再構築する方法がある.

　・子を持つ最後の親から始め，ルートまで以下を繰り返す.
　・親の方が子より小さければ，2つの子のうち小さい方と親を交換する．交換した子を新たな親として，親＜子の関係を満たす間，下方のループに対し同じ処理を繰り返す.

具体例を示す.

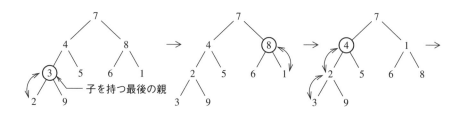

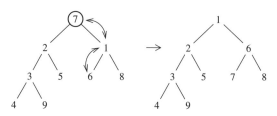

図 6.13　下方移動（shift down）

　親の位置をpとすれば，左の子の位置sは$2*p$となり，右の子の位置は$s+1$となる．そこで，左の子と右の子を比較し，左の子が小さければsはそのままにし，右の子が小さければsを $+1$する．これで，sの位置の子が親との交換候補となる．ただし，ヒープの最後が左の子だけの場合（$s{=}{=}n$のとき）があるので，この場合は左の子を交換候補とする．

プログラム Dr46

```
# ------------------------------------
# *      ヒープの作成（下方移動）      *
# ------------------------------------

heap = [0 for i in range(100)]
n = 1
while (data := input('data?')) != '/':
    heap[n] = int(data)
    n += 1

m = n - 1       # データ数
for i in range(m // 2, 0, -1):
    p = i                   # 親の位置
    s = 2 * p               # 左の子の位置
    while s <= m:
        if s < m and heap[s + 1] < heap[s]:   # 左と右の子の小さい方
            s += 1
        if heap[p] <= heap[s]:
```

```
            break
        heap[p], heap[s] = heap[s], heap[p]
        p = s           # 親と子の位置の更新
        s = 2 * p

print(heap[1:n])
```

```
data?1
data?5
data?3
data?9
data?2
data?/
[1, 2, 3, 9, 5]
```

6-7 ヒープ・ソート

例題 47 ヒープ・ソート

ヒープ・ソートによりデータを降順に並べ換える.

ヒープ・ソートは大きく分けると次の2つの部分からなる.

① 初期ヒープを作る
② 交換と切り離しにより崩れたヒープを正しいヒープに直す

②の部分を詳しく説明すると次のようになる.

・n個のヒープデータがあったとき,ルートの値は最小値になっている.この
ルートと最後の要素(n)を交換し,最後の要素(ルートの値)を木から切
り離す.

・すると,$n-1$個のヒープが構成されるが,ルートのデータがヒープの条件
を満たさない.そこでルートのデータを下方移動(**練習問題46**)し,正し
いヒープを作る.

ルートと最後の要素の交換

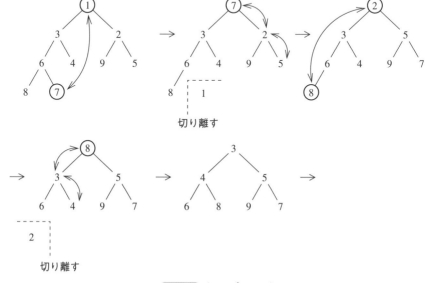

図 6.14 ヒープ・ソート

・$n-1$個のヒープについて，ルートと最後の要素（$n-1$）を交換し，最後の
要素を木から切り離す．

以上を繰り返していけば，n，$n-1$，$n-2$，…に小さい順にデータが確定され
るとともに，ヒープのサイズが1つずつ小さくなっていき，最後に整列が終了する．

プログラム Rei47

```
# ----------------------
# *    ヒープ・ソート    *
# ----------------------

heap = [0 for i in range(100)]
n = 1
while (data := input('data?')) != '/':
    heap[n] = int(data)
    s = n
    p = s // 2       # 親の位置
    while s >= 2 and heap[p] > heap[s]: # 上方移動
        heap[p], heap[s] = heap[s], heap[p]
        s = p
        p = s // 2
    n += 1

m = n - 1         # nの保存
while m > 1:
    heap[1], heap[m] = heap[m], heap[1]
    m -= 1                # 木の終端を切り離す
    p = 1
    s = 2 * p
    while s <= m:
        if s < m and heap[s + 1]< heap[s]:    # 左と右の小さい方
            s += 1
        if heap[p] <= heap[s]:
            break
        heap[p], heap[s] = heap[s], heap[p]
        p = s            # 親と子の位置の更新
        s = 2 * p

print(heap[1:n])
```

実行結果

```
data?1
data?5
data?3
data?9
data?2
data?/
[9, 5, 3, 2, 1]
```

練習問題 47　ヒープ・ソート

初期ヒープも下方移動を用いて作る．したがって，下方移動部分を関数 shiftdown とする．

　初期ヒープの作成も下方移動（**練習問題46**）を用いれば，ヒープ・ソートの後半と処理を共有できる．この部分を関数 shiftdown として作る．

プログラム　Dr47_1

```python
# ----------------------------------------
# *      ヒープ・ソート ( 下方移動版 )      *
# ----------------------------------------

def shiftdown(p, n):        # 下方移動
    s = 2 * p               # 左の子の位置
    while s <= n:
        if s < n and heap[s + 1] < heap[s]:  # 左と右の子の小さい方
            s += 1
        if heap[p] <= heap[s]:
            break
        heap[p], heap[s] = heap[s], heap[p]
        p = s               # 親と子の位置の更新
        s = 2 * p

heap = [0 for i in range(100)]
n = 1
while (data := input('data?')) != '/':
    heap[n] = int(data)
    n += 1

m = n - 1           # データ数
for i in range(m // 2, 0, -1):  # 初期ヒープの作成
    shiftdown(i, m)

while m > 1:
    heap[1], heap[m] = heap[m], heap[1]
    m -= 1                      # 木の終端を切り離す
    shiftdown(1, m)

print(heap[1:n])
```

実行結果

```
data?1
data?5
data?3
data?9
```

```
data?2
data?/
[9, 5, 3, 2, 1]
```

ⓘ ソートのスピードを速くするためには，関数にせず，直接その場所に置いた方が関数コールによるオーバーヘッドがなくなる．

参考 昇順ソートの shiftdown

 というヒープをソートすれば降順のソートになる．昇順のソートにす

るためには というヒープを用いる．この場合の shiftdown は次のようになる．

プログラム Dr47_2

```
# ---------------------------------------------
# *      ヒープ・ソート ( 下方移動版，昇順 )      *
# ---------------------------------------------

def shiftdown(p, n):        # 下方移動
    s = 2 * p               # 左の子の位置
    while  s<= n:
        if s < n and heap[s + 1] > heap[s]: # 左と右の子の大きい方
            s += 1
        if heap[p] >= heap[s]:
            break
        heap[p], heap[s] = heap[s], heap[p]
        p = s              # 親と子の位置の更新
        s = 2 * p

heap = [0 for i in range(100)]
n = 1
while (data := input('data?')) != '/':
    heap[n] = int(data)
    n += 1

m = n - 1          # データ数
for i in range(m // 2, 0, -1):  # 初期ヒープの作成
    shiftdown(i, m)

while m > 1:
    heap[1], heap[m] = heap[m], heap[1]
    m -= 1                     # 木の終端を切り離す
    shiftdown(1, m)

print(heap[1:n])
```

実行結果

```
data?1
data?5
data?3
data?9
data?2
data?/
[1, 2, 3, 5, 9]
```

6-8 | 式の木

例題 48 式の木の作成

逆ポーランド記法の式から式の木を作る.

$$a * b - (c + d) / e$$

を逆ポーランド記法で表すと

$$ab * cd + e / -$$

となることは**第5章5-6**で示した.

ここでは逆ポーランド記法の式から次のような木（これを式の木という）を作る.

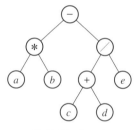

図 6.15 式の木

この木の特徴は次の通りである.

- ・ルートは式の最後の文字（必ず演算子）である. これは走査を式の後ろから進めることを意味する.
- ・定数（オペランド）は葉になる. 走査の再帰呼び出しはこの葉に来てリターンする.

このことを考慮に入れると, 式の木の作成アルゴリズムは次のようになる.

- ・逆ポーランド記法の式の後ろから1文字取り出し, それをノードとして割り当てる.
- ・もしその文字が定数なら左右ポインタにnilを入れて再帰呼び出しから戻る.
- ・演算子なら次の文字を右の子として接続する再帰呼び出しを行い, 続いて次

の文字を左の子として接続する再帰呼び出しを行う.

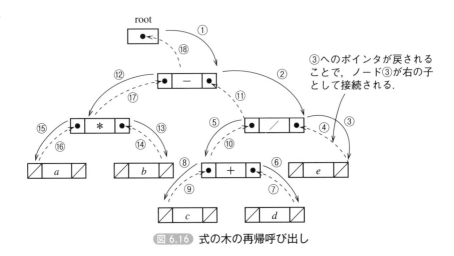

③へのポインタが戻される
ことで，ノード③が右の子
として接続される.

図 6.16 式の木の再帰呼び出し

式の木を

・行きがけ順に走査すると,

　$- * ab / + cde$

のような演算子が先に来る接頭型の式ができる.

・通りがけ順に走査すると,

　$a * b - c + d / e$

のような演算子がオペランドの間に入る挿入形の式ができる. しかし，本当
の挿入形では$a * b - (c + d) / e +$のように()を入れなければならない.

● 参考図書：『プログラムのためのPascalによる再帰法テクニック』
J.S.ロール著，荒実，玄光男 共訳，啓学出版

・帰りがけ順に走査すると

　$ab * cd + e / -$

のような演算子が後に来る接尾型の式（逆ポーランド記法）ができる.

プログラム Rei48

```
# ------------------
# *    式の木    *
# ------------------

class Tree:
    def __init__(self, left, ope, right):
        self.left = left      # 左部分木へのポインタ
        self.ope = ope        # 項目
        self.right = right    # 右部分木へのポインタ

def gentree(p):        # 木の作成の再帰手続き
    global m, expression
    n = len(expression)
    m += 1
    p = m
    etree[p] = Tree(nil, expression[n - 1:], nil)
    expression = expression[:n - 1]
    if (etree[p].ope == '-' or etree[p].ope == '+'
            or etree[p].ope == '*' or etree[p].ope == '/'):
        etree[p].right = gentree(etree[p].right)
        etree[p].left = gentree(etree[p].left)
    else:
        etree[p].left = etree[p].right = nil
    return p

def prefix(p):         # 接頭形
    global result
    if p != nil:
        result += etree[p].ope
        prefix(etree[p].left)
        prefix(etree[p].right)

def infix(p):          # 挿入形
    global result
    if p != nil:
        infix(etree[p].left)
        result += etree[p].ope
        infix(etree[p].right)

def postfix(p):        # 接尾形
    global result
    if p != nil:
        postfix(etree[p].left)
        postfix(etree[p].right)
        result += etree[p].ope

nil = -1
etree = [Tree(nil, '', nil) for i in range(100)]
expression = 'ab*cd+e/-'

root = 0
```

```
m = 0
root = gentree(root)

for i in range(1, m + 1):
    print(etree[i].left, etree[i].ope, etree[i].right)

result = 'prefix  = '
prefix(root)    # 式の木の走査
print(result)

result = 'infix  = '
infix(root)     # 式の木の走査
print(result)

result = 'postfix  = '
postfix(root)   # 式の木の走査
print(result)
```

```
7 - 2
4 / 3
-1 e -1
6 + 5
-1 d -1
-1 c -1
9 * 8
-1 b -1
-1 a -1
prefix  = -*ab/+cde
infix  = a*b-c+d/e
postfix  = ab*cd+e/-
```

練習問題 48 式の木の計算

式の木から式の値を求める.

　式の木を帰りがけ順に走査していく過程で，演算子が拾われたらその演算子の左の子と右の子について，その演算子を用いて計算し，演算子の入っていたノードに答を入れて次に進む．これを木の最後まで行えば，ルートノードに式の値が得られる.

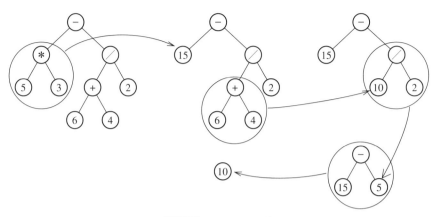

図 6.17 式の木の計算

プログラム Dr48

```
# ----------------------------------
# *       式の木を用いた式の計算       *
# ----------------------------------

class Tree:
    def __init__(self, left, ope, right):
        self.left = left        # 左部分木へのポインタ
        self.ope = ope          # 項目
        self.right = right      # 右部分木へのポインタ

def gentree(p):     # 木の作成の再帰手続き
    global m, expression
    n = len(expression)
    m += 1
    p = m
    etree[p] = Tree(nil, expression[n - 1:], nil)
    expression = expression[:n - 1]
    if (etree[p].ope == '-' or etree[p].ope == '+'
            or etree[p].ope == '*' or etree[p].ope == '/'):
        etree[p].right = gentree(etree[p].right)
        etree[p].left = gentree(etree[p].left)
    else:
        etree[p].left = etree[p].right = nil
    return p

def postfix(p):      # 接尾形
    if p != nil:
        postfix(etree[p].left)
        postfix(etree[p].right)
        if etree[p].ope == '+':
            etree[p].ope = (float(etree[etree[p].left].ope)
```

```
                                     + float(etree[etree[p].right].ope))
                elif etree[p].ope == '-':
                    etree[p].ope = (float(etree[etree[p].left].ope)
                                    - float(etree[etree[p].right].ope))
                elif etree[p].ope == '*':
                    etree[p].ope = (float(etree[etree[p].left].ope)
                                    * float(etree[etree[p].right].ope))
                elif etree[p].ope == '/':
                    etree[p].ope = (float(etree[etree[p].left].ope)
                                    / float(etree[etree[p].right].ope))

nil = -1
etree = [Tree(nil, '', nil) for i in range(100)]
expression = '53*64+2/-'
Expression = expression    # 式の保存
root = 0
m = 0
root = gentree(root)

postfix(root)              # 式の木の走査
print('{:s}={:f}'.format(Expression, etree[root].ope))
```

実 行 結 果

```
53*64+2/-=10.000000
```

6-9 知的データベース

質問項目にyes，noで枝分かれするような二分木を作成する．

二分木の中で，ノードの内容の意味の持たせ方で，決定木，二分探索木などに分かれる．質問項目にyes，noで枝分かれするような木を決定木という．

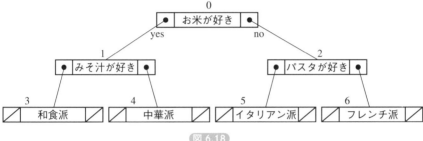

図 6.18

質問内容をnode，左へのポインタをleft，右へのポインタをrightとする．ポインタは連結するリスト要素の添字となる．たとえばノード0の左へのポインタはノード1を指しているので「1」，右へのポインタはノード2を指しているので「2」となる．子を持たない葉ノードのポインタ部には「-1」を置くことにする．

添字	左へのポインタ left	質問内容 node	右へのポインタ right
0	1	お米が好き	2
1	3	みそ汁が好き	4
2	5	パスタが好き	6
3	-1	和食派	-1
4	-1	中華派	-1
5	-1	イタリアン派	-1
6	-1	フレンチ派	-1

表 6.3

プログラム Rei49

```
# ----------------
# *    決定木    *
# ----------------

class Question:
    def __init__(self, left, node, right):
        self.left = left
        self.node = node
        self.right = right

nil = -1
a = [Question(  1, 'お米が好き?',     2),
     Question(  3, 'みそ汁が好き?',   4),
     Question(  5, 'パスタが好き?',   6),
     Question(nil, '和食派',         nil),
     Question(nil, '中華派',         nil),
     Question(nil, 'イタリアン',     nil),
     Question(nil, 'フレンチ',       nil)]

p = 0
while a[p].left != nil:    # 木のサーチ
    c = input(a[p].node)
    if c == 'y' or c == 'Y':
        p=a[p].left
    else:
        p=a[p].right
print('答えは {:s} です'.format(a[p].node))
```

実 行 結 果

```
お米が好き?y
みそ汁が好き?y
答えは 和食派 です
```

　ここで紹介したプログラムは質問2回で解答という極めて大雑把な決定木である．次のように木の階層を深くすることで，きめ細かい決定木にすることができる．

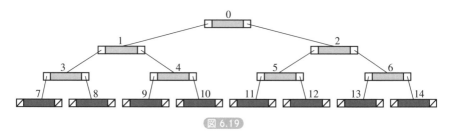

図 6.19

コンピュータと人間が対話を進める過程で，コンピュータに学習機能を持たせ，知的データベースを蓄積していくシステムを作る．

※ この問題は，『基本 JIS BASIC』（西村恕彦編，オーム社）を参考にした

　ある質問（たとえば「男ですか！」）に対し，答えを yes と no の 2 つに限定するなら，質問を接点（ノード）とする 2 分木と考えられる．

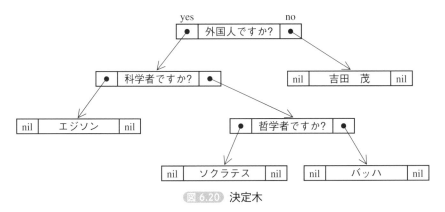

図 6.20 決定木

　図6.20の決定木では「外国人ですか?」という質問に yes と答えると，「科学者ですか?」と聞いてくる．それに yes と答えると「答えはエジソンです」とコンピュータが答えを出す．もし対話者が考えているものが「アインシュタイン」だったなら，コンピュータの出した答えは誤りであったことになる．この場合はコンピュータに「アインシュタイン」を導く情報を与えておかなければならない．これが（簡単ではあるが）学習機能である．**図6.20**の場合，この情報を与えるには，「科学者ですか?」の下に「エジソン」と「アインシュタイン」を区別する質問を対話者に聞くように追加すればよい．これが，**図6.21**になる．

　「アインシュタイン」と「エジソン」を区別する質問ノードを「物理学者ですか?」とし，この質問ノードを「エジソン」の位置に入れる．質問に対する yes のノードを上，no のノードを下にして，現在使用しているリスト要素の最後（lp で示される）に追加する．質問ノードの左ポインタおよび右ポインタに「アインシュタイン」，「エジソン」の位置を与える．この学習機能の挿入を**図6.22**に示す．

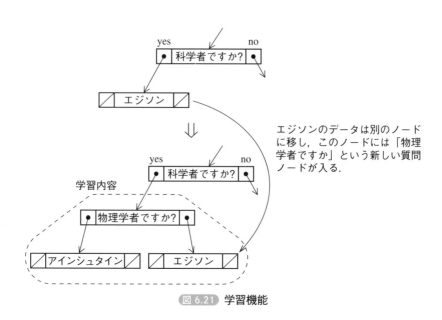

エジソンのデータは別のノード
に移し，このノードには「物理
学者ですか」という新しい質問
ノードが入る.

学習内容

図 6.21 学習機能

添　字	左ポインタ	質問ノード	右ポインタ
p	left[p]	node[p]	right[p]
0	1	外国人ですか？	2
1	3	科学者ですか？	4
2	nil	吉田　茂	nil
3	nil	エジソン	nil
4	5	哲学者ですか？	6
5	nil	ソクラテス	nil
6	nil	バッハ	nil
7	nil	アインシュタイン	nil
8			
9			
Max			

← lp

学習した質問ノード

7	物理学者ですか？	8

図 6.22 学習内容の挿入

プログラム Dr49

```
# ---------------------------
# *      質疑応答と決定木      *
# ---------------------------

class Person:
    def __init__(self, left, node, right):
        self.left = left
        self.node = node
        self.right = right

nil = -1
a = [Person(  1, '外国人ですか ?',          2),
     Person(  3, '科学者ですか ?',          4),
     Person(nil, '吉田茂 ',              nil),
     Person(nil, 'エジソン ',             nil),
     Person(  5, '哲学者ですか ?',          6),
     Person(nil, 'ソクラテス ',            nil),
     Person(nil, 'バッハ ',              nil)]

while True:
    p = 0
    while a[p].left != nil:          # 木のサーチ
        c = input(a[p].node)
        if c == 'y' or c == 'Y':
            p = a[p].left
        else:
            p = a[p].right
    print('答えは {:s} です '.format(a[p].node))
    c = input(' 正しいですか y/n ?')
    if c == 'n' or c == 'N':          # 学習
        ans = input(' あなたの考えは ? ')   # 正解を末尾に追加
        a.append(Person(nil, ans, nil))
        a.append(a[p])                # 正解でないノードを末尾に移動

        lp = len(a)                  # 新しい質問ノードの作成
        ans = input('{:s} と {:s} を区別する質問は ? '.
                    format(a[lp - 1].node, a[lp - 2].node))

        c = input('yes の項目は {:s} で良いですか y/n ? '.
                  format(a[lp - 2].node))

        if c == 'y' or c == 'Y':      # 新しい質問ノードに子を接続
            a[p] = Person(lp - 2, ans, lp - 1)
        else:
            a[p] = Person(lp - 1, ans, lp - 2)
    c = input(' 続けますか y/n ?')
    if c == 'n' or c == 'N':
        break
```

実 行 結 果

```
外国人ですか ?y
科学者ですか ?y
答えは エジソン です
正しいですか y/n ?n
あなたの考えは ? アインシュタイン
エジソンとアインシュタインを区別する質問は ? 物理学者ですか ?
yes の項目は アインシュタイン で良いですか y/n ? y
続けますか y/n ?y
外国人ですか ?y
科学者ですか ?y
物理学者ですか ?y
答えは アインシュタイン です
正しいですか y/n ?y
続けますか y/n ?n
```

グラフ（graph）

- 簡単にいえば，木の節点（node）が何箇所にも接続されたものがグラフ（graph）である．

- 道路網を例にとれば，各地点（東京，横浜，…）をノード，各地点間（東京－横浜間，…）の距離または所要時間を枝（辺）と考えたものがグラフである．道路網の例のように各辺に重みが定義されているグラフをネットワーク（network）と呼び，日常の社会現象を表現するのに適している．たとえばネットワークの経路の最短路を見つける方法を使えば，東京から大阪までの道路網で最も速く行ける経路を見つけるといった問題を解くことができる．

7-0 | グラフとは

グラフ（graph）は節点（node, 頂点：vertex）を辺（edge, 枝：branch）で結んだもので次のように表せる。このグラフの意味は，1→2への道や2→1への道はあるが，1→3への道がないことを示していると考えてもよい．

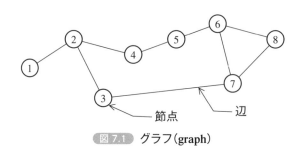

図 7.1　グラフ（graph）

このようなグラフをデータとして表現するためには，次のような隣接行列（adjacency matrix）を用いる．

	j							
	1	2	3	4	5	6	7	8
1	0	1	0	0	0	0	0	0
2	1	0	1	1	0	0	0	0
3	0	1	0	0	0	0	1	0
4	0	1	0	0	1	0	0	0
i 5	0	0	0	1	0	1	0	0
6	0	0	0	0	1	0	1	1
7	0	0	1	0	0	1	0	1
8	0	0	0	0	0	1	1	0

図 7.2　隣接行列

この隣接行列の各要素は，節点i→節点jへの辺がある場合に1，なければ0になる．$i=j$の場合を0でなく1とする方法もあるが，本書では0とする．

なお，Pythonのリストは要素が0から始まるので，0の要素は未使用とし，1の要素から使用するものとする．

辺に向きを持たせたものを有向グラフ（directed graph）といい，辺を矢線で表す．

先に示した辺に向きのないものを無向グラフ（undirected graph）という．

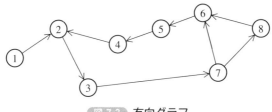

図 7.3 有向グラフ

この場合の隣接行列は次のようになる.有向グラフでは $1 \to 2$ に行けるが, $2 \to 1$ へは行けない.

	1	2	3	4	5	6	7	8
1	0	1	0	0	0	0	0	0
2	0	0	1	0	0	0	0	0
3	0	0	0	0	0	0	1	0
4	0	1	0	0	0	0	0	0
5	0	0	0	1	0	0	0	0
6	0	0	0	0	1	0	0	0
7	0	0	0	0	0	1	0	1
8	0	0	0	0	0	1	0	0

図 7.4 有向グラフの隣接行列

7-1 グラフの探索（深さ優先探索）

深さ優先によりグラフのすべての節点を訪問する.

深さ優先探索（depth first search：縦型探索ともいう）のアルゴリズムは次の通りである.

- 始点を出発し，番号の若い順に進む位置を調べ，行けるところ（辺で連結されていてまだ訪問していない）まで進む.
- 行き場所がなくなったら，行き場所があるところまで戻り，再び行けるところまで進む.
- 行き場所がすべてなくなったら終わり（来た道を戻る）.

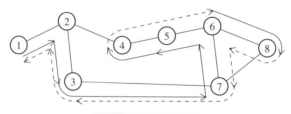

図 7.5 深さ優先探索

たとえば，節点3での次に進む位置のチェックは次のようにして行われる.

① 節点1について調べる．連結していないので進めない.
② 節点2について調べる．すでに訪問しているので進めない.
③ 節点3について調べる．連結していない（隣接行列の対角要素を0にしてある）ので進めない.
④ 節点4，5，6について調べる．連結していないので進めない.
⑤ 節点7について調べる．条件を満たすので節点7へ進む.

プログラムにおいてi点→j点へ進めるかは，隣接行列a[i][j]が1でかつ訪問フラグv[j]が0のときである．訪問フラグはj点への訪問が行われればv[j]は1とする.

プログラム Rei50

```
# ------------------------------------
# *      グラフの探索（深さ優先）      *
# ------------------------------------

N = 8    # 点の数

a = [[0, 0, 0, 0, 0, 0, 0, 0, 0],    # 隣接行列
     [0, 0, 1, 0, 0, 0, 0, 0, 0],
     [0, 1, 0, 1, 1, 0, 0, 0, 0],
     [0, 0, 1, 0, 0, 0, 0, 1, 0],
     [0, 0, 1, 0, 0, 1, 0, 0, 0],
     [0, 0, 0, 0, 1, 0, 1, 0, 0],
     [0, 0, 0, 0, 0, 1, 0, 1, 1],
     [0, 0, 0, 1, 0, 0, 1, 0, 1],
     [0, 0, 0, 0, 0, 0, 1, 1, 0]]

v = [0 for i in range(N + 1)]    # 訪問フラグ

def visit(i):
    global result
    v[i] = 1
    for j in range(1, N + 1):
        if a[i][j] == 1 and v[j] == 0:
            result += '{:d}->{:d}  '.format(i, j)
            visit(j)

result = ''
visit(1)
print(result)
```

実行結果

```
1->2  2->3  3->7  7->6  6->5  5->4  6->8
```

すべての点を始点にした探索

例題50では節点1を始点としたが，すべての節点を始点として，そこからグラフの各節点をたどる経路を深さ優先探索で調べる．

　各節点を始点として深さ優先探索を行うとき，そのつど訪問フラグv[]を0クリアしておく．

プログラム Dr50_1

```
# ----------------------------------
# *      グラフの探索（深さ優先）     *
# ----------------------------------

N = 8      # 点の数

a = [[0, 0, 0, 0, 0, 0, 0, 0, 0],   # 隣接行列
     [0, 0, 1, 0, 0, 0, 0, 0, 0],
     [0, 1, 0, 1, 1, 0, 0, 0, 0],
     [0, 0, 1, 0, 0, 0, 0, 1, 0],
     [0, 0, 1, 0, 0, 1, 0, 0, 0],
     [0, 0, 0, 0, 1, 0, 1, 0, 0],
     [0, 0, 0, 0, 0, 1, 0, 1, 1],
     [0, 0, 0, 1, 0, 0, 1, 0, 1],
     [0, 0, 0, 0, 0, 0, 1, 1, 0]]

v = [0 for i in range(N + 1)]    # 訪問フラグ

def visit(i):
    global result
    v[i] = 1
    for j in range(1, N + 1):
        if a[i][j] == 1 and v[j] == 0:
            result += '{:d}->{:d}  '.format(i, j)
            visit(j)

for k in range(1, N + 1):
    for i in range(1, N + 1):
        v[i] = 0
    result = ''
    visit(k)
    print(result)
```

実行結果

```
1->2  2->3  3->7  7->6  6->5  5->4  6->8
2->1  2->3  3->7  7->6  6->5  5->4  6->8
3->2  2->1  2->4  4->5  5->6  6->7  7->8
4->2  2->1  2->3  3->7  7->6  6->5  6->8
```

```
5->4   4->2   2->1   2->3   3->7   7->6   6->8
6->5   5->4   4->2   2->1   2->3   3->7   7->8
7->3   3->2   2->1   2->4   4->5   5->6   6->8
8->6   6->5   5->4   4->2   2->1   2->3   3->7
```

練習問題 **50-2** **非連結グラフの探索**

非連結グラフを深さ優先探索で調べる.

次のようにグラフが分かれているものを非連結グラフと呼ぶ.

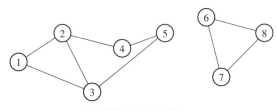

図 7.6 非連結グラフ

各節点を始点として，深さ優先探索を行うが，訪問フラグ v [ ] の0クリアは最初
の一度だけ行う.

プログラム Dr50_2

```
# ---------------------------------------
# *     非連結グラフの探索（深さ優先）    *
# ---------------------------------------

N = 8      # 点の数

a = [[0, 0, 0, 0, 0, 0, 0, 0, 0],   # 隣接行列
     [0, 0, 1, 1, 0, 0, 0, 0, 0],
     [0, 1, 0, 1, 1, 0, 0, 0, 0],
     [0, 1, 1, 0, 0, 1, 0, 0, 0],
     [0, 0, 1, 0, 0, 1, 0, 0, 0],
     [0, 0, 0, 1, 1, 0, 0, 0, 0],
     [0, 0, 0, 0, 0, 0, 0, 1, 1],
     [0, 0, 0, 0, 0, 0, 1, 0, 1],
     [0, 0, 0, 0, 0, 0, 1, 1, 0]]

v = [0 for i in range(N + 1)]      # 訪問フラグ

def visit(i):
    global result
```

```
        result += '{:d} '.format(i)
        v[i] = 1
        for j in range(1, N + 1):
            if a[i][j] == 1 and v[j] == 0:
                visit(j)

count = 1       # 連結成分のカウント用
for i in range(1, N + 1):
    if v[i] != 1:
        result = '{:d} :'.format(count)
        count += 1
        visit(i)
        print(result)
```

実 行 結 果

```
1 :1 2 3 5 4
2 :6 7 8
```

7-2 | グラフの探索（幅優先探索）

例題 51 幅優先探索

幅優先によりグラフのすべての節点を訪問する.

幅優先探索（breadth first search：横型探索ともいう）のアルゴリズムは次の通りである.

- ・始点をキュー（待ち行列）に入れる.
- ・キューから節点を取り出し，その節点に連結している未訪問の節点をすべてキューに入れる.
- ・キューが空になるまで繰り返す.

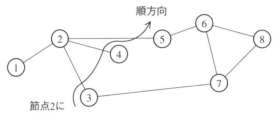

節点2に
接続している未訪問の節点を拾い上げる. 同一レベル
の子を拾い上げていると考えても良い.

図 7.7　幅優先探索

幅優先探索のキューは，次の通り.

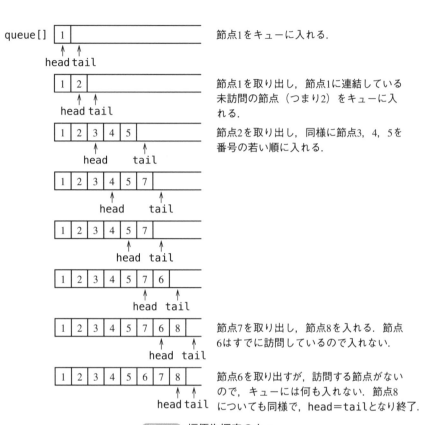

queue[]　1
　　　　↑　↑
　　　head tail
節点1をキューに入れる.

1　2
↑　↑
head tail
節点1を取り出し，節点1に連結している未訪問の節点（つまり2）をキューに入れる.

1　2　3　4　5
　　↑　　　↑
　head　　tail
節点2を取り出し，同様に節点3，4，5を番号の若い順に入れる.

1　2　3　4　5　7
　　　↑　　　↑
　　head　　tail

1　2　3　4　5　7
　　　　↑　↑
　　　head tail

1　2　3　4　5　7　6
　　　　↑　　↑
　　　head tail

1　2　3　4　5　7　6　8
　　　　　↑　　↑
　　　　head tail
節点7を取り出し，節点8を入れる.節点6はすでに訪問しているので入れない.

1　2　3　4　5　6　7　8
　　　　　　↑　↑
　　　　head tail
節点6を取り出すが，訪問する節点がないので，キューには何も入れない.節点8についても同様で，head＝tailとなり終了.

図 7.8 幅優先探索のキュー

プログラム　Rei51

```
# --------------------------------
# *      グラフの探索（幅優先）      *
# --------------------------------

N = 8      # 点の数

a = [[0, 0, 0, 0, 0, 0, 0, 0, 0],    # 隣接行列
     [0, 0, 1, 0, 0, 0, 0, 0, 0],
     [0, 1, 0, 1, 1, 1, 0, 0, 0],
     [0, 0, 1, 0, 0, 0, 0, 1, 0],
     [0, 0, 1, 0, 0, 0, 0, 0, 0],
     [0, 0, 1, 0, 0, 0, 1, 0, 0],
     [0, 0, 0, 0, 0, 1, 0, 1, 1],
     [0, 0, 0, 1, 0, 1, 0, 1],
     [0, 0, 0, 0, 0, 1, 1, 0]]
```

```python
v = [0 for i in range(N + 1)]    # 訪問フラグ
queue = [0 for i in range(100)]
head = 0        # 先頭データのインデックス
tail = 0        # 終端データのインデックス
queue[tail], v[1] = 1, 1
tail += 1
result = ''
while head != tail:
    i = queue[head]    # キューから取り出す
    head += 1
    for j in range(1, N + 1):
        if a[i][j] == 1 and v[j] == 0:
            result += '{:d}->{:d}  '.format(i, j)
            queue[tail] = j    # キューに入れる
            tail += 1
            v[j] = 1
print(result)
```

実行結果

1->2　2->3　2->4　2->5　3->7　5->6　7->8

練習問題 51 すべての点を始点にした探索

すべての節点を始点として，そこからグラフの各節点をたどる経路を幅優先探索で調べる．

プログラム Dr51

```python
# ---------------------------------
# *     グラフの探索（幅優先）     *
# ---------------------------------

N = 8      # 点の数

a = [[0, 0, 0, 0, 0, 0, 0, 0, 0],  # 隣接行列
     [0, 0, 1, 0, 0, 0, 0, 0, 0],
     [0, 1, 0, 1, 1, 1, 0, 0, 0],
     [0, 0, 1, 0, 0, 0, 0, 1, 0],
     [0, 0, 1, 0, 0, 0, 0, 0, 0],
     [0, 0, 1, 0, 0, 0, 1, 0, 0],
     [0, 0, 0, 0, 0, 1, 0, 1, 1],
     [0, 0, 0, 1, 0, 0, 1, 0, 1],
     [0, 0, 0, 0, 0, 0, 1, 1, 0]]

v = [0 for i in range(N + 1)]    # 訪問フラグ
queue = [0 for i in range(100)]
```

```
for p in range(1, N + 1):
    for i in range(N + 1):
        v[i] = 0
    head = 0        # 先頭データのインデックス
    tail = 0        # 終端データのインデックス
    queue[tail], v[p] = p, 1
    tail += 1
    result = ''
    while head != tail:
        i = queue[head]    # キューから取り出す
        head += 1
        for j in range(1, N + 1):
            if a[i][j] == 1 and v[j] == 0:
                result += '{:d}->{:d}  '.format(i, j)
                queue[tail] = j    # キューに入れる
                tail += 1
                v[j] = 1
    print(result)
```

```
1->2   2->3   2->4   2->5   3->7   5->6   7->8
2->1   2->3   2->4   2->5   3->7   5->6   7->8
3->2   3->7   2->1   2->4   2->5   7->6   7->8
4->2   2->1   2->3   2->5   3->7   5->6   7->8
5->2   5->6   2->1   2->3   2->4   6->7   6->8
6->5   6->7   6->8   5->2   7->3   2->1   2->4
7->3   7->6   7->8   3->2   6->5   2->1   2->4
8->6   8->7   6->5   7->3   5->2   2->1   2->4
```

7-3 | トポロジカル・ソート

例題 52　トポロジカル・ソート

有向グラフで結ばれている節点をある規則で整列する.

　1〜8までの仕事があったとする. 1の仕事をするには2の仕事ができていなければならない. 3の仕事をするためには1の仕事ができていなければならない. 7の仕事をするためには, 3, 6, 8の仕事ができていなければならない. …という関係を有向グラフを用いると次のように表現できる.

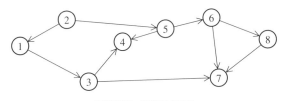

図 7.9　半順序関係

　さて, 上のグラフを見ると仕事の系列は2, 1, 3, 4, 7と2, 5, 4, 6, 7, 8という2つの系列になることがわかる. 仕事1と仕事5は系列が違うのでどちらを先に行ってもよいことになる. このように, 必ずしも順序を比較できない場合がある順序関係を半順序関係 (partial order) という. 半順序関係が与えられたデータに対し, 一番最初に行う仕事から最後に行う仕事までを1列に並べることをトポロジカル・ソート (topological sort) と呼ぶ. 半順序関係のデータであるから解は1つとは限らない.

　トポロジカル・ソートは有向グラフに対し深さ優先の探索を行い, 行き着いたところから探索経路を戻るときに節点を拾っていけばよい.

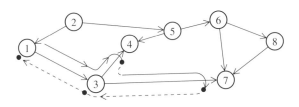

図 7.10　深さ優先探索によるトポロジカル・ソート

まず，節点1を始点に，連結していて未訪問の節点を，

$$1 \longrightarrow 3 \longrightarrow ④ \dashrightarrow 3 \longrightarrow ⑦ \dashrightarrow ③ \dashrightarrow ①$$

と進む．○印の節点が拾われる．次に節点2を始点に，

$$2 \longrightarrow 5 \longrightarrow 6 \longrightarrow ⑧ \dashrightarrow ⑥ \dashrightarrow ⑤ \dashrightarrow ②$$

と進む．

次に節点3，4，5，6，7，8についても同様に行うが，すでに訪問されているので何もしないで終わる．拾われた節点を逆に並べた，

2，5，6，8，1，3，7，4

が行うべき仕事の順序である．始点の扱い方を変えれば，その他の解が得られる．

プログラム Rei52

```
# -------------------------------
# *       トポロジカル・ソート      *
# -------------------------------

N = 8        # 点の数
a = [[0, 0, 0, 0, 0, 0, 0, 0, 0],   # 隣接行列
     [0, 0, 0, 1, 0, 0, 0, 0, 0],
     [0, 1, 0, 0, 0, 1, 0, 0, 0],
     [0, 0, 0, 0, 1, 0, 0, 1, 0],
     [0, 0, 0, 0, 0, 0, 0, 0, 0],
     [0, 0, 0, 0, 1, 0, 1, 0, 0],
     [0, 0, 0, 0, 0, 0, 0, 1, 1],
     [0, 0, 0, 0, 0, 0, 0, 0, 0],
     [0, 0, 0, 0, 0, 0, 0, 1, 0]]

v = [0 for i in range(N + 1)]    # 訪問フラグ

def visit(i):
    global result
    v[i] = 1
    for j in range(1, N + 1):
        if a[i][j] == 1 and v[j] == 0:
            visit(j)
    result += '{:2d}'.format(i)

result = ''
for i in range(1, N + 1):
    if (v[i] == 0):
```

```
        visit(i)
print(result)
```

4 7 3 1 8 6 5 2

練習問題 52 **閉路の判定を含む**

閉路があるとトポロジカル・ソートの解はないので，閉路の判定を含める．さらに例題52ではソート結果が逆順になるので，これを正順にする．

　ある始点から始めて先へ先へ進むときに，1度通過した点に再び戻って来た場合には，そこに閉路があることを示す．下の例では3→4→5→7→3が閉路である．このような閉路は順序関係がないので，トポロジカル・ソートをしてもその解は意味を持たない．

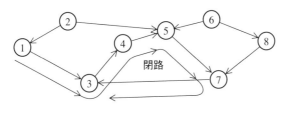

図 7.11 閉路の判定

　閉路の条件は，$i{\rightarrow}j$への訪問ができ，j点は，今回の訪問ですでに探索済みである場合となる．したがって，条件式は次のようになる．

```
a[i][j] == 1 and v[j] == 1
```

　この判定を行うためには，始点を変えた次回の探索に備え，今回の探索の帰り道で，各節点の訪問フラグv[]を0と1以外の値に設定（このプログラムでは2とした）する必要がある．この処理がなければ，閉路でもないところで，閉路と判定されてしまう．

　ソート結果を正順（仕事の開始順）に表示するには，スタックに経路の節点を記録しておき，すべての再帰呼び出しが終わり，メインルーチンに戻ったときに，スタック・トップから表示していけばよい．

プログラム Dr52_1

```
# ------------------------------------------------------
# *        トポロジカル・ソート ( 閉路の判定を含む )        *
# ------------------------------------------------------

def visit(i):
    global sp, flag
    v[i] = 1
    for j in range(1, N + 1):
        if a[i][j] == 1 and v[j] == 0:
            visit(j)
        if a[i][j] == 1 and v[j] == 1:
            print('{:d} と {:d} の付近にループがあります '.format⏎
(i, j))
            flag = 1
            exit()
    v[i] = 2
    s[sp] = i
    sp += 1

N = 8       # 点の数

a = [[0, 0, 0, 0, 0, 0, 0, 0, 0],   # 閉路なし
     [0, 0, 0, 1, 0, 0, 0, 0, 0],
     [0, 1, 0, 0, 0, 1, 0, 0, 0],
     [0, 0, 0, 0, 1, 0, 0, 1, 0],
     [0, 0, 0, 0, 0, 0, 0, 0, 0],
     [0, 0, 0, 0, 1, 0, 1, 0, 0],
     [0, 0, 0, 0, 0, 0, 0, 1, 1],
     [0, 0, 0, 0, 0, 0, 0, 0, 0],
     [0, 0, 0, 0, 0, 0, 0, 1, 0]]

v = [0 for i in range(N + 1)]    # 訪問フラグ
s = [0 for i in range(N + 1)]    # スタック
sp = 1           # スタック・ポインタ
flag = 0         # 閉路判定用

for i in range(1, N + 1):
    if v[i] == 0:
        visit(i)

if flag == 0:
    result = ''
    for i in range(N, 0, -1):
        result+='{:2d}'.format(s[i])
    print(result)
```

実行結果

```
 2 5 6 8 1 3 7 4
```

プログラム Dr52_2

```
# ----------------------------------------------------
# *        トポロジカル・ソート ( 閉路ありのデータ )        *
# ----------------------------------------------------

def visit(i):
    global sp, flag
    v[i] = 1
    for j in range(1, N + 1):
        if a[i][j] == 1 and v[j] == 0:
            visit(j)
        if a[i][j] == 1 and v[j] == 1:
            print('{:d} と {:d} の付近にループがあります '.format↩
(i, j))
            flag = 1
            exit()
    v[i] = 2
    s[sp] = i
    sp += 1

N = 8      # 点の数

a = [[0, 0, 0, 0, 0, 0, 0, 0, 0],   # 閉路あり
     [0, 0, 0, 1, 0, 0, 0, 0, 0],
     [0, 1, 0, 0, 0, 1, 0, 0, 0],
     [0, 0, 0, 0, 1, 0, 0, 1, 0],
     [0, 0, 0, 0, 0, 0, 0, 0, 0],
     [0, 0, 0, 0, 0, 0, 0, 1, 0],
     [0, 0, 0, 0, 0, 1, 0, 0, 1],
     [0, 0, 0, 1, 0, 0, 0, 0, 0],
     [0, 0, 0, 0, 0, 0, 0, 1, 0]]

v = [0 for i in range(N + 1)]     # 訪問フラグ
s = [0 for i in range(N + 1)]     # スタック
sp = 1          # スタック・ポインタ
flag = 0        # 閉路判定用

for i in range(1, N + 1):
    if v[i] == 0:
        visit(i)

if flag == 0:
    result = ''
    for i in range(N, 0, -1):
        result+='{:2d}'.format(s[i])
    print(result)
```

実行結果

7 と 3 の付近にループがあります

転置行列

　有向グラフの矢線を逆にした場合の隣接行列は，元の隣接行列の縦と横の成分を入れ換えたものになる．これを転置行列という．転置行列は元の隣接行列を a[i][j] で参照せず，a[j][i] で参照することで実現できる．転置行列を用いればスタックを使わなくても正順なソートが得られる．**例題52**のプログラムのif文のところを次のようにするだけでよい．a[j][i] は $i \rightarrow j$ への連結を示す．

```
if (a[j][i] == 1 and v[j] == 0)
```

ただし，探索順序が異なるので，**例題52**のプログラムとは異なる解となる．

7-4 | Euler の一筆書き

例題 53 Euler（オイラー）の一筆書き

グラフ上のすべての辺を一度だけ通ってもとの位置に戻る経路を探す．これは一筆書きの問題と同じである．

隣接行列の各要素には連結されている辺の数を入れる．

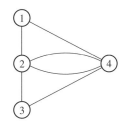

	1	2	3	4
1	0	1	0	1
2	1	0	1	2
3	0	1	0	1
4	1	2	1	0

図 7.12 一筆書き

一筆書きの経路を求めるアルゴリズムは深さ優先探索を用いて実現できる．

- 一度通った辺（道）を消しながら，行けるところまで行く．
- 行き着いたところが開始点で，かつ，すべての辺が消えている（すべての辺を通ったことを意味する）なら，そこまでの経路が1つの解である．
- 行くところがなくなったら，来た道を，道を復旧（連結）しながら1つずつ戻り，そのつど次に進める位置を探す．

辺を消す動作は隣接行列a[][]の内容を1減じ，復旧は1増加することで行う．次に進む順序は番号の若い節点から候補にする．

始点1から出発し，1に戻ってくる場合の具体例を**図7.13**に示す．

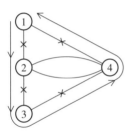 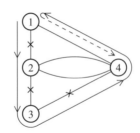 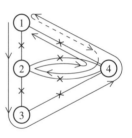

1→2→3→4と進む.　　　　　進めないので4に戻る.　　　4から2→4→1と進む. 始点に
戻り, すべての辺を通ったの
で, 1→2→3→4→2→4→1が
1つの解である.

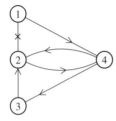 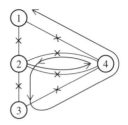

今までできた道を復旧しながら. 次　　　1 → 2 → 4 → 2 → 3 → 4 → 1 も
に進める位置まで戻る. 4に戻っ　　　1つの解である. 以下同様に繰
たときに1と2への道があるが, こ　　り返す.
れはすでに訪れているので再訪は
しない. 結局2の位置まで戻るこ
とになる.

図 7.13 深さ優先探索による一筆書き

プログラム Rei53

```
# -------------------------
# *     Euler の一筆書き     *
# -------------------------

def visit(i):
    global n, success
    v[n] = i
    if n == 0 and i == Start:    # 辺の数だけ通過し元に戻ったら
        success += 1
        result = ' 解 {:2d}:'.format(success)
        for i in range(Root + 1):
            result += '{:2d}'.format(v[i])
        print(result)
```

```
        else:
            for j in range(1, Node + 1):
                if a[i][j] != 0:
                    a[i][j] -= 1   # 通つた道を切り離す
                    a[j][i] -= 1
                    n -= 1
                    visit(j)
                    a[i][j] += 1   # 道を復旧する
                    a[j][i] += 1
                    n += 1

Node = 4       # 節点の数
Root = 6       # 辺の数
Start = 1      # 開始点

a = [[0, 0, 0, 0, 0],
     [0, 0, 1, 0, 1],
     [0, 1, 0, 1, 2],
     [0, 0, 1, 0, 1],
     [0, 1, 2, 1, 0]]

v = [0 for i in range(Root + 1)]     # 経路を入れるスタック
n = Root       # 通過した道の数
success = 0
visit(Start)
if success == 0:
    print('解なし')
```

実行結果

```
解 1:1424321
解 2:1432421
解 3:1423421
解 4:1243241
解 5:1234241
解 6:1242341
```

🄯 始点に戻らなくてもよい一筆書きの場合は、i == start の条件は付けずに、「if n == 0:」とする.

Euler の一筆書き（有向グラフ版）

道が一方通行の場合の一筆書きを考える.

次のような有向グラフで考えればよい.

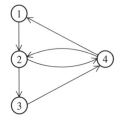

	1	2	3	4
1	0	1	0	0
2	0	0	1	1
3	0	0	0	1
4	1	1	0	0

図 7.14 有向グラフ版の一筆書き

プログラム **Dr53**

```
# ---------------------------------------
# *      Euler の一筆書き ( 有向グラフ版 )      *
# ---------------------------------------

def visit(i):
    global n, success
    v[n] = i
    if n == 0 and i == Start:    # 辺の数だけ通過し元に戻ったら
        success += 1
        result = ' 解 {:2d}:'.format(success)
        for i in range(Root + 1):
            result += '{:2d}'.format(v[i])
        print(result)
    else:
        for j in range(1, Node + 1):
            if a[i][j] != 0:
                a[i][j] -= 1   # 通つた道を切り離す
                n -= 1
                visit(j)
                a[i][j] += 1   # 道を復旧する
                n += 1

Node = 4        # 節点の数
Root = 6        # 辺の数
Start = 1       # 開始点

a = [[0, 0, 0, 0, 0],
     [0, 0, 1, 0, 0],
     [0, 0, 0, 1, 1],
     [0, 0, 0, 0, 1],
     [0, 1, 1, 0, 0]]
```

```
v = [0 for i in range(Root + 1)]      # 経路を入れるスタック
n = Root        # 通過した道の数
success = 0
visit(Start)
if success == 0:
    print(' 解なし ')
```

実行結果

```
解 1: 1 4 2 4 3 2 1
解 2: 1 4 3 2 4 2 1
```

 ## ケニスバーグの橋

　ケニスバーグ（Konigsberg）の町は，川で4つの部分（a, b, c, d）に分割されているが，それらをつなぐ7本の橋が架かっている.

　どの橋も1回だけ渡って元の地点に戻ることができるかという問題を解くにあたって，Euler（オイラー）がグラフ理論を考え出したとされている. a, b, c, dを節点，7つの橋を辺と考えれば，次のようなグラフとなる.

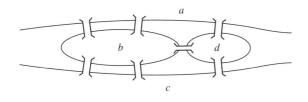
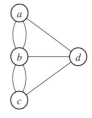

図 7.15 ケニスバーグの橋

7-5 最短路問題

例題 54 ダイクストラ法

ある始点からグラフ上の各点への最短距離をダイクストラ法により求める.

　次のように各辺に重みが定義されているグラフを重み付きグラフとかネットワーク（network）と呼ぶ.

　この例では辺の長さを道の長さと考えれば, $a \to h$ の最短距離は, $a \to d \to g \to h$ のルートで9となる. ネットワークは, 辺の重みをリスト要素とする隣接行列で表せる. 連結していない節点間の要素にはできるだけ大きな値 M を入れる.

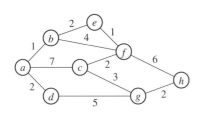

	1	2	3	4	5	6	7	8
1	0	1	7	2	M	M	M	M
2	1	0	M	M	2	4	M	M
3	7	M	0	M	M	2	3	M
4	2	M	M	0	M	M	5	M
5	M	2	M	M	0	1	M	M
6	M	4	2	M	1	0	M	6
7	M	M	3	5	M	M	0	2
8	M	M	M	M	M	6	2	0

Mは大きな値とする

図 7.16　ネットワーク　　　図 7.17　ネットワークを表す隣接行列

　ある始点からグラフ（ネットワーク）上の各点への最短距離を求める方法としてダイクストラ（Dijkstra）法がある.

　ダイクストラ法は, 各節点への最短路を, 始点の周辺から1つずつ確定し, 徐々に範囲を広げていき, 最終的にはすべての節点への最短路を求めるもので, 次のようなアルゴリズムとなる.

- 始点につながっている節点の, 始点 – 節点間の距離を求め, 最小の値を持つ節点に印を付けて確定する.
- 印を付けた節点につながる節点までの距離を求め, この時点で計算されている節点（印の付いていない）の距離の中で最小の値を持つ節点に印を付けて確定する.
- これをすべての節点に印が付くまで繰り返すと, 各節点に得られる値が, 始点からの最短距離となる.

aを始点としてダイクストラ法を適用した具体例を示す.

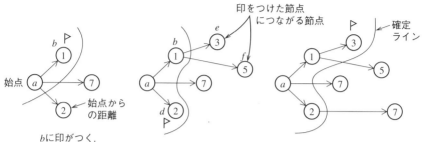

bに印がつく.

bにつながっているeとfまでの距離(bを経由して）を求める. 最小のdに印がつく.

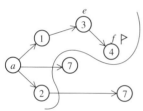

eにつながっているfまでの距離（eを経由して）を求める. 4となり前の値5より小さいので更新し, bからの接続を切りeからの接続とする.

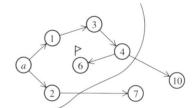

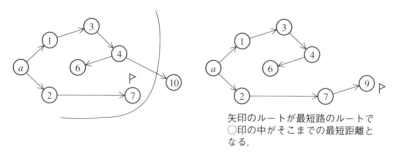

矢印のルートが最短路のルートで○印の中がそこまでの最短距離となる.

図 7.18 ダイクストラ法

さて，今q点に印が付き，qにはp（pはすでに確定している点とする）とrが接続されていたとする．pはすでに確定している点であるから$p \le q$である．したがって，qを通ってpへ行く距離は，今までのpの距離より小さくなることはありえない．つまり，確定してきた節点への距離は新たに変更を受けることはない．

qを経由してpへ行く距離は，今までのpへ行く距離より小さくなることはない

図 7.19 確定点への道

プログラム Rei54

```
# -------------------------------------
# *       最短路問題（ダイクストラ法）      *
# -------------------------------------

N = 8       # 節点の数
M = 9999

a = [[0, 0, 0, 0, 0, 0, 0, 0, 0],   # 隣接行列
     [0, 0, 1, 7, 2, M, M, M, M],
     [0, 1, 0, M, M, 2, 4, M, M],
     [0, 7, M, 0, M, M, 2, 3, M],
     [0, 2, M, M, 0, M, M, 5, M],
     [0, M, 2, M, M, 0, 1, M, M],
     [0, M, 4, 2, M, 1, 0, M, 6],
     [0, M, M, 3, 5, M, M, 0, 2],
     [0, M, M, M, M, M, 6, 2, 0]]

leng = [0 for i in range(N + 1)]     # 節点までの距離
v = [0 for i in range(N + 1)]        # 確定フラグ

start = 1
print(' 始点 {:2d}'.format(start))
for k in range(1, N + 1):
    leng[k] = M
    v[k] = 0
leng[start] = 0

flag = True
for j in range(1, N + 1):
    Min = M         # 最小の節点を捜す
    for k in range(1, N + 1):
```

```
        if v[k] == 0 and leng[k] < Min:
            p = k
            Min = leng[k]
    v[p] = 1       # 最小の節点を確定する

    if (Min == M):
        flag = False
        break

    # p を経由して k に至る長さがそれまでの最短路より小さければ更新
    for k in range(1, N + 1):
        if leng[p] + a[p][k] < leng[k]:
            leng[k] = leng[p] + a[p][k]
if flag:
    for j in range(1, N + 1):
        print('{:2d} ->{:2d}:{:2d}'.format(start, j, leng[j]))
else:
    print('グラフは連結でない')
```

実 行 結 果

```
始点 1
 1 -> 1: 0
 1 -> 2: 1
 1 -> 3: 6
 1 -> 4: 2
 1 -> 5: 3
 1 -> 6: 4
 1 -> 7: 7
 1 -> 8: 9
```

練習問題 54 最短路のルートの表示

例題54に，最短路のルートの表示を加える.

最短路のルートを保存するために，前の節点へのポインタを index[] に格納することにする.

ダイクストラ法では，pを経由してkに至る長さがそれまでの最短路の長さよりも小さければ距離の更新を行ったが，そのときに前の節点へのポインタ index[] も更新する.

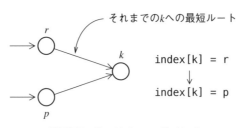

それまでの*k*への最短ルート

index[k] = r
↓
index[k] = p

図 7.20 前の節点へのポインタ

この index[] を終点より逆にたどれば最短ルートがわかる．始点の index[] には探索の終わりを示す0を入れておく．

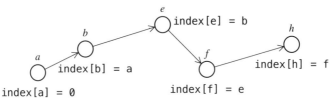

index[e] = b

index[b] = a

index[a] = 0

index[f] = e

index[h] = f

図 7.21 最短路ルートをたどる

プログラム Dr54

```
# --------------------------------
# *      最短路のルートの表示      *
# --------------------------------

N = 8        # 節点の数
M = 9999

a = [[0, 0, 0, 0, 0, 0, 0, 0, 0],    # 隣接行列
     [0, 0, 1, 7, 2, M, M, M, M],
     [0, 1, 0, M, M, 2, 4, M, M],
     [0, 7, M, 0, M, M, 2, 3, M],
     [0, 2, M, M, 0, M, M, 5, M],
     [0, M, 2, M, M, 0, 1, M, M],
     [0, M, 4, 2, M, 1, 0, M, 6],
     [0, M, M, 3, 5, M, M, 0, 2],
     [0, M, M, M, M, M, 6, 2, 0]]

leng = [0 for i in range(N + 1)]     # 節点までの距離
v = [0 for i in range(N + 1)]        # 確定フラグ
index = [0 for i in range(N + 1)]    # 前の節点へのポインタ

start = 1
print('始点 {:2d}'.format(start))
```

```
for k in range(1, N + 1):
    leng[k] = M
    v[k] = 0
leng[start] = 0
index[start] = 0        # 始点はどこも示さない

flag = True
for j in range(1, N + 1):
    Min = M             # 最小の節点を捜す
    for k in range(1, N + 1):
        if v[k] == 0 and leng[k] < Min:
            p = k
            Min = leng[k]
    v[p] = 1            # 最小の節点を確定する

    if (Min == M):
        flag = False
        break

    # p を経由して k に至る長さがそれまでの最短路より小さければ更新
    for k in range(1, N + 1):
        if leng[p] + a[p][k] < leng[k]:
            leng[k] = leng[p] + a[p][k]
            index[k] = p

if flag:
    for j in range(1, N + 1):   # 最短路のルートの表示
        result='{:2d}:{:2d}'.format(leng[j], j)   # 終端
        p = j
        while index[p] != 0:
            result += ' <--{:2d}'.format(index[p])
            p = index[p]
        print(result)
else:
    print('グラフは連結でない')
```

実行結果

```
始点 1
 0: 1
 1: 2 <-- 1
 6: 3 <-- 6 <-- 5 <-- 2 <-- 1
 2: 4 <-- 1
 3: 5 <-- 2 <-- 1
 4: 6 <-- 5 <-- 2 <-- 1
 7: 7 <-- 4 <-- 1
 9: 8 <-- 7 <-- 4 <-- 1
```

参考 四国の道路マップ

　四国の主要都市を結ぶ道路マップである．各都市間の車での所要時間（単位は分）を辺の重みとするネットワークの例．

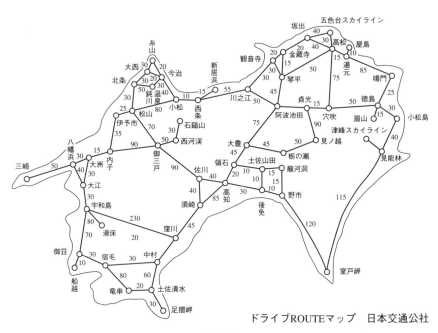

ドライブROUTEマップ　日本交通公社

図 7.22

第 **8** 章

グラフィックス

○ 点の位置を示すのに座標を導入し，各点の位置関係が直線上にあるなら1次方程式，各点が円，楕円，双曲線，放物線などの曲線上にあるなら2次方程式として表せる．こうして2次元図形は何らかの方程式（y = f(x)）で表せるから，図形問題を演算によって解くことができる．これを解析幾何学といい，創始者はデカルト（René Descartes）である．
図形を方程式で表し，コンピュータにより解析的に解けば，座標変換による図形の平行移動, 回転, 拡大, 縮小が容易に行える．また，3次元空間の座標を2次元平面に投影することもできる．

○ ところで，自然界に存在する物体，たとえば，複雑に入り組んだ海岸線などを解析的に表現することは難しい．そこで，こうした複雑な図形を表現するのにフラクタル（FRACTALS）という考え方がある．これはグラフィックスの世界を再帰的に表現するもので，リカーシブ・グラフィックスなどとも呼ばれている．

8-0 ColabTurtle（タートルグラフィックス・ライブラリ）

Colab（Google Colaboratory）でタートルグラフィックスを利用するには，ColabTutrleというライブラリを利用する（Pythonの標準ライブラリとは異なる）．このライブラリは MIT ライセンス が付与されたオープンソース・ソフトウェア（OSS）である．ColabTurtleを使用するには，以下のコードを置く．

```
!pip3 install ColabTurtle
from ColabTurtle.Turtle import *
```

ColabTurtleで使用できる主なメソッドは以下である．

・初期化

initializeTurtle()	画面サイズ：800×500（左上0, 0），ペン（亀）位置：中央，ペン向き：上，速さ：4，ペンサイズ：4，ペン色：white，背景色：blackで初期化．描画前に実行が必要

画面サイズと速さは初期化パラメータで設定できる．

```
initializeTurtle(initial_window_size=(400, 400), initial_speed=13)
```

・画面

bgcolor(colorstring)	画面の背景色を設定．'white', 'yellow', 'orange', 'red', 'green', 'blue', 'purple', 'grey', 'black'など
clear()	画面のクリア

・移動

forward(units)	現在角の方向にunits移動
backward(units)	現在角と逆方向にunits移動
goto(x, y)	(x, y)位置に移動

・角度

right(degrees)	現在角を右（時計方向）にdegrees°回転
left(degrees)	現在角を左（反時計方向）にdegrees°回転
face(degrees)	現在角をdegrees°に設定．0：右向き，180：左向き，-90：上向き，90：下向き

ℹ️ ColabTurtleでは角度の向きを時計回りを「正」にしていることに注意する必要がある.

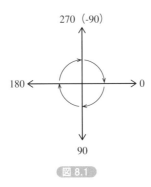

図 8.1

・ペン

color(colorstring)	ペンの色を設定. 'white', 'yellow', 'orange', 'red', 'green', 'blue', 'purple', 'grey', 'black'など
width(w)	ペンの太さを設定
penup()	ペンを上げる
pendown()	ペンを下げる
speed(s)	ペンの速さを設定. sは1〜13の範囲. 数字が大きい程高速
showturtle()	タートルを表示
hideturtle()	タートルを非表示
shape(sh)	ペン先の形状. 'turtle', 'circle'

・座標取得

position()	ペンの現在位置のx,y座標を取得

・テキストの描画

write(obj, align=, font=)	現在位置にobjを表示

(x, y)位置にテキストを表示するには以下のようにする.

```
penup()
goto(x, y)
write('text', font=(20, 'Arial', 'normal'))
```

この他に以下のメソッドがある.

```
setx(x) , sety(y) , home(), getx(), gety(), heading(), isvisible(),
distance(x, y) , window_width(), window_height()
```

・座標

　ColabTurtle の座標は,画面の左上隅を原点 (0, 0) とし,y座標は下方向が正である.ColabTurtle の画面サイズを 640×480 としたとき,デカルト座標の (x, y) をColabTurtle の座標 (px, py) に変換するには以下のような変換式を使う.

```
px = x + 320
py = 240 - y
```

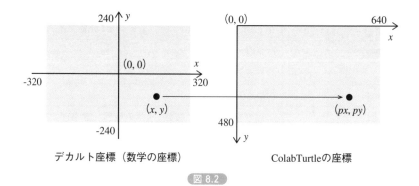

デカルト座標(数学の座標)　　　　　ColabTurtleの座標

図 8.2

8-1 forward と left

例題 55 ポリゴン

正三角形〜正九角形を描く.

正三角形は, 次のように forward(l) と left(120) を3回行えばよい.

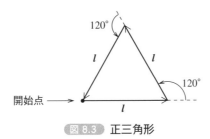

図 8.3 正三角形

正 n 角形のときの回転角は $360/n[°]$ である.

多角形をポリゴン (polygon) という.

プログラム Rei55

```
# ----------------------------------
# *       正 N 角形 ( ポリゴン )       *
# ----------------------------------

!pip3 install ColabTurtle
from ColabTurtle.Turtle import *

initializeTurtle(initial_window_size=(640, 480), initial_speed=13)
hideturtle()
width(2)
bgcolor('white')
color('blue')

penup()
goto(150, 300)
face(0)
pendown()
for n in range(3, 10):
    for i in range(n):
        forward(80)
        left(360 / n)
```

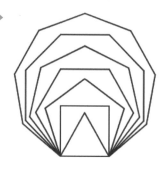

練習問題 55　渦巻き模様

forwardとleftを繰り返しながら，引く直線の長さを徐々に短くしていく．

　回転する角度を$angle$，減少させていく長さを$step$とし，直線の長さが10になるまで繰り返す．

　$step$と$angle$の値を変えることによりまったく異なった図形が得られる．

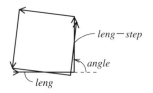

図 8.4　渦巻き模様

プログラム　Dr55

```
# ----------------------
# *      渦巻き模様      *
# ----------------------

!pip3 install ColabTurtle
from ColabTurtle.Turtle import *
initializeTurtle(initial_window_size=(640, 480), initial_speed=13)
hideturtle()
width(2)
bgcolor('white')
color('blue')

leng = 200.0   # 辺の初期値
angle = 89.0   # 回転角
step = 1.0     # 辺の減少値

penup()
goto(150, 400)
face(0)
pendown()
while leng > 10.0:
```

```
forward(leng)
left(angle)
leng -= step
```

実行結果

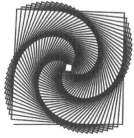

angle = 89
step = 1

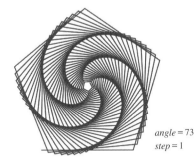

angle = 73
step = 1

angle = 90
step = 4

angle = 120
step = 4

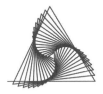

angle = 122
step = 4

angle = 145
step = 4

8-2 2次元座標変換

ある点 (x_0, y_0) を各種変換した点 (x, y) は，それぞれ以下のように求めることができる.

対称移動

y 軸に平行な直線 $x = a$ に対し対称移動すると，

$$\begin{cases} x = a - (x_0 - a) = 2a - x_0 \\ y = y_0 \end{cases}$$

となる（**図8.5**上）.

逆に x 軸に平行な直線 $y = b$ に対し対称移動すると，

$$\begin{cases} x = x_0 \\ y = b - (y_0 - b) = 2b - y_0 \end{cases}$$

となる（同図下）.

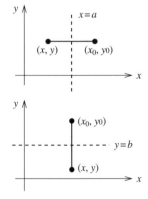

図 8.5　対称移動

平行移動

点 (x_0, y_0) を x 軸方向に m，y 軸方向に n 平行移動すると，

$$\begin{cases} x = x_0 + m \\ y = y_0 + n \end{cases}$$

となる（**図8.6**）.

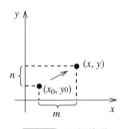

図 8.6　平行移動

回転移動

点 (x_0, y_0) を原点回りに θ 回転すると，

$$\begin{cases} x = x_0 \cos\theta - y_0 \sin\theta \\ y = x_0 \sin\theta + y_0 \cos\theta \end{cases}$$

となる（**図8.7**）.

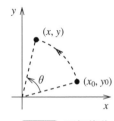

図 8.7　回転移動

縮小，拡大

点(x_0, y_0)をx軸方向にk倍，y軸方向にl倍すると，

$$\begin{cases} x = k\,x_0 \\ y = l\,y_0 \end{cases}$$

となる（**図8.8**）.

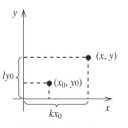

図 8.8 縮小・拡大

例題 56 対称移動

x軸またはy軸に対し対称移動を行う関数**mirror**を作る.

関数mirrorの*flag*が1なら$x = m$に対する対称移動を行い，*flag*が0なら$y = m$に対する対称移動を行う.

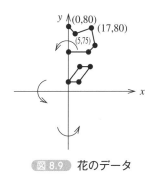

図 8.9 花のデータ

プログラム Rei56

```
# --------------------
# *      対称移動      *
# --------------------

!pip3 install ColabTurtle
from ColabTurtle.Turtle import *

initializeTurtle(initial_window_size=(640, 480), initial_speed=13)
hideturtle()
width(2)
bgcolor('white')
color('blue')
```

```
def mirror(flag, m, dat): # 対称移動
    for i in range(0, len(dat), 2):
        if flag == 1:       # y軸中心
            dat[i] = 2*m - dat[i]
        if flag == 0:       # x軸中心
            dat[i + 1] = 2*m - dat[i + 1]

def draw(dat):                  # 図形の描画
    for i in range(0, len(dat), 2):
        if i == 0:          # 始点
            penup()
        else:
            pendown()
        goto(2*dat[i] + 320,240 - 2*dat[i + 1])

a = [0, 80, 5, 75, 17, 80, 20, 60, 15, 55, 0, 55,
    0, 20, 10, 40, 20, 40, 10, 20, 0, 20]

draw(a)
mirror(1, 0.0, a)
draw(a)
mirror(0, 0.0, a)
draw(a)
mirror(1, 0.0, a)
draw(a)
```

実行結果

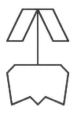

回転移動

長方形の4点の座標が与えられているとき，これに回転変換と縮小／拡大変換を施して表示する．

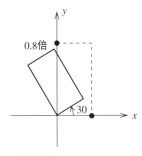

図 8.10 長方形のデータ

プログラム Dr56

```
# -------------------------
# *    2次元回転変換    *
# -------------------------

!pip3 install ColabTurtle
from ColabTurtle.Turtle import *

initializeTurtle(initial_window_size=(640, 480), initial_speed=13)
hideturtle()
width(2)
bgcolor('white')
color('blue')

def multi(factx, facty, x, y):
    return factx * x, facty * y

def rotate(deg, x, y):    # 回転変換
    dx = x*math.cos(math.radians(deg)) - y*math.sin(math.↵
radians(deg))
    dy = x*math.sin(math.radians(deg)) + y*math.cos(math.↵
radians(deg))
    return dx, dy

x = [0, 100, 100,   0, 0]
y = [0,   0, 200, 200, 0]

for j in range(12):
    for k in range(len(x)):
        x[k], y[k] = multi(0.8, 0.8, x[k], y[k])
```

```
        x[k], y[k] = rotate(30, x[k], y[k])
        if k == 0:
            penup()
        else:
            pendown()
        goto(x[k] + 320, 240 - y[k])
```

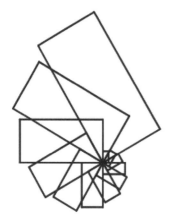

8-3 ジオメトリック・グラフィックス

例題 57 $\sqrt{2}$ 分割

$1/\sqrt{2}$ 長方形を敷き詰める.

　長辺と短辺の比率が $\sqrt{2}:1$ の長方形を1つ描き，その長方形の長辺の半分を短辺，元の短辺を長辺とする長方形を90°横にして描き，これを繰り返す．すると，長方形の対角線は角度を90°ずつ回転し，長さを $1/\sqrt{2}$ にしながらある方向に収束していく.

　結局大きな長方形の中に $1/\sqrt{2}$ 長方形が無限に敷き詰められていくことになる.

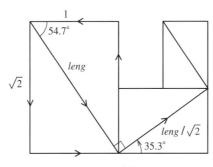

図 8.11 $1/\sqrt{2}$ 長方形

プログラム Rei57

```
# ----------------------
# *     ルート2分割      *
# ----------------------

!pip3 install ColabTurtle
from ColabTurtle.Turtle import *

initializeTurtle(initial_window_size=(640, 480), initial_speed=13)
hideturtle()
width(2)
bgcolor('white')
color('blue')

leng = 400.0   # 対角線の初期値
penup()
goto(50, 100)
face(54.7)
pendown()
```

```
for k in range(10):
    forward(leng)                          # 対角線を引く
    x = leng * math.cos(math.radians(54.7))  # x方向の長さ
    y = leng * math.sin(math.radians(54.7))  # y方向の長さ
    left(180 - 35.3),forward(y)     # 長方形を描く
    left(90), forward(x)
    left(90), forward(y)
    left(90), forward(x)
    left(35.3)
    leng /= math.sqrt(2.0)
```

実行結果

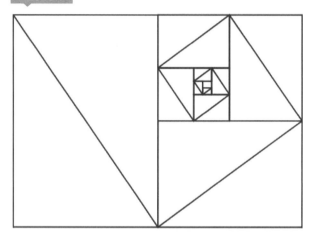

　1 : $\sqrt{2}$ の比率を白銀比と呼ぶ．この性質を利用して用紙のA版，B版のサイズが決まっている．紙の裁断で無駄を少なくできるように白銀比になっているのである．

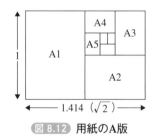

図8.12 用紙のA版

フィボナッチ数と黄金比①

フィボナッチ数列を元に正方形を並べて長方形の中にしきつめる.

フィボナッチ数列1, 1, 2, 3, 5, 8, 13, 21の第1項の1は除外した数をリスト fibに格納する.

	0	1	2	3	4	5	6
fib	1	2	3	5	8	13	21

表 8.1

　このフィボナッチ数を1辺（10倍した値）とする正方形を以下の手順で描く. 長さ「1」の正方形を①〜④で描き, さらに余分に⑤と⑥（90°回転はしない）を行う. 次に長さを「2」にして同様に正方形を描く. これを長さ「21」まで繰り返す.

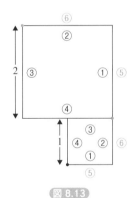

図 8.13

プログラム　Dr57_1

```
# ---------------------------------
# *      フィボナッチ数と黄金比      *
# ---------------------------------

!pip3 install ColabTurtle
from ColabTurtle.Turtle import *

initializeTurtle(initial_window_size=(640, 480), initial_speed=13)
hideturtle()
width(2)
bgcolor('white')
```

```
color('blue')

fib = [1, 2, 3, 5, 8, 13, 21]
penup()
goto(320, 240)
face(0)
pendown()
for i in range(len(fib)):
    for j in range(5):
        leng = 10 * fib[i]
        forward(leng)
        left(90)
    forward(leng)
```

実行結果

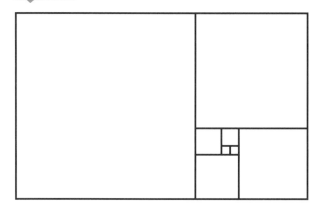

練習問題 **57-2** フィボナッチ数と黄金比②

黄金比を元に正方形を並べて長方形の中にしきつめる.

　縦と横の比率が黄金比の長方形は最も美しいと言われている. たとえばパルテノン神殿, パリの凱旋門の縦横比や近代ではAppleやGoogleのロゴ, 名刺の縦横比にも黄金比が使われている. 黄金比の長方形の短辺を辺とする正方形を抜いてできる長方形は黄金比になっている. これをどんどん繰り返しても, 短辺と長辺は黄金比になっている. 黄金比は「$1 : (1 + \sqrt{5}) \div 2 = 1.618\cdots$」である.

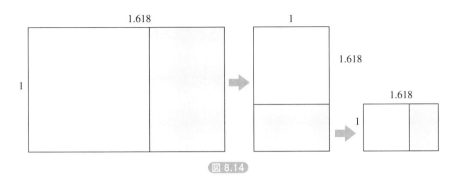

図 8.14

黄金比はフィボナッチ数列の隣り合う数字の比が収束した値と一致する.

1:1	1:2	2:3	3:5	5:8	8:13	13:21	21:34	34:55	55:89	89:144
1	2	1.5	1.667	1.6	1.625	1.615	1.619	1.618	1.618	1.618

表 8.2

プログラム Dr57_2

```
# ---------------------------------
# *       フィボナッチ数と黄金比      *
# ---------------------------------

!pip3 install ColabTurtle
from ColabTurtle.Turtle import *

initializeTurtle(initial_window_size=(640, 480), initial_speed=13)
hideturtle()
width(2)
bgcolor('white')
color('blue')

penup()
goto(50, 50)
face(90)
pendown()
leng = 240
for i in range(8):
    for j in range(5):
        forward(leng)
        left(90)
    forward(leng)
    leng /= 1.618
```

実行結果

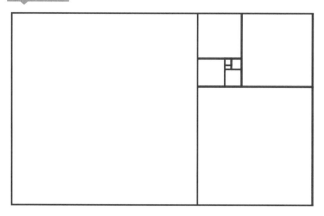

練習問題 **57-3** ダイアモンドリング

ダイアモンドリングを描く.

　円周上を16分割した各点を総当たりで結ぶ.このとき描かれる図形をダイアモンドリングと呼ぶ.総当たりといっても,すでに描いた直線は引かないので,最初のくり返しで15本,次のくり返しで14本…と1本ずつ少なくなる.

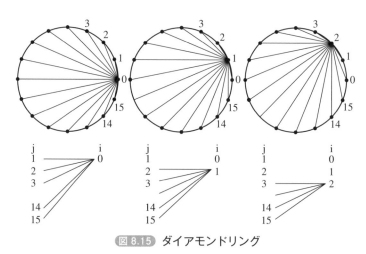

図 8.15 ダイアモンドリング

中心(0,0)，半径rの円周で，θの角度の位置の(x, y)座標は三角関数を使って以下のように計算できる．

x=r·cos(θ)

y=r·sin(θ)

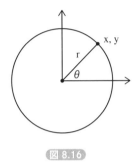

図 8.16

プログラム Dr57_3

```
# ----------------------------
# *      ダイアモンドリング      *
# ----------------------------

!pip3 install ColabTurtle
from ColabTurtle.Turtle import *

initializeTurtle(initial_window_size=(640, 480), initial_speed=13)
hideturtle()
width(2)
bgcolor('white')
color('blue')

n = 16  # 分割数
for i in range(0, n):
    x1 = 150 * math.cos(math.radians(i * 360 / n))
    y1 = 150 * math.sin(math.radians(i * 360 / n))
    for j in range(i + 1, n + 1):
        x2 = 150 * math.cos(math.radians(j * 360 / n))
        y2 = 150 * math.sin(math.radians(j * 360 / n))
        penup()
        goto(x1 + 320, 240 - y1)
        pendown()
        goto(x2 + 320, 240 - y2)
```

実行結果

練習問題 **57-4** キューブのくり返し模様

キューブのくり返し模様を描く.

以下のキューブ（立方体）を矢印の順に点を結んで描く. 各点のデータはリスト x，y に格納されている.

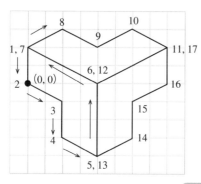

・2段をペアとして，書き出す開始位置を上の段と下の段で変える.

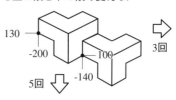

図 8.17

	0	1	2	3	4	5	6	7	8	9	10	11	12	13	14	15	16
x	0	0	20	20	40	40	0	20	40	60	80	40	40	60	60	80	80
y	20	0	-10	-30	-40	0	20	30	20	30	20	0	-40	-30	-10	0	20

表 8.3

プログラム Dr57_4

```
# --------------------------------
# *        キューブのくり返し模様        *
# --------------------------------

!pip3 install ColabTurtle
from ColabTurtle.Turtle import *

initializeTurtle(initial_window_size=(640, 480), initial_speed=13)
hideturtle()
width(2)
bgcolor('white')
color('blue')

def cube(px, py):
    for i in range(len(x)):
        if i == 0:
            penup()
        else:
            pendown()
        goto(px + x[i] + 320,240 - (py + y[i]))

x = [0, 0, 20, 20, 40, 40, 0, 20, 40, 60, 80, 40, 40, 60, 60, ⏎
80, 80]
y = [20, 0, -10, -30, -40, 0, 20, 30, 20, 30, 20, 0, -40, -30, ⏎
-10, 0, 20]

for px in range(-200, 160, 120):
    for py in range(130, -170, -60):
        cube(px, py)
    for py in range(100, -200, -60):
        cube(px + 60, py)
```

実行結果

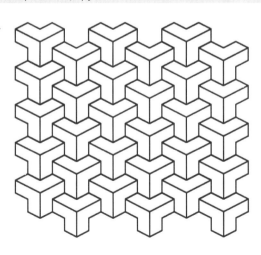

以下は，キューブのデータを変えて同様な処理をしたものである．

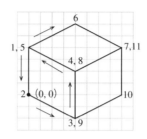

図 8.18

	0	1	2	3	4	5	6	7	8	9	10
x	0	0	20	20	0	20	40	20	20	40	40
y	20	0	-10	10	20	30	20	10	-10	0	20

表 8.4

```
x = [0, 0, 20, 20, 0, 20, 40, 20, 20, 40, 40]
y = [20, 0, -10, 10, 20, 30, 20, 10, -10, 0, 20]

for py in range(160, -160, -60):
    for px in range(-200, 200, 40):
        cube(px,py)
    for px in range(-220, 200, 40):
        cube(px, py - 30)
```

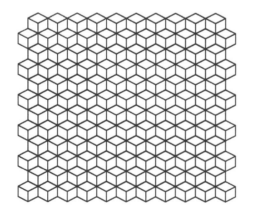

8-4 3次元座標変換

　我々の世界は3次元空間であるから，そこにある物体を紙やディスプレイという2次元平面に作画するには，それなりの方法が必要である．

　絵画の世界では，ルネサンス時代に画家の観察と体験に基づいて遠近法が完成された．その方法は今日に至るまで絵画における空間表現の法則となっている．一方この遠近法は，数学の力を借りて透視図法として幾何学的に体系付けられていく．

　しかし，現代のコンピュータの力を借りれば，透視は純粋な幾何学的世界ではなく，解析的世界（解析幾何学）の問題として，3次元座標の座標変換としてきわめて簡単に一般化できるのである．

　図8.19のように直方体が置かれているときに，z軸に平行な平行光線で，直方体を$x-y$平面に投影したとしても，**図8.20**の(a)のように長方形が投影されるだけで立体的には見えない．これをy軸回りに$\beta°$だけ回転させて$x-y$平面に投影すると**図8.20**の(b)のようになり，さらにx軸回りに$\alpha°$回転させて$x-y$平面に投影すると**図8.20**の(c)のように立体らしく見えてくる．

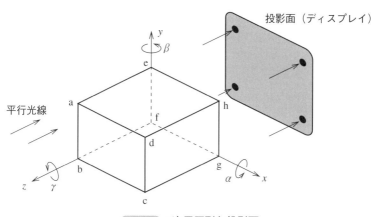

図 8.19 3次元図形と投影面

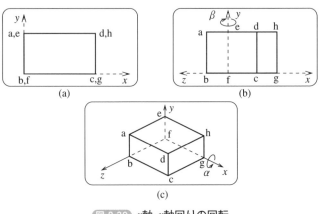

図 8.20 *y*軸・*x*軸回りの回転

　平行光線による $x-y$ 平面への投影を軸測投影と呼び，次の2つの基本操作を行うことで作図できる．

① 立体を x, y, z 軸回りに回転変換する

　　回転角の正方向は，各軸の正方向に向かって右ネジを回す向きとし，x軸，y軸，z軸回りの回転角をそれぞれ α, β, γ とする．回転の順序を y軸→x軸→z軸の順に行うものとすると，点 (x, y, z) は次のように変換される．

$$
\begin{cases}
x_1 = x\cos(\beta) + z\sin(\beta) \\
y_1 = y \\
z_1 = -x\sin(\beta) + z\cos(\beta)
\end{cases}
\qquad y\text{軸回りに}\beta
$$

$$
\begin{cases}
x_2 = x_1 \\
y_2 = y_1\cos(\alpha) - z_1\sin(\alpha) \\
z_2 = y_1\sin(\alpha) + z_1\cos(\alpha)
\end{cases}
\qquad x\text{軸回りに}\alpha
$$

$$
\begin{cases}
x_3 = x_2\cos(\gamma) - y_2\sin(\gamma) \\
y_3 = x_2\sin(\gamma) + y_2\cos(\gamma) \\
z_3 = z_2
\end{cases}
\qquad z\text{軸回りに}\gamma
$$

② 上の回転で得られた座標を，$z=0$平面（$x-y$平面）に平行投影する．

　　これは難しいことではなく，上の結果の (x_3, y_3, z_3) のうち z_3 を無視することが $z=0$平面への平行投影を意味する．

　　したがって，①で示した式の z_2 と z_3 は不要となり，以下のような式に簡略化される．

$$\begin{cases} x_1 = x \cos(\beta) + z \sin(\beta) \\ y_1 = y \\ z_1 = -x \sin(\beta) + z \cos(\beta) \\ x_2 = x_1 \\ y_2 = y_1 \cos(\alpha) - z_1 \sin(\alpha) \\ x_3 = x_2 \cos(\gamma) - y_2 \sin(\gamma) \\ y_3 = x_2 \sin(\gamma) + y_2 \cos(\gamma) \end{cases} \left. \right\} \leftarrow x-y\text{平面に投影される点の座標}$$

例題 58 軸測投影

家のデータがあったとき，これを軸測投影で表示する．

家の各点のデータは次のような二次元リストに格納されているものとする．

```
a = [[-1,80, 50, 100], [1, 0, 50, 100],
```

(x, y, z)座標

これが－1のときは以後に続く直線群の開始点であることを示す

プログラム Rei58

```
# --------------------
# *      軸測投影      *
# --------------------

!pip3 install ColabTurtle
from ColabTurtle.Turtle import *

initializeTurtle(initial_window_size=(640, 480), initial_ speed=13)
hideturtle()
width(2)
bgcolor('white')
color('blue')

def rotate(ax, ay, az, x, y, z):      # 3次元回転変換
    x1 = x*math.cos(ay) + z*math.sin(ay)     # y軸回り
    y1 = y
    z1 = -x*math.sin(ay) + z*math.cos(ay)
    x2 = x1                            # x軸回り
    y2 = y1*math.cos(ax) - z1*math.sin(ax)
    px = x2*math.cos(az) - y2*math.sin(az)   # z軸回り
    py = x2*math.sin(az) + y2*math.cos(az)
    return px, py
```

337

```
a = [[-1, 80, 50, 100], [1, 0, 50, 100],   [1, 0, 0, 100],
[1, 80, 0, 100],
      [1, 80, 0, 0],     [1, 80, 50, 0],    [1, 80, 50, 100],
[1, 80, 0, 100],
      [-1, 0, 50, 100],  [1, 0, 50, 0],     [1, 0, 0, 0],
[1, 0, 0, 100],
      [-1, 0, 50, 0],    [1, 80, 50, 0],    [-1, 0, 0, 0],
[1, 80, 0, 0],
      [-1, 0, 50, 100],  [1, 40, 80, 100],  [1, 80, 50, 100],
[-1, 0, 50, 0],
      [1, 40, 80, 0],    [1, 80, 50, 0],    [-1, 40, 80, 100],
[1, 40, 80, 0],
      [-1, 50, 72, 100], [1, 50, 90, 100],  [1, 65, 90, 100],
[1, 65, 61, 100],
      [1, 65, 61, 80],   [1, 65, 90, 80],   [1, 50, 90, 80],
[1, 50, 90, 100],
      [-1, 65, 90, 100], [1, 65, 90, 80],   [-1, 50, 90, 80],
[1, 50, 72, 80],
      [1, 65, 61, 80],   [-1, 50, 72, 100], [1, 50, 72, 80]]

ax = math.radians(20)
ay = math.radians(-45)
az = math.radians(0)

for k in range(len(a)):
    px, py = rotate(ax, ay, az, a[k][1], a[k][2], a[k][3])
    if a[k][0] == -1:       # 始点なら
        penup()
    else:
        pendown()
    goto(px + 320, 240 - py)
```

実行結果

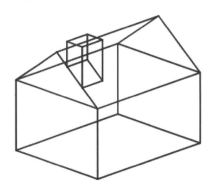

$\alpha=20°$, $\beta=-45°$, $\gamma=0°$

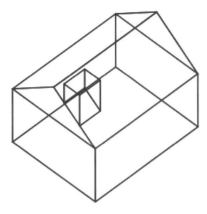

$\alpha=45°, \beta=-45°, \gamma=0°$

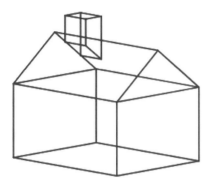

$\alpha=-10°, \beta=-45°, \gamma=0°$

❶ 描画位置が負になるとエラーになる.

 図を大きく表示

　図を大きく表示したければ，最後の行を「goto(2*px + 320, 240 - 2*py)」のようにする.

練習問題 **58** 透視

例題58と同じ家のデータを透視で表示する.

　軸測投影では，投影面に対して平行光線を当てて投影したが，透視では，**図8.21**
に示すように，ある点に向かって収束する光を当てる．この点のことを投影中心（消
失点）と呼び，透視変換がしやすいようにz軸上にとることにする.

　透視では，投影中心に対する立体の位置が異なると，立体の見え方が変わり，立
体が投影中心より上方にあれば立体を見下ろすように透視され，下方にあれば見上
げるように透視される.

　そこで，透視では，立体を回転させる動作に加え，平行移動の操作が加わる．ま
た一般に，透視で立体らしく見せるためには，x, y, zの3軸の回りに回転させる
必要はなく，y軸回りの回転だけでも十分である.

　以下に，透視の変換式を示す．簡単にするために，回転は，y軸回りだけβ回転し，
x, y, z方向の平行移動量をl, m, nとし，投影中心を$z = -vp$とする．また，変
換後の点は$z = 0$平面（$x - y$平面）に透視するものとする.

　まず，回転と平行移動により，

$$\begin{cases} x_1 = x \cos(\beta) + z \sin(\beta) + l \\ y_1 = y + m \end{cases}$$

が得られ，これを$z = 0$平面に透視すると，次のようになる.

$$\begin{cases} px = x_1 / h \\ py = y_1 / h \\ \quad ただし h = -x \sin(\beta) / vp + z \cos(\beta) / vp + n / vp + 1 \end{cases}$$

　この透視はいわゆる2点透視といわれ，最もよく使われる方法である．$\beta = 0$の
ときは単点透視となる（**図8.22**）.

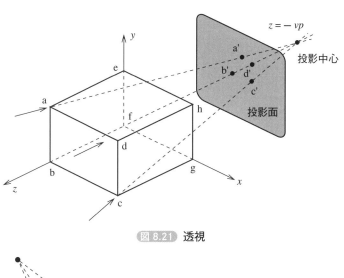

図 8.21 透視

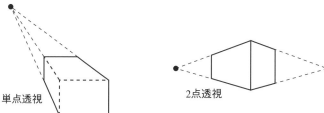

単点透視

2点透視

図 8.22 透視図法

プログラム Dr58

```
# --------------------
# *    透視変換    *
# --------------------

!pip3 install ColabTurtle
from ColabTurtle.Turtle import *

initializeTurtle(initial_window_size=(640, 480), initial_speed=13)
hideturtle()
width(2)
bgcolor('white')
color('blue')

a = [[-1, 80, 50, 100], [1, 0, 50, 100],   [1, 0, 0, 100],      ⏎
[1, 80, 0, 100],
     [1, 80, 0, 0],      [1, 80, 50, 0],    [1, 80, 50, 100],    ⏎
[1, 80, 0, 100],
     [-1, 0, 50, 100],  [1, 0, 50, 0],      [1, 0, 0, 0],        ⏎
[1, 0, 0, 100],
```

```
      [-1, 0, 50, 0],      [1, 80, 50, 0],      [-1, 0, 0, 0],     ⤵
 [1, 80, 0, 0],
      [-1, 0, 50, 100],  [1, 40, 80, 100],  [1, 80, 50, 100],     ⤵
 [-1, 0, 50, 0],
      [1, 40, 80, 0],    [1, 80, 50, 0],    [-1, 40, 80, 100],    ⤵
 [1, 40, 80, 0],
      [-1, 50, 72, 100], [1, 50, 90, 100],  [1, 65, 90, 100],     ⤵
 [1, 65, 61, 100],
      [1, 65, 61, 80],   [1, 65, 90, 80],   [1, 50, 90, 80],      ⤵
 [1, 50, 90, 100],
      [-1, 65, 90, 100], [1, 65, 90, 80],   [-1, 50, 90, 80],     ⤵
 [1, 50, 72, 80],
      [1, 65, 61, 80],   [-1, 50, 72, 100], [1, 50, 72, 80]]

ay = math.radians(-35)      # y軸回りの回転角
VP = -300.0    # 投影中心
L = -25.0      # x方向の移動量
M = -70.0      # y方向の移動量
N = 0.0        # z方向の移動量

for k in range(len(a)):
    h = -a[k][1]*math.sin(ay)/VP + a[k][3]*math.cos(ay)/VP +   ⤵
N/VP + 1   # 透視変換
    px = (a[k][1]*math.cos(ay) + a[k][3]*math.sin(ay) + L) / h
    py = (a[k][2] + M) / h
    if a[k][0] == -1:      # 始点なら
        penup()
    else:
        pendown()
    goto(px + 320, 240 - py)
```

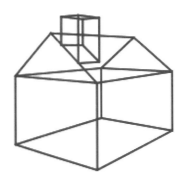

$\beta = -35°$
$vp = -300$
$l = -25$
$m = -70$
$n = 0$

$\beta = -15°$
$vp = -300$
$l = -25$
$m = -70$
$n = 0$

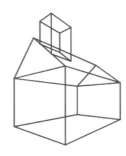

$\beta = -35°$
$vp = -200$
$l = -25$
$m = -30$
$n = 0$

8-5 立体モデル

　立体の基本図形で比較的簡単に作れるものとして，錐体，柱体，回転体が考えられる．

　錐体を生成するために必要なデータは，底面の各点の座標(x_1, z_1)，(x_2, z_2)，…，(x_n, z_n)と，頂点の$x - z$平面への投影点(x_c, z_c)および高さhである（**図8.23**）．

　柱体を生成するために必要なデータは，底面の各点の座標(x_1, y_1)，(x_2, y_2)，…，(x_n, y_n)と，高さhである（**図8.24**）．

　回転体はたとえば，**図8.25**のような$a〜h$で示される2次元図形を，y軸の回りに回転させることにより生成できる．

　各点のy座標と，y軸からの距離（半径）rがわかっていれば，各点がy軸回りにθ回転したときの座標は，次式で示される．

$$\begin{cases} x = r\cos(\theta) \\ y = y \\ z = r\sin(\theta) \end{cases}$$

　この点を回転変換（軸測投影のところで示した式）して回転していけばよいが，$a〜h$点を回転させた軌跡を描いただけでは，単に8個の楕円が描けるだけで，とても立体には見えない．そこで$a \to b \to c \cdots h$を結んだ直線（稜線）をある回転角度ごとに何箇所かに描くことにする．

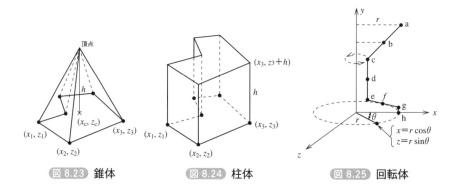

図8.23 錐体　　　**図8.24** 柱体　　　**図8.25** 回転体

例題 59 回転体モデル

回転体モデルによる立体を軸測投影で表示する.

プログラム Rei59

```
# -----------------------------------
# *      回転体モデル ( ワイングラス )      *
# -----------------------------------

!pip3 install ColabTurtle
from ColabTurtle.Turtle import *

initializeTurtle(initial_window_size=(640, 640), initial_speed=13)
hideturtle()
width(2)
bgcolor('white')
color('blue')

def rotate(ax, ay, az, x, y, z):       # 3次元回転変換
    x1 = x*math.cos(ay) + z*math.sin(ay)      # y軸回り
    y1 = y
    z1 = -x*math.sin(ay) + z*math.cos(ay)
    x2 = x1                                    # x軸回り
    y2 = y1*math.cos(ax) - z1*math.sin(ax)
    px = x2*math.cos(az) - y2*math.sin(az)    # z軸回り
    py = x2*math.sin(az) + y2*math.cos(az)
    return px, py

y = [180, 140, 100, 60, 20, 10, 4, 0]     # 高さ
r = [100, 55, 10, 10, 10, 50, 80, 80]     # 半径

ax = math.radians(35)
ay = math.radians(0)
az = math.radians(20)

for k in range(len(y)):        # y軸回りの回転軌跡
    for n in range(0, 361, 10):
        x = r[k] * math.cos(math.radians(n))
        z = r[k] * math.sin(math.radians(n))
        px, py = rotate(ax, ay, az, x, y[k], z)
        if n == 0:
            penup()
        else:
            pendown()
        goto(px + 320, 320 - py)

for n in range(0, 361, 60):     # 稜線
    for k in range(len(y)):
        x = r[k] * math.cos(math.radians(n))
        z = r[k] * math.sin(math.radians(n))
        px, py = rotate(ax, ay, az, x, y[k], z)
```

```
        if k == 0:
            penup()
        else:
            pendown()
        goto(px + 320, 320 - py)
```

実行結果

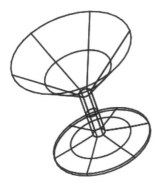

```
y = [200, 174, 140, 120, 100, 60, 28, 10]   # 高さ
r = [0, 14, 30, 100, 100, 30, 14, 0]        # 半径
```

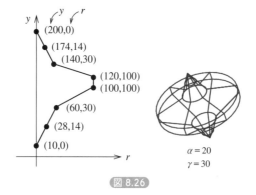

図 8.26

```
y = [200, 170, 140, 100, 60, 30, 10]   # 高さ
r = [26, 44, 55, 60, 55, 44, 26]       # 半径
```

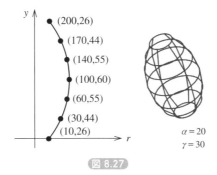

(200,26)
(170,44)
(140,55)
(100,60)
(60,55)
(30,44)
(10,26)

$\alpha = 20$
$\gamma = 30$

図 8.27

練習問題 **59** 柱体モデル

柱体モデルによる立体を軸測投影で表示する.

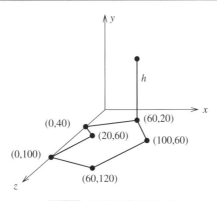

(0,40)
(20,60)
(60,20)
(100,60)
(0,100)
(60,120)

h

図 8.28 柱体の底面データ

プログラム Dr59

```
# ----------------------
# *     柱体モデル     *
# ----------------------

!pip3 install ColabTurtle
from ColabTurtle.Turtle import *

initializeTurtle(initial_window_size=(640, 480), initial_speed=13)
hideturtle()
width(2)
bgcolor('white')
color('blue')
```

```python
def rotate(ax, ay, az, x, y, z):       # 3次元回転変換
    x1 = x*math.cos(ay) + z*math.sin(ay)      # y軸回り
    y1 = y
    z1 = -x*math.sin(ay) + z*math.cos(ay)
    x2 = x1                             # x軸回り
    y2 = y1*math.cos(ax) - z1*math.sin(ax)
    px = x2*math.cos(az) - y2*math.sin(az)  # z軸回り
    py = x2*math.sin(az) + y2*math.cos(az)
    return px, py

x = [ 0, 20,   0,  60, 100, 60,  0] # x座標
z = [40, 60, 100, 120 , 60, 20, 40] # z座標
h = 100.0       # 高さ

btx = [0 for i in range(len(x))]
bty = [0 for i in range(len(x))]
tpx = [0 for i in range(len(x))]
tpy = [0 for i in range(len(x))]
ax = math.radians(35)
ay = math.radians(-60)
az = math.radians(0)

for k in range(len(x)): # 底面
    btx[k], bty[k] = rotate(ax, ay, az, x[k], 0.0, z[k])
    if k == 0:
        penup()
    else:
        pendown()
    goto(btx[k] + 320, 240 - bty[k])

for k in range(len(x)): # 上面
    tpx[k], tpy[k] = rotate(ax, ay, az, x[k], h, z[k])
    if k == 0:
        penup()
    else:
        pendown()
    goto(tpx[k] + 320, 240 - tpy[k])

for k in range(len(x)): # 底面と上面の各点を結ぶ
    penup()
    goto(tpx[k] + 320, 240 - tpy[k])
    pendown()
    goto(btx[k] + 320, 240 - bty[k])
```

8-6 3次元関数と隠線処理

例題 60 3次元関数

3次元関数のグラフを軸測投影で表示する.

　家のデータを3次元表示することについては先に説明したが，これには各頂点の
データが必要になり，複雑な立体を表現するにはかなり多くのデータが必要になる.

　ここでは次のような3次元関数を表示する.

$$y = 30\left(\cos\left(\sqrt{x^2 + z^2} \right) + \cos\left(3\sqrt{x^2 + z^2} \right) \right)$$

　関数は式で示されているため，データは不要で，労力のいらない割には比較的複
雑な図形を楽しめる.

プログラム Rei60

```
# --------------------
# *    3次元関数    *
# --------------------

!pip3 install ColabTurtle
from ColabTurtle.Turtle import *

initializeTurtle(initial_window_size=(640, 480), initial_speed=13)
hideturtle()
width(2)
bgcolor('white')
color('blue')

ax = math.radians(30)
ay = math.radians(-30)

for z in range(200, -201, -10):
    for x in range(-200, 201, 10):
        y = (30 * (math.cos(math.radians(math.sqrt(x*x + z*z)))
            + math.cos(math.radians(3 * math.sqrt(x*x + ↵
z*z)))))
        px = x*math.cos(ay) + z*math.sin(ay) + 320      # 回転変換
        py = (240-(y * math.cos(ax)
            - (-x * math.sin(ay) + z*math.cos(ay)) * math. ↵
sin(ax)))
        if x == -200:
            penup()
        else:
            pendown()
        goto(px, py)
```

実行結果

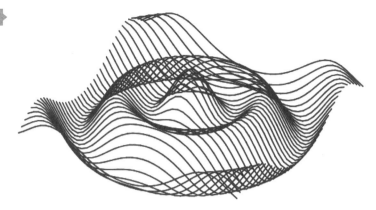

練習問題 60-1 3次元関数 (2方向から描く)

3次元関数を2方向から描く.

プログラム Dr60_1

```
# -----------------------------------
# *      3次元関数 (2方向から描く)      *
# -----------------------------------

!pip3 install ColabTurtle
from ColabTurtle.Turtle import *

initializeTurtle(initial_window_size=(640, 480), initial_speed=13)
hideturtle()
width(2)
bgcolor('white')
color('blue')

ax = math.radians(30)
ay = math.radians(-30)

for z in range(200, -201, -20):
    for x in range(-200, 201, 10):
        y = (x*x - z*z) / 500.0
        px = x*math.cos(ay) + z*math.sin(ay)      # 回転変換
        py = y*math.cos(ax) - (-x*math.sin(ay) + z*math.cos↩
(ay)) * math.sin(ax)
        if x == -200:
            penup()
        else:
            pendown()
        goto(px + 320, 240 - py)
```

```
for x in range(200, -201, -20):
    for z in range(-200, 201, 10):
        y = (x*x - z*z) / 500.0
        px = x*math.cos(ay) + z*math.sin(ay)     # 回転変換
        py = y*math.cos(ax) - (-x*math.sin(ay) + z*math.cos ↵
(ay)) * math.sin(ax)
        if z == -200:
            penup()
        else:
            pendown()
        goto(px + 320, 240 - py)
```

実行結果

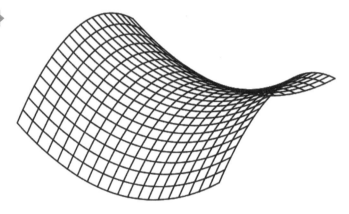

```
y = 70 * (math.cos(math.radians(math.sqrt(x*x + z*z))))
```

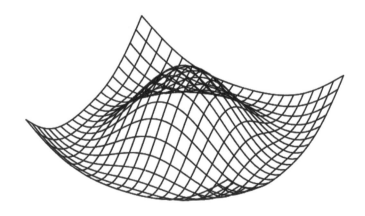

例題60の3次元関数を隠線処理して表示する.

図8.29に示すように，前方の面の後ろに隠れて見えない線を消すことを隠線処理と呼ぶ.

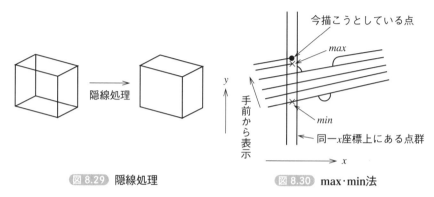

図 8.29 隠線処理　　　　　図 8.30 max・min法

隠線処理の方法は各種あるが，ここでは max・min 法というきわめて単純な方法を用いる.

図8.30に示すように，max・min法では，描く図形を必ず手前から描いていく.そして，以後に描く点が，前に描いた点群（ディスプレイの同じx座標に位置する前の点群）の最大点と最小点の間（点群の内側）にあれば，その点を表示せず，逆に前に描いた点群の外にあれば，その点を表示する.

プログラム Dr60_2

```
# ------------------------------
# *      3次元関数の隠線処理      *
# ------------------------------

!pip3 install ColabTurtle
from ColabTurtle.Turtle import *

initializeTurtle(initial_window_size=(640, 480), initial_speed=13)
hideturtle()
width(2)
bgcolor('white')
color('blue')

def pset(x, y):
    penup()
    goto(x, y)
```

```
    pendown()
    goto(x, y)

ax = math.radians(30)
ay = math.radians(-30)
ymin = [639 for i in range(640)]
ymax = [0 for i in range(640)]
for z in range(200, -201, -10):
    for x in range(-200, 201, 1):
        y=(30 * (math.cos(math.radians(math.sqrt(x*x + z*z)))
           +math.cos(math.radians(3  *math.sqrt(x*x + z*z)))))
        px = int(x*math.cos(ay) + z*math.sin(ay)) + 320
# 回転変換
        py = (240 - int(y*math.cos(ax) - (-x*math.sin(ay)
           + z*math.cos(ay)) * math.sin(ax)))
        if py < ymin[px]:      # 今までの最小より小さい
            ymin[px] = py
            pset(px, py)
        if py > ymax[px]:      # 今までの最大より大きい
            ymax[px] = py
            pset(px, py)
```

実 行 結 果

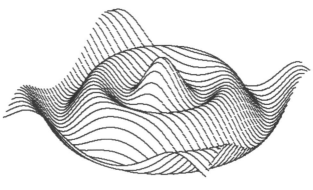

$$y = 30\left(\cos\left(\sqrt{x^2 + z^2}\right) + \cos\left(3\sqrt{x^2 + z^2}\right)\right)$$

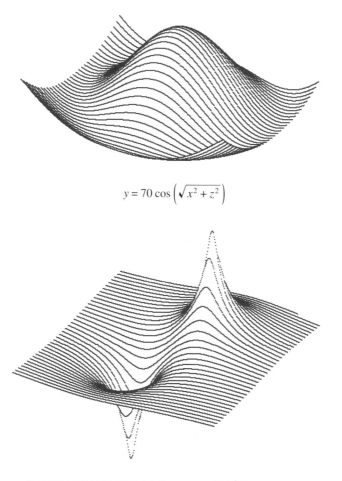

$$y = 70 \cos\left(\sqrt{x^2 + z^2}\right)$$

$$y = 900 \left/ \sqrt{\sqrt{(x-50)^2 + (z+50)^2 + 100}} \right. - 900 \left/ \sqrt{\sqrt{(x+50)^2 + (z-50)^2 + 100}} \right.$$

❶ パソコンのスペックやネット環境にもよるが，実行に10分以上かかり，最後まで描きき れずにフリーズしてしまうことがある．

8-7 | リカーシブ・グラフィックス I

　単純な曲線（n次関数）は，デカルト座標系において解析的に表現することができる．つまり，ある曲線を関数$f(x)$を用いて一意的に表現することができるのであれば，ある点$x = x_0$における$f(x)$は$f(x_0)$で求められることになる．

　しかし，曲線の形態が複雑になると，曲面全体を1つの関数$f(x)$で表現することは困難になってくる．そこで，全体を1つの関数で表さずに各小区間に分割し，各小区間ごとに解析的に$f(x)$を求めようとする方法が近似であり，スプライン曲線，最小2乗近似，セグメント法などといった手法がある．

　ところで，自然界に存在する物体，たとえば，うっそうと繁る樹木や，複雑に入り組んだ島の入り江などを解析的に表現することはかなりやっかいである（というより不可能に近い）．

　そこで，グラフィックスの世界を解析的に表現せずに，再帰的に表現しようとするのがリカーシブ・グラフィックスである．リカーシブ・グラフィックスのおもしろさは驚くほど自然に近い図形がいとも簡単に表現でき，自然や生命の神秘的な美しさを科学の力により解きあかせるのではないかという錯覚（そのうちに錯覚ではなくなるかもしれないが）を彷彿とさせるところにあると思う．

　そもそも自然界の生ある物は，それが最初に形作られたときには1つの細胞であったのが，何回かの細胞分裂を繰り返して成長し，現在の形を成しているのである．これはいかにも再帰的な表現に似ている．つまり，「n次の細胞（現在の形）は$n-1$次の細胞からなり，$n-1$次の細胞は$n-2$次の細胞からなり……」と表現できるからである．0次の細胞の形と成長の規則（＋突然変異）の定義により，さまざまな種が得られるのである．

例題 61　コッホ曲線

コッホ曲線を描く．

　コッホ曲線は，数学者コッホ（H.von Koch）により発見された．**図8.31**に示すように，0次のコッホ曲線は長さlの直線である．1次のコッホ曲線は，1辺の長さが$l/3$の大きさの正三角形状のでっぱりを出す．2次のコッホ曲線は，1次のコッホ曲線の各辺（4つ）に対し，1辺の長さが$l/9$の大きさの正三角形状のでっぱりを出す．これを無限回繰り返せば，無限小の長さの線分が無限本つながった曲線となる．

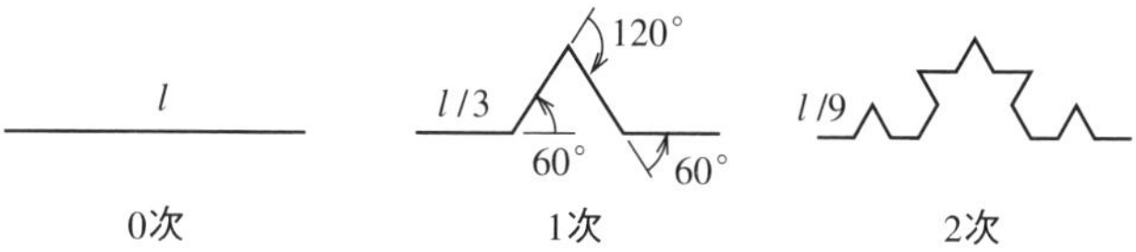

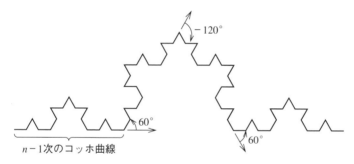

図 8.31 コッホ曲線

n次のコッホ曲線を描くためのアルゴリズムを考えてみる．n次のコッホ曲線を描くには，n−1次のコッホ曲線を次のように4つ描く．ここでは，コッホ曲線の1辺の長さはいつでも *leng* に固定しておくことにする．

① n−1次のコッホ曲線を1つ描く．
② 向きを60°変えて，n−1次のコッホ曲線を1つ描く．
③ 向きを−120°変えて，n−1次のコッホ曲線を1つ描く．
④ 向きを60°変えて，n−1次のコッホ曲線を1つ描く．

図 8.32 n次のコッホ曲線（この例は3次）

プログラム Rei61

```
# --------------------
# *    コッホ曲線    *
# --------------------

!pip3 install ColabTurtle
from ColabTurtle.Turtle import *

initializeTurtle(initial_window_size=(640, 480), initial_speed=13)
hideturtle()
width(2)
bgcolor('white')
color('blue')
```

```
def koch(n, leng):    # コッホ曲線の再帰手続き
    if n == 0:
        forward(leng)
    else:
        koch(n - 1, leng)
        left(60)
        koch(n - 1, leng)
        left(-120)
        koch(n - 1, leng)
        left(60)
        koch(n - 1, leng)

n = 4          # コッホ次数
leng = 4.0     # 0次の長さ

penup()
goto(100, 200)
face(0)
pendown()
koch(n, leng)
```

実行結果

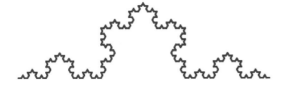

コッホ曲線を3つ組み合わせてコッホ島を作る.

　コッホ曲線を3つ，－120°の傾きを成してくっつけると雪の結晶のような形をしたコッホ島と呼ばれる図形が描ける.

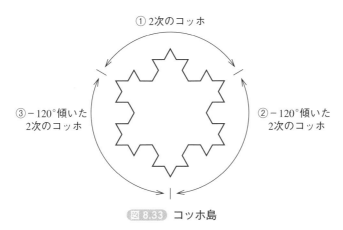

図 8.33 コッホ島

プログラム Dr61_1

```
# -------------------
# *     コッホ島     *
# -------------------

!pip3 install ColabTurtle
from ColabTurtle.Turtle import *

initializeTurtle(initial_window_size=(640, 480), initial_speed=13)
hideturtle()
width(2)
bgcolor('white')
color('blue')

def koch(n, leng):    # コッホ曲線の再帰手続き
    if n == 0:
        forward(leng)
    else:
        koch(n - 1, leng)
        left(60)
        koch(n - 1, leng)
        left(-120)
        koch(n - 1, leng)
        left(60)
        koch(n - 1, leng)
```

```
n = 4          # コッホ次数
leng = 4.0     # 0次の長さ

penup()
goto(100, 200)
face(0)
pendown()
for i in range(3):
    koch(n, leng)
    left(-120)
```

実行結果

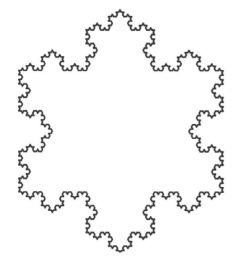

練習問題 61-2 クロスステッチ

コッホ島と同じ要領でクロスステッチを描く.

　コッホ曲線が正三角形を基本としているのに対し，クロスステッチは正方形を基本にしている．原理はまったく同じで，n 次のクロスステッチを描くには $n-1$ 次のクロスステッチを 5 本描けばよく，描く方向は $+90°$，$-90°$，$-90°$，$+90°$ の順に変わる．

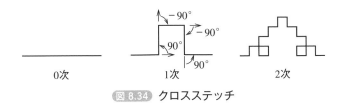

0次　　　　　　1次　　　　　　2次

図 8.34 クロスステッチ

プログラム Dr61_2

```
# ------------------------
# *     クロス・ステッチ     *
# ------------------------

!pip3 install ColabTurtle
from ColabTurtle.Turtle import *

initializeTurtle(initial_window_size=(640, 480), initial_speed=13)
hideturtle()
width(2)
bgcolor('white')
color('blue')

def stech(n, leng):   # ステッチの再帰手続き
    if n == 0:
        forward(leng)
    else:
        stech(n - 1, leng); left(90)
        stech(n - 1, leng); left(-90)
        stech(n - 1, leng); left(-90)
        stech(n - 1, leng); left(90)
        stech(n - 1, leng)

n = 3          # ステッチの次数
leng = 4.0     # 0次の長さ
penup()
goto(100, 200)
face(0)
```

```
pendown()
for i in range(4):
    stech(n, leng)
    left(-90)
```

実行結果

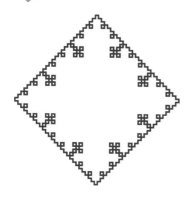

参考　フラクタル（Fractal）

　1980年代に入り，コンピュータグラフィックスの世界でフラクタル（Fractal）という言葉が使われだした．フラクタルという言葉はマンデルブロー（Mandolbrot）がその著書「FRACTALS,form,chance and dimension」の中でつけた造語で"不規則な断片ができる"とか"半端な"というような意味に解釈されている．

　フラクタルの例として，次のような海岸線を用いる．

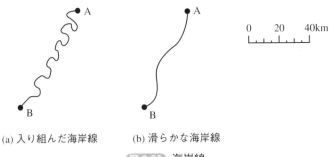

(a) 入り組んだ海岸線　　(b) 滑らかな海岸線

図 8.35 海岸線

　この2つの海岸線を，長さ5kmの物
差しと長さ20kmの物差しを使って計
測した場合，(b)の方はどちらの物差
しでもA〜Bの距離は同じくらいの長
さになる．ところが(a)の方は右図の
ように5kmの物差しを使った方が長
くなる．

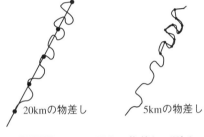

図 8.36 異なる長さの物差しで測る

　このように(a)，(b)とも同じ1次元の図形でありながら複雑さが違う．複雑さの
尺度を数値で表したものがフラクタル次元である．
　フラクタル次元Dは次の式で表せる．

$$D = N + \log\left(E_D\right) / \log\left(1 / r\right)$$

N　…次元
E_D　…物体の伸び率
r　…尺度比

1次のコッホ曲線のフラクタル次元を求める．

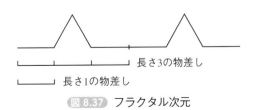

図 8.37 フラクタル次元

物差しの長さを3から1に短くした（尺度比 $r = 1/3$）場合の計測長の伸び率 E_D は4/3となるから，

$$D = 1 + \log\left(\frac{4}{3}\right) / \log(3)$$
$$\approx 1.26$$

となる．つまりコッホ曲線は1次元と2次元の中間の半端な次元（1.26次元）を持つことになる．

● 参考図書：『やさしいフラクタル』安居院猛，中嶋正之，永江孝規 共著，工学社

8-8 リカーシブ・グラフィックスⅡ

例題 62 樹木曲線Ⅰ

木が枝を伸ばしていく形をした樹木曲線を描く.

樹木曲線は次の規則に従う.

・1次の樹木曲線は長さlの直線である.

・2次の樹木曲線は長さ$l/2$の枝を90°の角（$branch$=45°）をなして2本出す.

・3次の樹木曲線は長さ$l/4$の枝を90°の角をなして各親枝から2本出す.
つまり，全部で4本出したことになる.

なお，枝の縮小率，伸びる角度はおのおの$1/2$と90°に限定されるものではない.

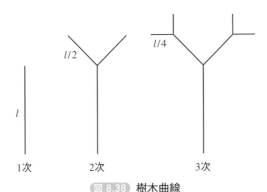

図 8.38 樹木曲線

樹木曲線は，親の枝から2本の子の枝を出していくので，2分木の木構造とまったく同じと考えることができる.

今，図8.39に示す木を行きがけ順に走査すると，①→②→③…の順に枝を描いていくことになる.

n次の木を描くアルゴリズムは次のようになる.

① (x_0, y_0)位置から角度aで長さ$leng$の枝を1つ引く. 引き終わった終点の座標を新しい(x_0, y_0)とする.

② $n-1$次の右部分木を再帰呼び出し.

③ $n-1$次の左部分木を再帰呼び出し.

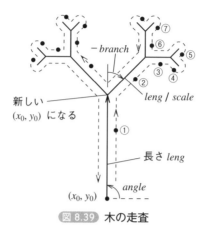

図 8.39 木の走査

プログラム Rei62

```
# ----------------------
# *     樹木曲線その1      *
# ----------------------

!pip3 install ColabTurtle
from ColabTurtle.Turtle import *

initializeTurtle(initial_window_size=(640, 480), initial_speed=13)
hideturtle()
width(2)
bgcolor('white')
color('blue')

def tree(n, x0, y0, leng, angle):    # 樹木曲線の再帰手続き
    if n == 0:
        return
    penup()
    goto(x0, y0), face(angle)
    pendown()
    forward(leng)
    x0, y0 = position()     # 現在位置の取得
    tree(n - 1, x0, y0, leng / Scale, angle + branch)
    tree(n - 1, x0, y0, leng / Scale, angle - branch)    ← ①

n = 8                     # 枝の次数
x0, y0 = 300.0, 400.0     # 根の位置
leng = 100.0              # 枝の長さ
angle = -90.0             # 枝の向き .-90 は上向き
Scale = 1.4               # 枝の伸び率
branch = 20.0             # 枝の分岐角

penup()
```

```
goto(x0, y0)
pendown()
tree(n, x0, y0, leng, angle)
```

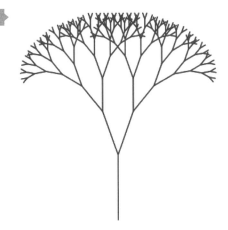

　例題62の実行例は左右対称な図形である
が，左右の枝の伸び率を違えると次のような
変形種の木が得られる．この例は，左の枝の
伸びを右の枝の0.8倍にした場合である．つ
まり**例題62**の左部分木呼び出し部①を次の
ように変更する．

$n = 8$
$branch = 20$
$scale = \sqrt{2}$

［ただし左の木の伸び率は0.8倍される］

```
tree(n - 1, x0, y0, leng / Scale * 0.8, angle - branch)
```

正方形を枝にした樹木曲線を描く.

線の枝の代わりに,正方形を用いて樹木曲線を描くこともできる.

図8.40に示すように,正方形の枝に45°の傾きで$1/\sqrt{2}$の子の正方形枝を伸ば
していく.

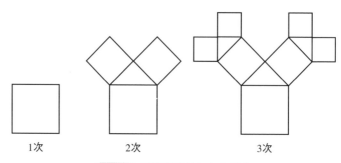

| 1次 | 2次 | 3次 |

図 8.40 正方形を枝にした樹木

図8.41に示すように,正方形は(x_0, y_0)を始点に①→②→③→④の順に描く.右
の枝に移ったときの新しい(x_0', y_0')は,次のようになる.

$$x_0' = x_0 + \frac{leng}{\sqrt{2}}\cos\left(angle - 45\right)$$

$$y_0' = y_0 + \frac{leng}{\sqrt{2}}\sin\left(angle - 45\right)$$

また右の枝から戻ってきたときの親の枝の位置は,(x_0, y_0),角度は$angle$,長
さは$leng$であるから,この点から左の木に移ったときの新しい(x_0'', y_0'')は

$$x_0'' = x_0 + \sqrt{2}\,leng\cos\left(angle + 45\right)$$
$$y_0'' = y_0 + \sqrt{2}\,leng\sin\left(angle + 45\right)$$

となる.

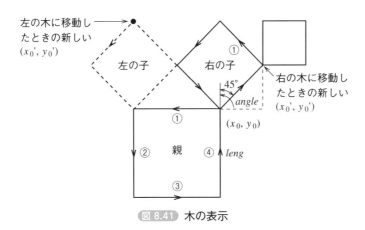

図 8.41 木の表示

プログラム Dr62

```
# ------------------------
# *     樹木曲線その２     *
# ------------------------

!pip3 install ColabTurtle
from ColabTurtle.Turtle import *

initializeTurtle(initial_window_size=(640, 480), initial_speed=13)
hideturtle()
width(2)
bgcolor('white')
color('blue')

def ctree(n, x0, y0, leng, angle):  # 樹木曲線の再帰手続き
    if n == 0:
        return

    penup()
    goto(x0, y0), face(angle)
    pendown()
    for k in range(4):  # 正方形を描く
        left(90)
        forward(leng)

    # 右部分木
    ctree(n - 1, x0 + leng*math.cos(math.radians(angle + 45))/⏎
math.sqrt(2.0),
                y0 + leng*math.sin(math.radians(angle + 45))/⏎
math.sqrt(2.0),
                leng / math.sqrt(2.0), angle + 45)

    # 左部分木
```

```
    ctree(n - 1, x0 + math.sqrt(2.0)*leng*math.cos(math. ⏎
radians(angle - 45)),
                y0 + math.sqrt(2.0)*leng*math.sin(math. ⏎
radians(angle - 45)),
                leng / math.sqrt(2.0), angle - 45)

n = 8                     # 枝の次数
x0, y0 = 320.0, 300.0     # 根の位置
leng = 80.0               # 枝の長さ
angle = -90.0             # 枝の向き

ctree(n, x0, y0, leng, angle)
```

実行結果

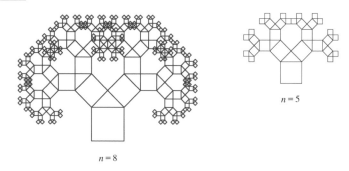

$n = 5$

$n = 8$

　練習問題62の樹木曲線もまた対称図形であるが, 左の木へと移るときの位置 (x_0'', y_0'') を非対称位置に設定することにより, 以下の異形の樹木曲線が得られる. **練習問題62**のプログラムリストの左部分木の呼び出し方もあわせて示す.

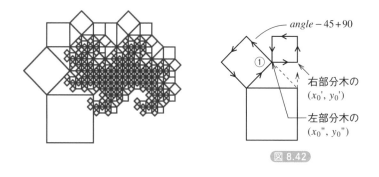

$angle - 45 + 90$

① 　右部分木の
(x_0', y_0')

　左部分木の
(x_0'', y_0'')

図 8.42

```
    # 左部分木
    ctree(n - 1, x0 + leng*math.cos(math.radians(angle - 45))/↩
math.sqrt(2.0),
                 y0 + leng*math.sin(math.radians(angle - 45))/↩
math.sqrt(2.0),
                 leng / math.sqrt(2.0), angle + 45)
```

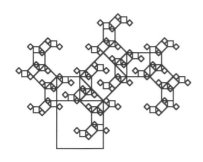

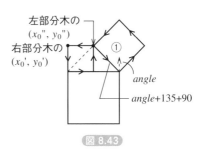

図 8.43

```
    # 左部分木
    ctree(n - 1, x0 + leng*math.cos(math.radians(angle - 45))/↩
math.sqrt(2.0),
                 y0 + leng*math.sin(math.radians(angle - 45))/↩
math.sqrt(2.0),
                 leng / math.sqrt(2.0), angle - 135)
```

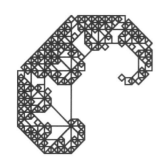

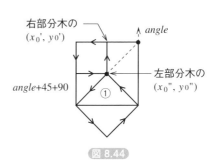

図 8.44

```
    # 左部分木
    ctree(n - 1, x0 + leng*math.cos(math.radians(angle - 135))↩
/math.sqrt(2.0),
                 y0 + leng*math.sin(math.radians(angle - 135))↩
/math.sqrt(2.0),
                 leng / math.sqrt(2.0), angle - 45)
```

8-9 いろいろなリカーシブ・グラフィックス

第8章 グラフィックス

各種リカーシブ・グラフィックスの例を以下に示す.

例題 63 C曲線

C曲線を描く.

n 次のC曲線は $n-1$ 次のC曲線とそれぞれ90°回転させた $n-1$ 次のC曲線で構成される.

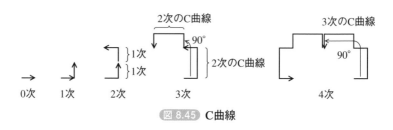

図 8.45 C曲線

プログラム Rei63

```
# ----------------
# *    C曲線    *
# ----------------

!pip3 install ColabTurtle
from ColabTurtle.Turtle import *

initializeTurtle(initial_window_size=(640, 480), initial_speed=13)
hideturtle()
width(2)
bgcolor('white')
color('blue')

def ccurve(n):
    if n == 0:
        forward(5)
    else:
        ccurve(n - 1)    ←①
        left(90)
        ccurve(n - 1)    ←②
        left(-90)

n = 10  # 次数

penup()
```

372

```
goto(200, 300)
pendown()
face(0)
ccurve(n)
```

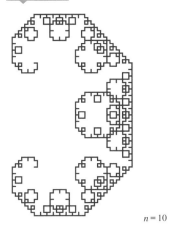

$n = 10$

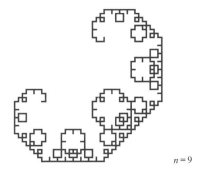

$n = 9$

　①の呼び出しを c1( )，②の呼び出しを c2( ) と書くと 3 次の C 曲線の再帰呼び出しは次のようになる．

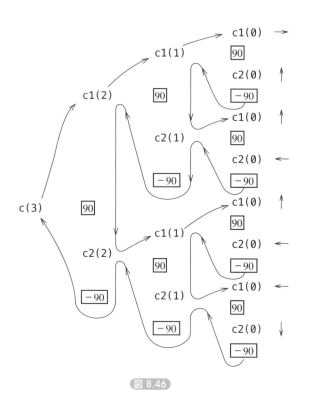

図 8.46

練習問題 **63-1** ドラゴン曲線

ドラゴン曲線を描く.

　ドラゴン曲線は，J.E.Heighway という NASA の物理学者が考え出したものである.

　格子状のマス目を右か左に必ず曲がりながら，1 度通った道は再び通らないようにしたときにできる経路である.

　この曲線は交わることなく（接することはある）空間を埋めていく.

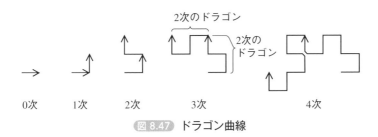

図 8.47 ドラゴン曲線

プログラム Dr63_1

```
# ----------------------------
# *        ドラゴン曲線        *
# ----------------------------

!pip3 install ColabTurtle
from ColabTurtle.Turtle import *

initializeTurtle(initial_window_size=(640, 480), initial_speed=13)
hideturtle()
width(2)
bgcolor('white')
color('blue')

def dragon(n, a):
    if n == 0:
        forward(5)
    else:
        dragon(n - 1, 90)
        left(a)
        dragon(n - 1, -90)

n = 10     # 次数

penup()
goto(200, 300)
pendown()
face(0)
dragon(n, 90)
```

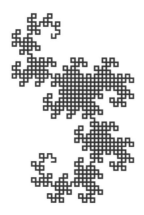

練習問題 63-2 ヒルベルト（Hilbelt）曲線

ヒルベルト曲線を描く.

　4分割した正方形の中心を一筆書きで結んだものが1次のヒルベルト曲線，さらに個々を4分割した正方形（16分割となる）の中心を一筆書きで結んだものが2次のヒルベルト曲線となる.

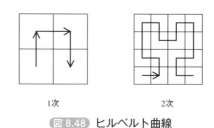

1次　　　　　　2次

図 8.48　ヒルベルト曲線

プログラム　Dr63_2

```
# ---------------------------
# *      ヒルベルト曲線      *
# ---------------------------

!pip3 install ColabTurtle
from ColabTurtle.Turtle import *

initializeTurtle(initial_window_size=(640, 480), initial_speed=13)
hideturtle()
width(2)
```

```
bgcolor('white')
color('blue')

def hilbert(n, leng, angle):
    if n == 0:
        return
    left(angle), hilbert(n - 1, leng, -angle); forward(leng)     ①
    left(-angle), hilbert(n - 1, leng, angle); forward(leng)     ②
    hilbert(n - 1, leng, angle), left(-angle); forward(leng)
    hilbert(n - 1, leng, -angle), left(angle)                    ③

n = 4  # 次数

penup()
goto(100, 350)
face(0)
pendown()
hilbert(n, 20, 90)
```

2次のヒルベルト曲線について，①②③の forward(leng) で描いた場所を示すと図8.49のようになる．

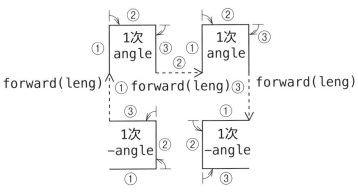

図 8.49 2次ヒルベルト曲線の構造

実行結果

練習問題 **63-3** シェルピンスキー（Sierpinski）曲線

シェルピンスキー曲線を描く.

シェルピンスキー曲線は，直角二等辺三角形の内部を埋める曲線を4つつないで，正方形状にしたものである.

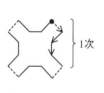

1次のシェルピンスキー
曲線を4つつなげたもの

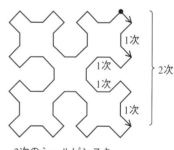

2次のシェルピンスキー
曲線を4つつなげたもの

図 8.50 シェルピンスキー曲線

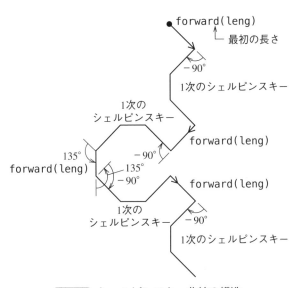

図 8.51 シェルピンスキー曲線の構造

```
# --------------------------------
# *      シェルピンスキー曲線      *
# --------------------------------

!pip3 install ColabTurtle
from ColabTurtle.Turtle import *

initializeTurtle(initial_window_size=(640, 480), initial_speed=13)
hideturtle()
width(2)
bgcolor('white')
color('blue')

def sierpin(n, leng):
    if n == 0:
        left(-90)
        return
    sierpin(n - 1, leng); forward(leng)
    sierpin(n - 1, leng), left(135); forward(leng)
    left(135), sierpin(n - 1, leng); forward(leng)
    sierpin(n - 1, leng)

n = 3        # 次数
leng = 15    # 長さ

penup()
```

```
goto(300, 100)
face(45)
pendown()
for i in range(4):
    forward(leng)
    sierpin(n, leng)
```

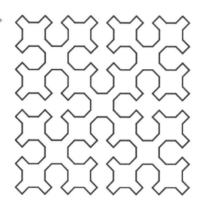

8-10 グラフィックス・ライブラリ (glib.py)

8-9までで使用したColabTurtle（タートルグラフィックス・ライブラリ）は画面の左上隅を(0,0)の原点とし，y座標の正の向きは下方である．これは一般のデカルト座標（数学の座標）と異なる．また，ウィンドウやビューポートといった機能がない．そこで，グラフィックス・ライブラリ（glib.py）を作成する．

ウィンドウとビューポート

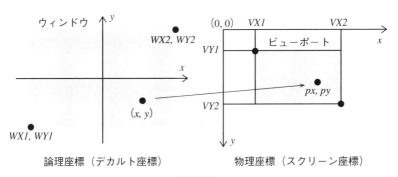

図 8.52

論理座標（デカルト座標）から切り取るウィンドウを$(WX1, WY1)$-$(WX2, WY2)$，物理座標（スクリーン座標）で表示するビューポートを$(VX1, VY1)$-$(VX2, VY2)$としたとき，論理座標上の(x, y)をビューポート上の(px, py)に変換するには以下の式で行う．

```
FACTX = (VX2 - VX1) / (WX2 - WX1)    # x 方向の倍率
FACTY = (VY2 - VY1) / (WY2 - WY1)    # y 方向の倍率
px = (x - WX1)*FACTX + VX1
py = (WY2 - y)*FACTY + VY1
```

現在位置と現在角

ウィンドウとビューポートを設定したこのグラフィックス・ライブラリでは、ColabTurtleの`forward`や`left`などのメソッドは使えないので、自前の`move`と`turn`を作成する．

moveとturnを実現するためには，描画の現在位置（LP）と現在角を内部的に記憶しておかなければならない．現在位置の座標を(LPX, LPY)，現在角をANGLEとすると，この向きに長さ*leng*の直線を引いた時の終点は以下のように計算できる．角度は反時計回りを正とする．0°が右向き，90°が上向き，180°が左向き，-90°（270°）が下向きとなる．この点もColabTurtleのfaceメソッドの値の意味と異なる．

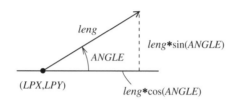

図8.53　moveの実現

グラフィックス・ライブラリ（glib.py）のメソッド

ginit()	グラフィックス画面の初期化

現在位置を(0,0)，現在角を0°に設定する．ウィンドウとビューポートを(0, 0)−(639, 399)の範囲に設定する．

window(x1, y1, x2, y2)	ウィンドウの設定
view(x1, y1, x2, y2)	ビューポートの設定

次のようにウィンドウとビューポートを指定する．ビューポートに指定する値は，左上隅を(0, 0)とする物理座標上の値とする．

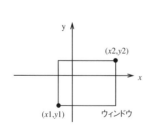
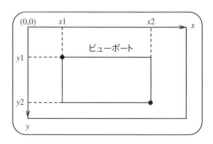

図8.54

line(x1, y1, x2, y2)	直線の描画

$(x1, y1) - (x2, y2)$ 間に直線を引く.

pset(x, y)	点のセット

(x, y) 位置に点を表示する.

move(leng)	指定長の直線の描画

現在位置 (LPX, LPY) から現在角 $ANGLE°$ の方向に長さ $leng$ の直線を引く. 反時計まわりの向きを正とする.

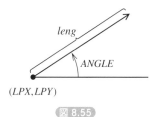

図 8.55

moveto(x, y)	LP から指定点への直線の描画

現在位置 (LPX, LPY) から (x, y) 位置に直線を引く.

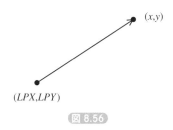

図 8.56

setpoint(x, y)	LP 位置の設定

現在位置 (LPX, LPY) を (x, y) に移動する.

setangle(a)	現在角の設定

現在角を $a°$ に設定する.

turn(a)	現在角の回転

現在角を $a°$ 回転する. 回転後の現在角は $0〜360°$ に入るように補正される.

プログラム グラフィックス・ライブラリ（glib.py）

```
# ------------------------------
# * Graphics Libary for Colab *
# ------------------------------

import math
from ColabTurtle.Turtle import *

WX1, WY1, WX2, WY2 = 0, 0, 0, 0
VX1, VY1, VX2, VY2 = 0, 0, 0, 0
FACTX, FACTY = 1, 1
ANGLE = 0
LPX, LPY = 0, 0

def window(x1, y1, x2, y2):
    global  WX1, WY1, WX2, WY2, VX1, VY1, VX2, VY2, FACTX, FACTY
    WX1, WY1, WX2, WY2 = x1, y1, x2, y2
    FACTX = float((VX2 - VX1)) / (WX2 - WX1)
    FACTY = float((VY2 - VY1)) / (WY2 - WY1)

def view(x1, y1, x2, y2):
    global  WX1, WY1, WX2, WY2, VX1, VY1, VX2, VY2, FACTX, FACTY
    VX1, VY1, VX2, VY2 = x1, y1, x2, y2
    FACTX = float((VX2 - VX1)) / (WX2 - WX1)
    FACTY = float((VY2 - VY1)) / (WY2 - WY1)

def ginit():
    global LPX, LPY, ANGLE
    LPX, LPY, ANGLE = 0, 0, 0
    window(0, 0, 640, 480)
    view(0, 0, 640, 480)

def line(x1, y1, x2, y2):
    global LPX, LPY
    px1 = (x1 - WX1)*FACTX + VX1
    py1 = (WY2 - y1)*FACTY + VY1
    px2 = (x2 - WX1)*FACTX + VX1
    py2 = (WY2 - y2)*FACTY + VY1
    penup()
    goto(px1, py1)
```

```
    pendown()
    goto(px2, py2)
    LPX, LPY = x2, y2

def pset(x, y):
    global LPX, LPY
    px = (x - WX1)*FACTX + VX1
    py = (WY2 - y)*FACTY + VY1
    penup()
    goto(px, py)
    pendown()
    goto(px, py)
    LPX, LPY = x, y

def move(leng):
    x = leng * math.cos(math.radians(ANGLE))
    y = leng * math.sin(math.radians(ANGLE))
    line(LPX, LPY, LPX + x, LPY + y)

def moveto(x, y):
    line(LPX, LPY, x, y)

def turn(a):
    global ANGLE
    ANGLE += a
    ANGLE = ANGLE % 360.0

def setpoint(x, y):
    global LPX, LPY
    LPX, LPY = x, y

def setangle(a):
    global ANGLE
    ANGLE = a
```

ライブラリをモジュール化する方法

　グラフィックス・ライブラリ（glib.py）をモジュール化するには，テキストエディ
タを使ってライブラリのソースコードを作成し，拡張子を「.py」で保存．文字コー
ドはUTF-8とする．

　このライブラリを使用するには，作成しているノートブックに以下のコードで
アップロードする．なお，ライブラリに「!pip」コマンドを含めることはできない．

```
from google.colab import files  # モジュールのアップロード
upload = files.upload()
```

　ノートブックを実行すると「ファイル選択」ボタンが表示されるのでクリックし，作成した「glib.py」を選択すれば良い．詳しくは，**附録2**を参照．

図 8.57

❶ アップロードしたファイルの操作をしないのなら，「upload = files.upload()」は
　　　 files.upload()
　でも良い．

例題 64　リサジュー曲線

モジュール化したライブラリを使ってリサジュー曲線を描く．

　以下で示す(x, y)をプロットする．

　　$x = sin(2*\theta)$
　　$y = sin(3*\theta)$

プログラム　Rei64

```
# ------------------------
# *      リサジュー曲線      *
# ------------------------

!pip3 install ColabTurtle

import math
from ColabTurtle.Turtle import *
from google.colab import files  # モジュールのアップロード
upload = files.upload()
import glib

initializeTurtle(initial_window_size=(640, 480), initial_speed=13)
hideturtle()
width(2)
bgcolor('white')
color('blue')
```

```
glib.ginit()
glib.window(-3.2, -2.4, 3.2, 2.4)
for a in range(0, 364, 2):
    x = math.sin(math.radians(2 * a))
    y = math.sin(math.radians(3 * a))
    if a == 0:
        glib.setpoint(x, y)
    else:
        glib.moveto(x, y)
```

実行結果

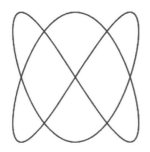

 リサジュー曲線

　リサジュー曲線は，波AをオシロスコープのX軸に，波BをY軸に入れたときにできる図形でもある．オシロスコープは電気信号（電圧変動）の時間的変化を観測するための装置である．画面には時間の経過に伴う電圧の変化が表示される．

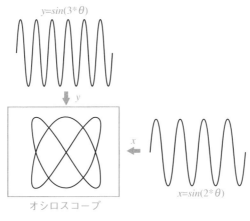

$y=sin(3*\theta)$

y

x

$x=sin(2*\theta)$

オシロスコープ

図 8.58

練習問題 **64** 対称模様

正三角形の重心を中心に基本パターンを回転させ，これを繰り返した模様を作る.

幾何学（geometric）模様の美しさは，一見複雑そうに見える図形も，実は基本的な図形（直線，多角形など）の繰り返しで作られていることによる調和性と規則性にある.

正三角形の重心を中心に，基本パターンを120°ずつ2回回転させる．これにより得られる図形は元の三角形内に収まり，1つの新しいパターンを形成する．ついで，この三角形パターンを倒立したパターンを横に描き，これを繰り返す.

重心は高さhを2：1に内分する点である．関数windowで切り取る範囲を，

$$\left(-\frac{m}{2}, -\frac{h}{3}\right)-\left(\frac{m}{2}, \frac{2}{3}h\right)$$

とする．したがって逆像を作るときには，y座標の符号反転だけでなく，$h/3$の補正を行う.

また，正像，逆像を交互に繰り返すためのフラグaとbを使用する.

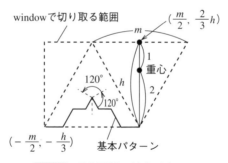

図 8.59 重心回りの基本パターン

プログラム **Dr64**

```
# --------------------
# *    対称模様    *
# --------------------

!pip3 install ColabTurtle

import math
from ColabTurtle.Turtle import *
from google.colab import files  # モジュールのアップロード
upload = files.upload()
```

```
import glib

initializeTurtle(initial_window_size=(640, 480), initial_speed=13)
hideturtle()
width(2)
bgcolor('white')
color('blue')

glib.ginit()

x = [ 35,  19, 10,  3, 0, -3, -10, -19, -35]
y = [-20, -20, -5, -5, 0, -5,  -5, -20, -20]
N = len(x)      # データ数

m = 70.0  # 正3角形の辺の長さ，高さ
h = m * math.sqrt(3.0) / 2
glib.window(-m / 2, -h / 3, m / 2, h * 2 / 3)
b = 1
vy = 50.0
while vy <= 200.0:
    a = 1
    vx = 50.0
    while vx <= 350.0:
        glib.view(vx, vy, vx + m, vy + h)  # ビューポートの設定
        for j in range(3):
            for k in range(N):
                px = (x[k]*math.cos(math.radians(-120 * j))
                    - y[k]*math.sin(math.radians(-120 * j)))
                py = (x[k]*math.sin(math.radians(-120 * j))
                    + y[k]*math.cos(math.radians(-120 * j)))
                if a * b == -1:
                    py = -py + h/3        # 逆像補正
                if k == 0:
                    glib.setpoint(px, py)
                else:
                    glib.moveto(px, py)
            a = -a
        vx += m / 2
    b = -b
    vy += h
```

実行結果

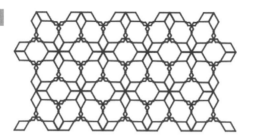

x=[0, -10, -20, 35]
y=[0, 0, -20, -20]

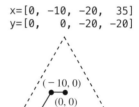

図 8.60

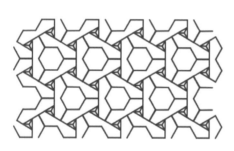

x=[0, 5, 5, -15, -25]
y=[0, 8, -20, -20, -3]

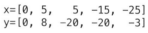

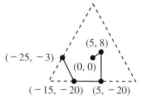

図 8.61

8-11 Matplotlib を使った グラフの作成

1. グラフの作成と描画

Matplotlibは Python のグラフ描画のためのライブラリで，折れ線グラフ，ヒストグラムや散布図などをデータを与えるだけで描くことができる．使用するためには「import matplotlib.pyplot as plt」でライブラリをインポートする．慣例でクラス名を「plt」とする．

Matplotlibを使ってグラフを表示する手順は以下である．

- ·x軸データのリストを作る
- ·y軸データのリストを作る
- ·plot メソッドを使いプロットする
- ·show メソッドを使いプロットしたグラフを描画する（showを行わなくても描画する）

例題 65 **折れ線グラフ**

Matplotlibを使って6時～20時までの気温を折れ線グラフで描く．

時間をx軸として，データをリストx[]に格納する．1日目，2日目の各時間の温度をy軸としてリストy1[],y2[]に格納する．

プログラム Rei65

```
# ----------------------
# *      折れ線グラフ      *
# ----------------------

import matplotlib.pyplot as plt

x = [6, 7, 8, 9, 10, 11, 12, 13, 14, 15, 16,     # 時間
     17, 18, 19, 20]
y1 = [25, 25.5, 26, 26.5, 27, 28, 29, 31, 33,    # 1日目
      31, 30, 29, 28.5, 28, 27.5]
y2 = [26, 26.5, 27, 28, 29, 29.5, 30, 31, 31.5,  # 2日目
      31, 30, 29.5, 29, 28.5, 28]

plt.plot(x, y1, marker='o')  # oは●
plt.plot(x, y2, marker='s')  # sは■
plt.title('temperature change', fontsize=16)
```

```
plt.xlabel('time', fontsize=16)
plt.ylabel('temp', fontsize=16)
plt.show()
```

実行結果

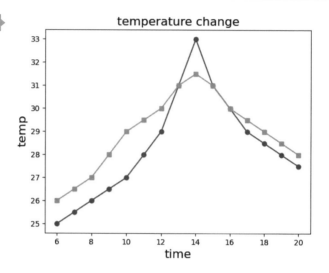

練習問題 65 棒グラフ

x に月，y1 に商品 1 の売上，y2 に商品 2 の売上が格納されていたとき，各売上を横に表示した棒グラフで表示する．

棒グラフは，横軸データ x（リスト），縦軸データ y（リスト）に対し，bar メソッドで描く．

```
plt.bar(x, y, width='0.8' , color='blue' )
```

width は棒の表示間隔に対する棒の幅で，1 だと全幅，0.5 だと半幅，デフォルトは 0.8．

color を指定しなければ，bar の度にデフォルトで色を変えて表示する．

y1 と y2 を横に並べるには align='edge' を指定し，左の棒グラフには width に負値を指定する．2 つの棒で 0.8 幅なら，左の棒幅を -0.4，右の棒幅を 0.4 とする．

```
plt.bar(x, y1, align='edge', width=-0.4)
plt.bar(x, y2, align='edge', width=0.4)
```

プログラム Dr65

```
# --------------------
# *    棒グラフ    *
# --------------------

import matplotlib.pyplot as plt

x = [1, 2, 3, 4, 5, 6]
y1 = [10, 8, 11, 12, 15, 13]
y2 = [4, 3, 3, 4, 5, 3]
plt.bar(x, y1, color='green', align='edge', width=-0.4)
plt.bar(x, y2, color='orange', align='edge', width=0.4)
plt.title('sales change', fontsize=16)
plt.xlabel('month', fontsize=16)
plt.ylabel('sales', fontsize=16)

plt.show()
```

実行結果

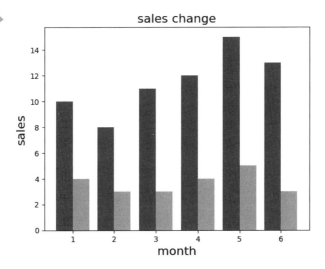

2. NumPy

　NumPy（Numerical Python）はPythonで数値計算を効率的に行うためのライブラリである．使用するためには「import numpy as np」でライブラリをインポートする．慣例でクラス名を「np」とする．

　NumPyを使って関数の値を計算し，グラフで表示する手順は以下である．

・arangeメソッドを使って，計算する範囲の各点のリストをxに作成．範囲には
実数を指定できるが，終わりの範囲は指定した「終わりの値」未満となる．
たとえば「360」までの範囲を指定する場合は「361」とする．これで，－360
から始まり．－350，－340，…350，360と10刻みに変化する．

初期値 最終値（この値未満）

```
x = np.arange(-360, 361, 10)
```

きざみ値

・NumPyクラスの関数に上のxを引数にして計算すると，リストxの各点の値
がリストyで作成される．

```
y = np.sin(np.radians(x))
```

・リストx,yで示される点をプロットする．

```
plt.plot(x, y)
```

例題 66 サインカーブ

NumPyを使ってサインカーブをグラフで描く．

プログラム Rei66

```
# ----------------------
# *      サインカーブ      *
# ----------------------

import numpy as np
import matplotlib.pyplot as plt

x = np.arange(-360, 361, 10)
y = np.sin(np.radians(x))

plt.plot(x, y)
plt.show()
```

実行結果

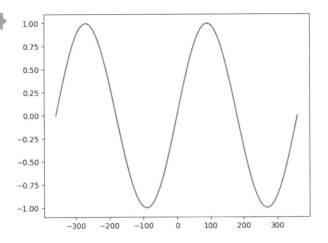

練習問題 66-1 変形サインカーブ

NumPyを使ってsinの引数を「1/x」した変形サインカーブを描く.

プログラム Dr66_1

```
# ---------------------------
# *      変形サインカーブ     *
# ---------------------------

import numpy as np
import matplotlib.pyplot as plt

x = np.arange(-np.pi / 2, np.pi / 2, 0.005)
y = np.sin(1 / x)

plt.plot(x, y)
plt.show()
```

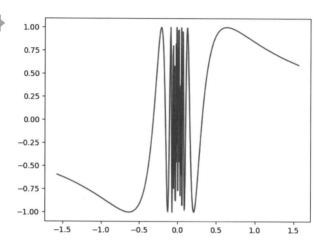

練習問題 66-2　リサジュー曲線

NumPyを使って例題64のリサジュー曲線を描く.

プログラム　Dr66_2

```
# -------------------------
# *     リサジュー曲線     *
# -------------------------

import numpy as np
import matplotlib.pyplot as plt

a = np.arange(0, np.pi * 2, 0.01)
x = np.sin(2 * a)
y = np.sin(3 * a)

plt.plot(x, y)
plt.show()
```

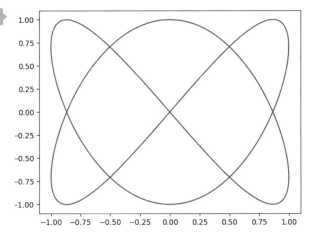

sinの中の「2」と「3」の値を変えれば異なる図形が描ける．以下は「5」と「9」の例．

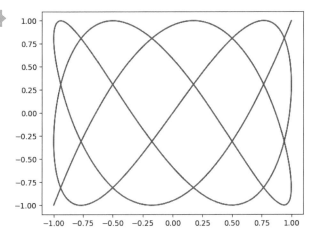

NumPyを使ってトロコイドを描く.

トロコイド (trochoid) とは，円をある曲線にそってすべらないように転がしたとき，その円の内部または外部の定点が描く曲線のことである.

プログラム Dr66_3

```
# ---------------------
# *     トロコイド     *
# ---------------------

import numpy as np
import matplotlib.pyplot as plt

a, b = 1, 2
t = np.arange(-np.pi * 3, np.pi * 3, 0.01)
x = a*t - b*np.sin(t)
y = a - b*np.cos(t)

plt.plot(x, y)
plt.show()
```

実行結果

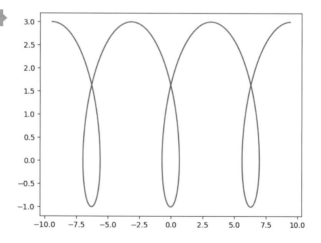

極方程式

極座標は原点からの距離 r と角度 θ で平面上の点の位置を表したものである. 極方程式は，この極座標 (r, θ) に関する方程式である. 極座標を直交XY座標に変換するには以下の式で行う.

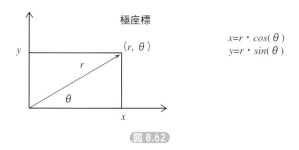

極座標

$$x=r \cdot cos(\theta)$$
$$y=r \cdot sin(\theta)$$

図 8.62

極方程式の例としてばら曲線，螺旋などがある．

NumPy を使ってばら曲線を描く．

ばら曲線は以下の極方程式で表せる．

$$r=m \cdot sin(n \cdot \theta)$$

プログラム Dr66_4

```
# -------------------
# *     ばら曲線     *
# -------------------

import numpy as np
import matplotlib.pyplot as plt

a = np.arange(0, np.pi * 6, 0.05)
r = 4 * np.sin(4 * a / 3)
x = r * np.cos(a)
y = r * np.sin(a)

plt.plot(x, y)
plt.show()
```

実行結果

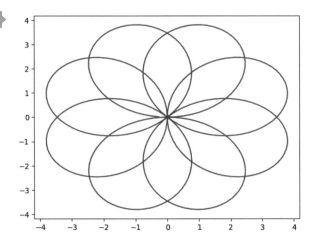

練習問題 66-5　螺旋（らせん）

NumPy を使って螺旋（らせん）を描く.

　螺旋は以下の極方程式で表せる.

$$r = m \cdot e^{n \cdot \theta}$$

プログラム　Dr66_5

```
# ----------------------
# *    螺旋 ( らせん )    *
# ----------------------

import numpy as np
import matplotlib.pyplot as plt

a = np.arange(0, np.pi * 16, 0.05)
r = 2 * np.exp(0.1 * a)
x = r * np.cos(a)
y = r * np.sin(a)

plt.plot(x, y)
plt.show()
```

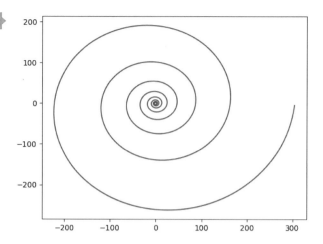

8-12 | Matplotlib を使った 3D 表示

1. 3D描画手順

Matplotlibで3D表示する描画手順は以下である.

・描画エリアfigureの作成

```
fig = plt.figure(figsize=(8, 8))
```

・3Dのsubplotを追加

```
ax = fig.add_subplot(projection='3d')
```

・データの作成

```
x, y, z=それぞれの値
```

・グラフの作成

```
ax.plot(x, y, z)
```

・グラフの描画

```
plt.show()
```

❶ Matplotlibバージョン3.2.0以前は, 「from mpl_toolkits.mplot3d import Axes3D」 で Axes3Dクラスをインポートしなければならなかったが, 現在のバージョンでは不要.

3次元座標は右手系と左手系があり, その中でyを上方向にするかzを上方向にするかで分かれる. 本書では右手系でyを上にする座標で解説している.

Matplotlibの3次元座標は, z軸が上方向になる右手系座標である. このためy軸の正の向きは奥方向になる.

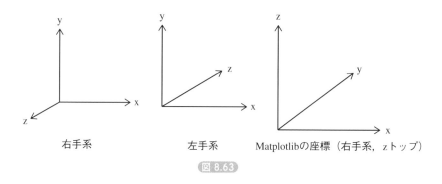

図 8.63

例題 **67** 立方体

Matplotlibを使って立方体を描く.

　立体の辺を描くには，一筆書きできる直線群に分ける．立方体の場合は①～④の直線群に分け，データを2次元リストに格納する．①群は$(0,0,0)$から10の点を矢印の順にたどる.

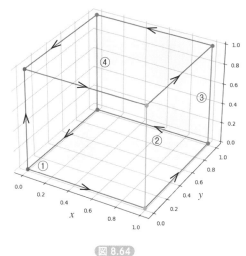

図 8.64

プログラム Rei67

```
# --------------------------------
# *    立方体 (Matplotlib 版 )    *
# --------------------------------

import matplotlib.pyplot as plt

fig = plt.figure(figsize=(8, 8))
ax = fig.add_subplot(projection='3d')

x = [[0, 1, 1, 0, 0, 0, 1, 1, 0, 0], [1, 1], [1, 1], [0, 0]]
y = [[0, 0, 1, 1, 0, 0, 0, 1, 1, 0], [0, 0], [1, 1], [1, 1]]
z = [[0, 0, 0, 0, 0, 1, 1, 1, 1, 1], [1, 0], [1, 0], [1, 0]]

ax.set_xlabel('x', size=16)
ax.set_ylabel('y', size=16)
ax.set_zlabel('z', size=16)

for i in range(len(x)):
    ax.plot(x[i], y[i], z[i], marker='o')

plt.show()
```

練習問題 **67-1** 家を描く

8-4の例題58で示したデータを使って家を描く.

x, y, zを以下のように変更する.

プログラム Dr67_1

```
# ----------------------------------
# *    家を描く (Matplotlib 版 )    *
# ----------------------------------

import matplotlib.pyplot as plt
from mpl_toolkits.mplot3d import Axes3D

fig = plt.figure(figsize=(8, 8))
ax = fig.add_subplot(projection='3d')

x = [[80, 0, 0, 80, 80, 80, 80, 80], [0, 0, 0, 0], [0, 80], ⏎
[0, 80],
     [0, 40, 80], [0, 40, 80], [40, 40], [50, 50, 65, 65, 65, ⏎
65, 50, 50],
     [65, 65], [50, 50, 65], [50, 50]]
y = [[100, 100, 100, 100, 0, 0, 100, 100], [100, 0, 0, 100], ⏎
[0, 0], [0, 0],
```

```
        [100, 100, 100], [0, 0, 0], [100, 0], [100, 100, 100, ↩
100, 80, 80, 80, 100],
        [100, 80], [80, 80, 80], [100, 80]]
z = [[50, 50, 0, 0, 0, 50, 50, 0], [50, 50, 0, 0], [50, 50], ↩
[0, 0],
        [50, 80, 50], [50, 80, 50], [80, 80], [72, 90, 90, 61, ↩
61, 90, 90, 90],
        [90, 90], [90, 72, 61], [72, 72]]

ax.set_xlabel('x', size=16)
ax.set_ylabel('y', size=16)
ax.set_zlabel('z', size=16)

for i in range(len(x)):
    ax.plot(x[i], y[i], z[i], marker='o') ◀──── ①

plt.show()
```

すべての線を同じ色で描画するには，①で color を指定する.

```
ax.plot(x[i], y[i], z[i], marker='o', color='blue')
```

実行結果

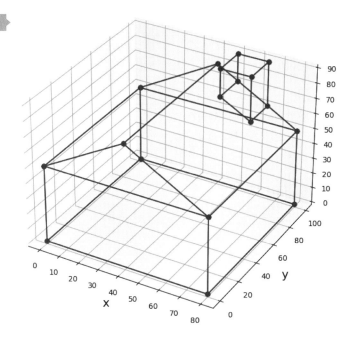

練習問題 67-2　回転体を描く

8-5 の例題 59 で示したデータを使って回転体を描く.

プログラム　Dr67_2

```
# ----------------------------------------
# *      回転体モデル (Matplotlib 版 )      *
# ----------------------------------------

import math
import numpy as np
import matplotlib.pyplot as plt

fig = plt.figure(figsize=(8, 8))
ax = fig.add_subplot(projection='3d')

z = [180, 140, 100, 60, 20, 10, 4, 0]    # 高さ
r = [100, 55, 10, 10, 10, 50, 80, 80]    # 半径
x = [0, 0, 0, 0, 0, 0, 0, 0]
y = [0, 0, 0, 0, 0, 0, 0, 0]

for k in range(len(z)):        # z 軸回りの回転軌跡
    n = np.linspace(0, 360, 37)
    X = r[k] * np.cos(np.radians(n))
    Y = r[k] * np.sin(np.radians(n))
    Z = np.linspace(z[k], z[k], 37)
    ax.plot(X, Y, Z, color='blue')

for n in range(6):             # 稜線
    for k in range(len(r)):
        x[k] = r[k] * math.cos(math.radians(n * 60))
        y[k] = r[k] * math.sin(math.radians(n * 60))
    ax.plot(x, y, z, color='blue')

plt.show()
```

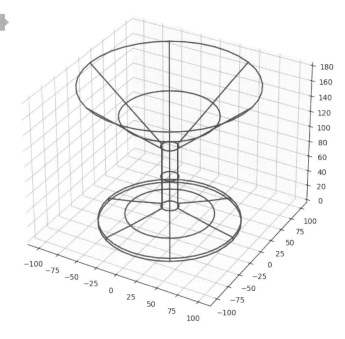

2. ワイヤーフレームで表示

例題 68 家を描く

練習問題67-1の家をワイヤーフレームで表示する.

家本体の前面の各点の座標を以下の一筆書きの順にリストx1, y1, z1の第1要素に入れる. 奥面のデータを同様に第2要素に入れる. 奥面のデータは前面のデータのyを100に変えたものである. plot_wireframeメソッドの引数にするため, リストはnp.arrayメソッドで作成する.

$$① \to ② \to ③ \to ④ \to ⑤ \to ① \to ④$$

煙突のデータは別リストx2, y2, z2で作成する.

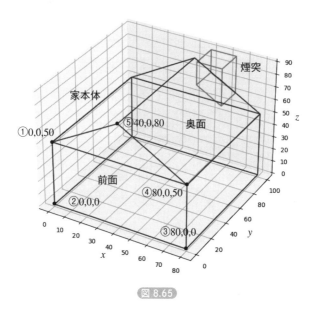

図 8.65

プログラム Rei68

```
# ----------------------------
# *      ワイヤーフレーム版      *
# ----------------------------

import numpy as np
import matplotlib.pyplot as plt

fig = plt.figure(figsize=(8, 8))
ax = fig.add_subplot(projection='3d')

ax.set_xlabel('x', size=16)
ax.set_ylabel('y', size=16)
ax.set_zlabel('z', size=16)

# 家本体
x1 = np.array([[0, 0, 80, 80, 40, 0, 80], [0, 0, 80, 80, 40, ⏎
0, 80]])
y1 = np.array([[0, 0, 0, 0, 0, 0, 0], [100, 100, 100, 100, ⏎
100, 100, 100]])
z1 = np.array([[50, 0, 0, 50, 80, 50, 50], [50, 0, 0, 50, 80, ⏎
50, 50]])

# 煙突
x2 = np.array([[50, 50, 65, 65, 50], [50, 50, 65, 65, 50]])
y2 = np.array([[80, 80, 80, 80, 80], [100, 100, 100, 100, 100]])
z2 = np.array([[90, 72, 61, 90, 90], [90, 72, 61, 90, 90]])
```

```
ax.plot_wireframe(x1, y1, z1, color='blue')
ax.plot_wireframe(x2, y2, z2, color='red')
plt.show()
```

練習問題 68 3次元関数を表示

3次元関数を表示する.

以下のように meshgrid メソッドで x, y データを作り，この x, y を使って3次元関数の z を計算し，`plot_wireframe` でワイヤーフレームでのグラフを作成する.

```
x, y = np.meshgrid(np.arange(-200, 200, 10), np.arange(-200, ⏎
200, 10))
z = x,yを含む3次元関数
ax.plot_wireframe(x, y, z)
```

プログラム Dr68

```
# ----------------------------------
# *    3次元関数 (Matplotlib 版)    *
# ----------------------------------

import numpy as np
import matplotlib.pyplot as plt

fig = plt.figure(figsize=(8, 8))
ax = fig.add_subplot(projection='3d')

ax.set_xlabel('x', size=16)
ax.set_ylabel('y', size=16)
ax.set_zlabel('z', size=16)

x, y = np.meshgrid(np.arange(-200, 201, 10), np.arange(-200, ⏎
201, 10))
z = (np.cos(np.radians(np.sqrt(x*x + y*y)))
     + np.cos(np.radians(3 * np.sqrt(x*x + y*y))))
ax.plot_wireframe(x, y, z)
plt.show()
```

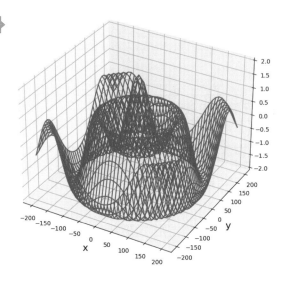

参考 面モードのグラフ

plot_surfaceを使えば面モードのグラフができる.

```
ax.plot_surface(x, y, z, cmap='summer')
```

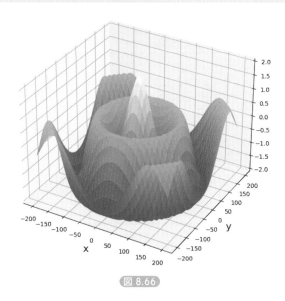

図 8.66

パズル・ゲーム

- コンピュータの最も発展した応用技術の1つにゲームがある. 子どもたちが熱中するゲームの魅力は, あの画面の中に展開される虚構の世界をこの手で自由に操れる壮快さにあると思う. この種のゲームはより正確な虚構の世界を作り出すために, 高度なグラフィック技術とリアルタイムで反応するスピードが要求されるから, コンピュータなしでは考えられないゲームである.

- 一般に, ゲームというと世俗的な語感があるのに対し, パズルは知的思考の遊びとしての意味合いが強い. パズルは古今東西いろいろなものが考えられている. これはいつの世も, 人間の知的好奇心が旺盛である証拠である.

- パズルの世界もコンピュータを導入することにより, 第4章で示したハノイの塔の問題のように, きわめて明快に解きあかすことができるのである. しかし, 一般には明快なアルゴリズムが適用できずに, しらみつぶし的に調べなければならないことも多い. このような場合のアルゴリズムとして, バックトラッキングとダイナミック・プログラミングについても説明する.

9-1 魔方陣

例題 69 奇数魔方陣

$n \times n$（nは奇数）の正方形のマスの中に$1 \sim n^2$までの数字を各行，各列，対角線のそれぞれの合計が，すべて同じ数になるように並べる.

図9.1に3×3の奇数魔方陣の答を示す.

8	1	6
3	5	7
4	9	2

図9.1 3×3の奇数魔方陣

数が少ないうちは試行錯誤にマスを埋めていけば答が見つかるが，数が大きくなれば無理である．$n \times n$（$n = 3, 5, 7, 9, \cdots$）の奇数魔方陣を解くアルゴリズムは以下の通りである.

① 第1行の中央に1を入れる.

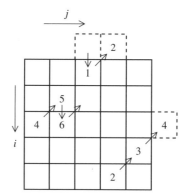

図9.2 n×nの奇数魔方陣

② 入れる数を方陣の大きさnで割った余りが1であればすぐ下のマスへ進み,
そうでなければ斜め上へ進む.

③ もし上へはみ出した場合は,同じ列の一番下へ移る.

④ もし右へはみ出した場合は,同じ行の一番左へ移る.

プログラム Rei69

```
# --------------------
# *      奇数魔方陣    *
# --------------------

N = 7
hojin = [[0] * (N + 2) for i in range(N + 2)]
j = (N + 1) // 2
i = 0
for k in range(1, N*N + 1):
    if k % N == 1:
        i += 1
    else :
        i -= 1
        j += 1
    if i == 0:        ← ①
        i = N
    if j > N:
        j = 1
    hojin[i][j] = k

print('        奇数魔方陣   (N={:d})'.format(N))
for i in range(1, N + 1):
    result = ''
    for j in range(1, N + 1):
        result += '{:4d}'.format(hojin[i][j])
    print(result)
```

❶ ①部は,まとめて次のように書くこともできる.
```
else :
    i = N - (N - i + 1)%N
    j = j%N +1
```

実 行 結 果

奇数魔方陣　（N=7）
```
30  39  48   1  10  19  28
38  47   7   9  18  27  29
46   6   8  17  26  35  37
 5  14  16  25  34  36  45
13  15  24  33  42  44   4
21  23  32  41  43   3  12
22  31  40  49   2  11  20
```

練習問題 **69** **4N 魔方陣**

nが4の倍数（**4, 8, 12, 16, …**）の偶数魔方陣を解く.

4の倍数（4, 8, 12, 16, …）の4N魔方陣を解く.

4×4方陣の解法を**図9.3**に示す.

(a) マス目の左上隅から横方向に1, 2, 3, 4, 次の段に移り, 5, 6, 7, 8と
　 順次埋めていくが, 対角線要素には値を入れない.

(b) マス目の左上隅から横方向に16, 15, 14, 13, 次の段に移り12, 11, 10,
　 9と順次埋めていくが, 対角線要素だけに値を入れる.

(c) (a)と(b)を重ね合わせたものが解である.

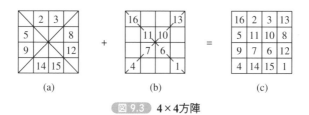

(a)　　　　　　　(b)　　　　　　　(c)

図 9.3 4×4方陣

8×8方陣の解法を**図9.4**に示す.

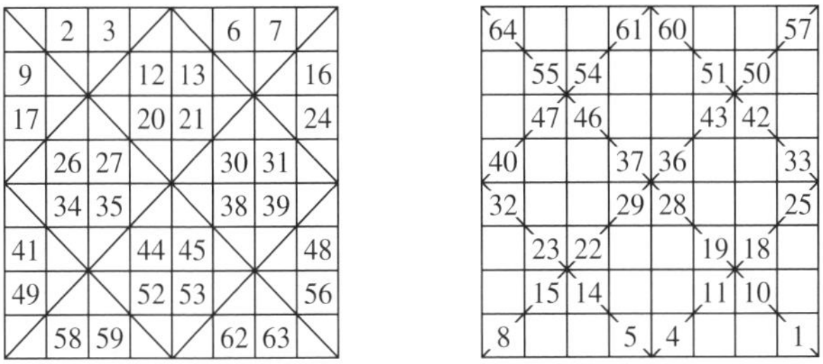

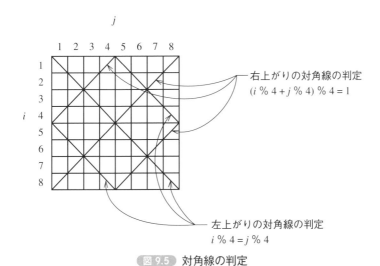

図 9.4 の部分と図 9.5 の部分を含む。

図9.4 の 8×8方陣、図9.5 の対角線の判定が含まれる。

右上がりの対角線および左上がりの対角線上の要素であるか否かの判定は**図9.5**の式で行う.

右上がりの対角線の判定
$(i \% 4 + j \% 4) \% 4 = 1$

左上がりの対角線の判定
$i \% 4 = j \% 4$

図 9.5 対角線の判定

プログラム Dr69

```
# ------------------
# *    4N 魔方陣    *
# ------------------

N = 8
hojin = [[0] * (N + 2) for i in range(N + 2)]

for j in range(1, N + 1):
    for i in range(1, N + 1):
        if j % 4 ==  i% 4 or (j%4 + i%4) %4 == 1:
```

```
            hojin[i][j] = (N + 1 - i)*N - j + 1
        else:
            hojin[i][j] = (i - 1)*N + j

print('          4N 魔方陣  (N={:d})'.format(N))
for i in range(1, N + 1):
    result = ''
    for j in range(1, N + 1):
        result += '{:4d}'.format(hojin[i][j])
    print(result)
```

実行結果

```
          4N 魔方陣  (N=8)
  64    2    3   61   60    6    7   57
   9   55   54   12   13   51   50   16
  17   47   46   20   21   43   42   24
  40   26   27   37   36   30   31   33
  32   34   35   29   28   38   39   25
  41   23   22   44   45   19   18   48
  49   15   14   52   53   11   10   56
   8   58   59    5    4   62   63    1
```

● 参考図書：『BASIC プログラムの考え方・作り方』池田一夫，馬場史郎，啓学出版

9-2 戦略を持つじゃんけん

第9章 パズル・ゲーム

例題 70 戦略を持つじゃんけん1

対戦するたびに相手のくせををを読み，強くなるじゃんけんプログラムを作る.

グー，チョキ，パーをそれぞれ0，1，2で表し，コンピュータと人間の手の対戦表をつくると**表9.1**のようになる.

computer＼man	グー 0	チョキ 1	パー 2
グー 0	－	○	×
チョキ 1	×	－	○
パー 2	○	×	－

表9.1 computerにとっての勝ち負け

computerとmanにそれぞれ0～2のデータが入っていたとき，

　　(computer － man + 3) % 3

の値により次のように判定できる.

　　0 … 引き分け
　　1 … コンピュータの負け
　　2 … コンピュータの勝ち

さて，パーの次にグーを出す傾向が強いなど，前に自分の出した手に影響を受けて次の手を決める癖の人間がいたとする．このような場合のコンピュータの戦略は次のようになる.

人間が1つ前に出した手をM，今出した手をmanとするときに**表9.2**のような戦略テーブルのtable[M][man]の内容を＋1する．これをじゃんけんのたびに行っていけば，**表9.2**に示すような戦略データが作られていく.

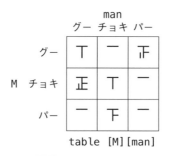

		man		
		グー	チョキ	パー
M	グー	丅	一	正
	チョキ	正	丅	一
	パー	一	下	一

table[M][man]

表 9.2 戦略テーブル

　コンピュータはこの表を見ながら，相手はグーの後にパー，チョキの後にグー，パーの後にチョキを出しやすいことがわかる．したがって相手の前の手がグーなら，今回パーを出す可能性が高いのだから，コンピュータはチョキを出せば勝てる可能性が高いことになる．

プログラム Rei70

```
# -------------------------------
# *      戦略を持つじゃんけん      *
# -------------------------------

msg = ['引き分け ', ' あなたの勝ち ', ' あなたの負け ']
hand = ['グー ', ' チョキ ', ' パー ']
table=[[0] * 3 for i in range(3)]
hist = [0, 0, 0]
M = 0
while True:                          # グーを出す可能性が高い場合
    if table[M][0] > table[M][1] and table[M][0] > table[M][2]:
        computer = 2
    elif table[M][1] > table[M][2]:  # チョキを出す可能性が高い場合
        computer = 0
    else:                            # パーを出す可能性が高い場合
        computer = 1
    man = int(input(' あなたの手 (0: グー ,1: チョキ ,2: パー )'))
    judge = (computer - man + 3) % 3
    hist[judge] += 1
    table[M][man] += 1
    M = man
    print(' あなたの手 {:s}'.format(hand[man]))
    print(' コンピュータの手 {:s}'.format(hand[computer]))
    print(msg[judge])
    print('{:d} 勝 {:d} 敗 {:d} 分 '.format(hist[1], hist[2], ↵
hist[0]))
```

```
あなたの手 (0: グー ,1: チョキ ,2: パー )0
あなたの手グー
コンピュータの手チョキ
あなたの勝ち
1勝0敗0分
あなたの手 (0: グー ,1: チョキ ,2: パー )0
あなたの手グー
コンピュータの手パー
あなたの負け
1勝1敗0分
あなたの手 (0: グー ,1: チョキ ,2: パー )1
あなたの手チョキ
コンピュータの手パー
あなたの勝ち
2勝1敗0分
あなたの手 (0: グー ,1: チョキ ,2: パー )
```

練習問題 70 戦略を持つじゃんけん 2

例題70とは異なる戦略を持つじゃんけんプログラムを作る.

図9.6に示すような3次元の戦略テーブルを作る.

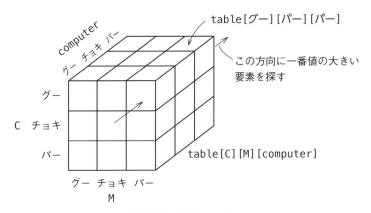

図 9.6 戦略テーブル

1つ前のコンピュータの手をC, 人間の手をM, 今出したコンピュータの手を computerとする.

たとえば, 1つ前のコンピュータの手がグー, 人間の手がパーで, 今コンピュータがパーを出して勝った場合table[グー] [パー] [パー]の内容を＋1する. 逆に

負ければ−1する．引き分けた場合は，パーに勝てるチョキの位置をtable[グー][パー][チョキ]の内容を＋1する．これを繰り返すことで，1つ前の局面C, Mに対し，コンピュータが今回出した手で勝ったか負けたかのデータが蓄積されていく．したがって，コンピュータは1つ前の局面C, Mに対し，最も勝つ確率の高い手（table[C][M]の通りで一番値の大きい要素を探せばよい）をこのテーブルから選べばよい．

プログラム Dr70

```
# -------------------------------
# *      戦略を持つじゃんけん      *
# -------------------------------

msg = ['引き分け', 'あなたの勝ち', 'あなたの負け']
hand = ['グー', 'チョキ', 'パー']

table = [[[0, 0, 0], [0, 0, 0], [0, 0, 0]],  # 戦略テーブル
         [[0, 0, 0], [0, 0, 0], [0, 0, 0]],
         [[0, 0, 0], [0, 0, 0], [0, 0, 0]]]
hist = [0, 0, 0]
C = M = 0
while True:
    if table[C][M][0] > table[C][M][1] and table[C][M][0] >↵
table[C][M][2]:
        computer = 0
    elif table[C][M][1] > table[C][M][2]:
        computer = 1
    else:
        computer = 2
    man = int(input('あなたの手(0:グー,1:チョキ,2:パー)'))
    judge = (computer - man + 3) % 3
    hist[judge] += 1
    if judge == 0:
        table[C][M][(computer + 2) % 3] += 1
    if judge == 1:
        table[C][M][computer] -= 1
    if judge == 2:
        table[C][M][computer] += 1
    M, C = man, computer
    print('あなたの手 {:s}'.format(hand[man]))
    print('コンピュータの手 {:s}'.format(hand[computer]))
    print(msg[judge])
    print('{:d} 勝 {:d} 敗 {:d} 分 '.format(hist[1], hist[2], ↵
hist[0]))
```

実行結果

```
あなたの手 (0: グー ,1: チョキ ,2: パー )0
あなたの手グー
コンピュータの手パー
あなたの負け
0 勝 1 敗 0 分
あなたの手 (0: グー ,1: チョキ ,2: パー )1
あなたの手チョキ
コンピュータの手パー
あなたの勝ち
1 勝 1 敗 0 分
あなたの手 (0: グー ,1: チョキ ,2: パー )
```

● 参考図書：『基本 JIS BASIC』西村恕彦，中森眞理雄，小谷善行，吉岡邦代，オーム社

9-3 バックトラッキング

バックトラッキングは（back tracking：後戻り法）は，すべての局面をしらみつぶしに調べるのではなく，調べる必要のない局面を効率よく判定し，調査時間を減らすためのアルゴリズムである．バックトラッキングの典型的な適用例である8王妃の問題と騎士巡歴の問題を取り上げる．**第4章**の**4-5**の迷路問題もバックトラッキングである．

例題 71 8王妃（8Queens）の問題

8×8の盤面にチェスのクィーンを8駒並べ，どのクィーンも互いに張り合わないような局面をすべて求める．

チェスのクィーンは縦，横，斜めにいくらでも進める．互いに張り合わないとは，あるクィーンの進める位置に他のクィーンが入らないということである．

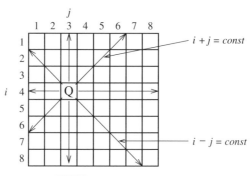

図9.7 クィーンの進める位置

(a) まず，クィーンを1段目の1列に置く．2段目に進み，クィーンを置ける位置を調べて置く（3列目）．以下同様に進む．6段目に進み，各列を調べるが，どこにも置けない．

(b) 1段前に戻り，クィーンを置いた位置$(5, 4)$からクィーンを除く．

(c) 5段目についてクィーンを置ける位置を5列以後調べて置く（8列目）．6段目に進み，各列を調べるが，どこにも置けない．

(d) 5段目に戻るが，この段はもう置く位置の候補がないので，さらに4段目に戻り，(4, 2)位置からクィーンを除く．

(e) (4, 3)位置から調べを開始し，8段目に進み，各列を調べるが，どこにも置けない．

(f) 以上を繰り返し，8段目にクィーンが置けたときが，1つ目の解となる．

(a)〜(f)は**図9.8**の(a)〜(f)に対応している．

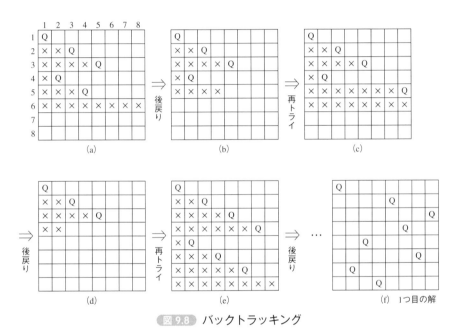

図 9.8 バックトラッキング

以上の動作は，**図9.9**のような木で表すことができる．

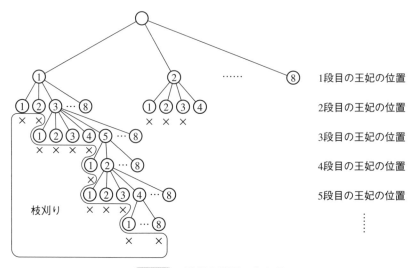

図 9.9　8王妃の問題の木表現

　8王妃の問題は，木を深さ優先探索の要領で調べ，行き詰まったら（王妃がその段に置けなくなったら）1つ前の段の王妃を置いた位置に戻って（back track）再び探索を行っていくもので，バックトラッキング（back tracking：後戻り法）と呼ぶアルゴリズムである．

　この方法では，行き詰まった先の枝については探索を行わない．これを枝刈り（tree pruning）という．枝刈りを行わず，すべての枝を探索すれば，しらみつぶし法になり探索時間はきわめて増大することになる．

　さて，i 段目を調べているときに j 列にクィーンが置けるかを次の3つのリストで表すことにする．

column[j]	この内容が0なら j 列（縦方向）にはすでにクィーンがいることを示す．
rup[i+j]	この内容が0なら，$i+j=const$ の位置，つまり右上がりの対角線上にすでにクィーンがいることを示す．
lup[i-j+N]	この内容が0なら，$i-j=const$ の位置，つまり左上がりの対角線上にすでにクィーンがいることを示す．$+N$ しているのは，Pythonでは負のリスト要素がとれないためのバイアスである．

プログラム Rei71

```
# -----------------------------------
# *      八王妃 (8Queens) の問題      *
# -----------------------------------

def backtrack(i):
    global num
    if i > N:
        num += 1
        print(' 解 {:d}'.format(num))      # 解の表示
        for y in range(1, N + 1):
            result = ''
            for x in range(1, N + 1):
                if queen[y] == x:
                    result += ' Q'
                else:
                    result += ' .'
            print(result)
    else:
        for j in range(1, N + 1):
            if column[j] == 1 and rup[i + j] == 1 and lup[i - j↩
+ N] == 1:
                queen[i] = j              # (i,j) が王妃の位置
                column[j] = rup[i + j] = lup[i - j + N] = 0   ↩
#局面の変更
                backtrack(i + 1)
                column[j] = rup[i + j] = lup[i - j + N] = 1   ↩
#局面の戻し

N = 8
column = [1 for i in range(N + 1)]     # 同じ欄に王妃が置かれているかを↩
表す
rup = [1 for i in range(2 * N + 1)]     # 右上がりの対角線上に置かれて↩
いるかを表す
lup = [1 for i in range(2 * N + 1)]     # 左上がりの対角線上に置かれて↩
いるかを表す
queen = [0 for i in range(N + 1)]     # 王妃の位置
num = 0

backtrack(1)
```

実行結果

全部で92通りの解がある

```
解 1
 Q . . . . . . .
 . . . . Q . . .
 . . . . . . . Q
 . . . . . Q . .
 . . Q . . . . .
```

......

```
解 90
 . . . . . . . Q
 . Q . . . . . .
 . . . . Q . . .
 . . Q . . . . .
 Q . . . . . . .
```

```
· Q · · · · Q ·
· Q · · Q · · ·
· · · Q · · · ·
解 2
Q · · · · · · ·
· · · · Q · · ·
· · · · · · · Q
· · · Q · · · ·
· · · · · · Q ·
· · · Q · · · ·
· · Q · · · · ·
· · · · · Q · ·
解 3
Q · · · · · · ·
· · · · · Q · ·
· · · Q · · · ·
· · · · · · Q ·
· · · · · · · Q
· Q · · · · · ·
· · · · Q · · ·
· · Q · · · · ·
```

　　……

```
· · · Q · · Q ·
· · · Q · · · ·
· · · · · Q · ·
解 91
· · · · · · · Q
· · Q · · · · ·
Q · · · · · · ·
· · Q · · · · ·
· Q · · · · · ·
· · · · Q · · ·
· · · · · · Q ·
· · · · Q · · ·
解 92
· · · Q · · Q ·
Q · · · · · · ·
· · Q · · · · ·
· · · · · Q · ·
· Q · · · · · ·
· · · · · · Q ·
· · · · Q · · ·
```

練習問題 **71** **騎士巡歴の問題**

チェスのナイト（騎士）が $N \times N$ の盤面の各マス目を1回だけ通り，すべての盤面を訪れる経路を求める．

　チェスのナイト（Knight）は将棋の桂馬と似た動きで，**図9.10**に示す8通りの方向に動くことができる．

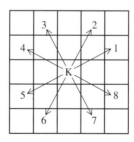

図 9.10 ナイトの移動できる位置

　K（ナイト）の位置を中心に水平方向（x方向）に±1または±2, 垂直方向（y方向）に±1または±2の移動となり, これらの組み合わせで8通りの方向になるわけである. したがって, ナイトの移動方向の8種類の手は**表9.3**のように表せる.

手	dx[ ]	dy[ ]
1	2	1
2	1	2
3	−1	2
4	−2	1
5	−2	−1
6	−1	−2
7	1	−2
8	2	−1

表9.3 ナイトの移動方向の8種類の手

　出発点（この例では左上隅）から**表9.3**の8種類の手を1〜8の順に試し, 行けるところに進む. 8種類の手がすべて失敗したら1つ前に戻る. 盤面のマス目には, 通過順序を示す番号（1, 2, …）を残していく. 通過番号がN^2になったときがすべてを巡歴したときである. 戻るときはそのマス目を0にする. ナイトが進めるのは進む位置のマス目が0のときである. x, y位置にいて, k番目の手で進む位置はx+dx[k], y+dy[k]となる.

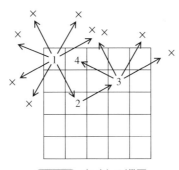

図9.11 ナイトの巡歴

　ナイトの移動範囲は最大で±2であるので, 盤面の外に2マスずつの壁を作り, 訪問の際にナイトが飛び出さないようにする.

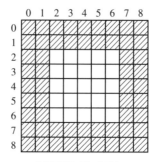

図 9.12 壁で囲む

プログラム Dr71

```
# -------------------------
# *      騎士巡歴の問題      *
# -------------------------

N = 5
m = [[0] * (N + 4) for i in range(N + 4) ]   # 盤面
dx = [2, 1, -1, -2, -2, -1, 1, 2]      # 騎士の移動 x 成分
dy = [1, 2, 2, 1, -1, -2, -2, -1]      # 騎士の移動 y 成分
count = num = 0
def backtrack(x, y):
    global count, num
    if m[x][y] == 0:
        count += 1
        m[x][y] = count   # 訪問順番の記録
        if count == N * N:
            num += 1
            print(' 解 {:d}'.format(num)) # 解の表示
            for i in range(2, N + 2):
                result = ''
                for j in range(2, N + 2):
                    result += '{:4d}'.format(m[i][j])
                print(result)
        else:
            for k in range(8):   # 進む位置を選ぶ
                backtrack(x + dx[k], y + dy[k])
        m[x][y] = 0        # 1 つ前に戻る
        count -= 1

for i in range(N + 4):
    for j in range(N + 4):
        if 2 <= i and i <= N + 1 and 2 <= j and j <= N + 1:
            m[i][j] = 0    # 盤面
        else:
            m[i][j] = 1    # 壁

backtrack(2, 2)
```

全部で304通りの解がある

```
解 1
    1    6   15   10   21
   14    9   20    5   16
   19    2    7   22   11
    8   13   24   17    4
   25   18    3   12   23
解 2
    1    6   11   18   21
   12   17   20    5   10
    7    2   15   22   19
   16   13   24    9    4
   25    8    3   14   23
   25    8    3   14   23
```

……

```
解 303
    1   10    5   14   25
    4   15    2   19    6
    9   20   11   24   13
   16    3   22    7   18
   21    8   17   12   23
解 304
    1   10    5   16   25
    4   17    2   11    6
    9   20   13   24   15
   18    3   22    7   12
   21    8   19   14   23
   21    8   19   14   23
```

$N = 5$の場合304通りの答がある．また，$N = 8$以上の場合は，時間がかかりすぎて，このアルゴリズムでは適切でない．

 騎士巡歴の計算時間の減少手法

8王妃の問題は局面の次元が8であるのに対し，騎士巡歴の問題は局面の次元が64（8×8盤面）となる．したがって計算時間は指数的に増大する．

計算時間を減少させるためには，ナイトの移動の手の戦略を場合によって変更する方法がある．

● 参考図書：『ソフトウェア設計』Robert J.Rader 著，池浦孝雄 他訳，共立出版

 高度なアルゴリズム

第8章までに示したアルゴリズムの多くのものは，数学の公式のように整然としていて問題の解答としてエレガントであった．

しかし，このように明快なアルゴリズムばかりでは解けない問題もかなりある．このような問題を解くためのアルゴリズムとして以下のようなものが研究されている．

・バックトラッキング（**back tracking**：後戻り法）

・ミニマックス法（**mini-max method**）

ゲームの木のしらみつぶし探索の方法．ミニマックス法を改良したα-β法もある．

・分枝限定法（branch and bound）
　最適化問題をバックトラッキングで解く手法．

・ダイナミック・プログラミング（dynamic programming：動的計画法）
　9-4参照

・近似アルゴリズム（approximation algorithm）
　厳密な解でなく近似的な解で代用する．

・分割統治法（divide and conquer, divide and rule）
　問題をいくつかの部分問題に分割して解き，その結果を組み合わせて全体の問題の解とする．

● 参考図書：『アルゴリズムとデータ構造』石畑清，岩波書店

9-4 | ダイナミック・プログラミング

ダイナミック・プログラミング（dynamic programming：動的計画法）は，最適化問題を解くのに効果のある方法である．

n個の要素に関する，ある最適解を求めるのに，i個の要素からなる部分集合だけを用いた最適解を表に求めておく．次に要素を1個増加したときに，最適解が変化するかを，この表を基に計算し，表を書き換える．これを全集合（n個の要素全部）になるまで繰り返せば，最終的にn個に関する最適解が表に得られる．つまり空集合の最適解（初期値）から始めて，要素を1つ増やすたびに最適解の更新を行ないながら全集合の最適解にもっていくのがダイナミック・プログラミングという方法である．

ダイナミック・プログラミングの適用例としてナップサック問題（knapsack problem）と釣り銭の枚数問題をとり上げる．

例題 72 ナップサック問題

n個の品物の価格と重さが決まっており，ナップサックに入れることのできる重さも決まっているものとする．品物を選んで（重複してもよい）ナップサックに重量制限内で入れるとき，総価格が最大となるような品物の組み合わせを求める．

次のような品物についてナップサックの制限重量が8kgの場合で考える．なお，ダイナミック・プログラミングでは，制限項目（この例では重さ）はリストの添字に使うため整数型でなければならないという制約を受ける．

番号	品名	重さ[kg]	価格[円]
0	plum	4	4500
1	apple	5	5700
2	orange	2	2250
3	strawberry	1	1100
4	melon	6	6700

表 9.4 ナップサックに詰める品物

　0番の品物だけを使ってナップサイズ1〜8に入れる品物の最適解を表にする．次に1番の品物を入れたときに，先の表で，より最適解になるものを更新する．これを4番の品物まで行うと，最終的な最適解が求められる．

　品物iを対象に入れた場合に，サイズsのナップサックの最適解が変更を受けるかは次のようにして判定する．

① 品物iをサイズsのナップサックに入れたときの余りスペースをpとする．
② pに相当するサイズのナップサックの現時点での最適解に品物iの金額を加えたものを$newvalue$とする．
③ もし，$newvalue >$「サイズsのナップサックの現時点での最適解（value[s]）」なら，

・サイズsの最適解を$newvalue$で更新
・品物iを最後にナップサックに入れた品物としてitem[s]に記録

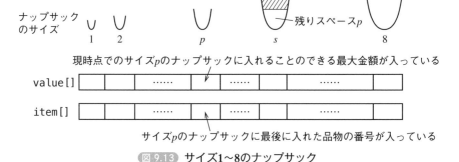

図9.13 サイズ1〜8のナップサック

以上によりサイズsのナップサックの最適解が更新されたならば，

・サイズsのナップサックに入れる品物の最適解は品物i_1とサイズpのナップサックに入っている品物である．
・サイズpのナップサックについても同様に定義されている．

ということができる．
　したがって，サイズsのナップサックから品物i_1を取り出し，次に残りスペース

p に相当するナップサックから品物 i_2 を取り出し，ということをナップサックのサイズの残りスペースが0になるまで続ければ，サイズ s のナップサックにいれることができる品物の最適解が i_1，i_2，…，i_n と求められる．

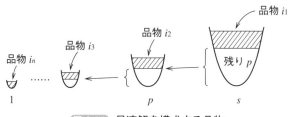

図 9.14 最適解を構成する品物

プログラム Rei72

```
# -----------------------------------------------------------------
# *        ダイナミック・プログラミング ( ナップ・サック問題 )        *
# -----------------------------------------------------------------

LIMIT = 8   # ナップサックの重量制限値
N = 5       # 品物の種類
Min = 1     # 重さの最小値

a = [['plum', 4, 4500], ['apple', 5, 5700], ['orange', 2, 2250],
     ['strawberry', 1, 1100], ['melon', 6, 6700]]

value = [0 for i in range(LIMIT + 1)]
item = [0 for i in range(LIMIT + 1)]

for i in range(N):                          # 品物の番号
    for s in range(a[i][1], LIMIT + 1):     # ナップのサイズ
        p = s - a[i][1]                     # 空きサイズ
        newvalue = value[p] + a[i][2]
        if newvalue > value[s]:
            value[s] = newvalue             # 最適解の更新
            item[s] = i

print('    品 目  価格 ')
s = LIMIT
while s >= Min:
    print('{:10s} {:5d}'.format(a[item[s]][0], a[item[s]][2]))
    s -= a[item[s]][1]
print('    合 計 {:5d}'.format(value[LIMIT]))
```

実行結果

```
    品 目　価格
strawberry 1100
orange    2250
apple     5700
   合  計  9050
```

❗ ナップサックに入れる品物の総重量が制限重量と等しくならない場合（重量の組み合わせ
でこうなることもある）を考慮すると，①の s の終了条件は s>=min となる．もし，必ず
制限重量と一致するなら s>0（ナップサックが空になるまで）としてもよい．

このプログラムにおける表 value[] と item[] は次のように変化する．最終結
果は最下段データである．

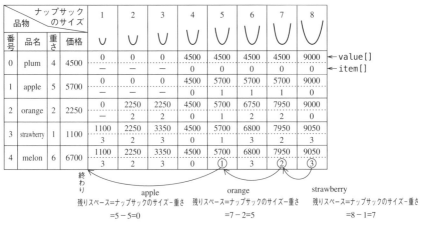

表 9.5　value[] と item[] のトレース

練習問題 72 釣り銭の枚数を最小にする

1¢，10¢，25¢ コインを用いて（何枚使ってもよい），42¢ の釣銭を作る場合，枚
数が最小になる組み合わせを求める．

例題 72 のナップサック問題と同様に考えればよいが，次の点が異なる．

ナップサックに入れた品物の合計金額　→　コインの枚数

品物の重さ　→　コインの金額

最大値を求める　→　最小値を求める

最小値を求めるのでナップサックの初期値はそれぞれのナップサックのサイズとする.

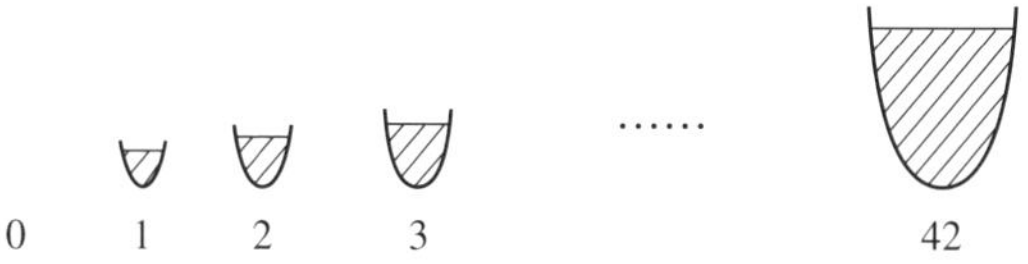

図 9.15 ナップサックの初期値

プログラム Dr72

```
# ---------------------------------------------------------------
# *        ダイナミック・プグラミング ( 釣銭の枚数を最小にする )         *
# ---------------------------------------------------------------

LIMIT = 42    # 釣銭金額
N = 3         # コインの種類

size = [1, 10, 25]
value = [i for i in range(LIMIT + 1)]   # 枚数
item = [0 for i in range(LIMIT + 1)]    # コインの番号

for i in range(N):                       # コインの番号
    for s in range(size[i], LIMIT + 1):  # ナップのサイズ
        p = s - size[i]
        newvalue = value[p] + 1
        if newvalue < value[s]:
            value[s] = newvalue    # 最適解の更新
            item[s] = i

s = LIMIT
result = ' コインの枚数 ={:3d} : '.format(value[LIMIT])
while s > 0:
    result += '{:3d},'.format(size[item[s]])
    s -= size[item[s]]
print(result)
```

実行結果

```
コインの枚数 =  6 :  10, 10, 10, 10,  1,  1,
```

貪欲な（greedy）アルゴリズム

一番よさそうに思えるものから選んでいく方法を貪欲なアルゴリズムという.

たとえば，釣り銭の問題では，大きなコインから選んでいくというのが一番よさそうに思えるから，

$$42 = 25 + 10 + 1 + 1 + 1 + 1 + 1 + 1 + 1$$

となる．5¢コインがある場合はこの方法でも最適解（25 + 10 + 5 + 1 + 1）が得られるが，**練習問題72**のように5¢コインがない場合は最適解にならない．**例題72**のナップサック問題に貪欲なアルゴリズムを用いるなら，価格／重さ（plum：1125，apple：1140，orange：1125，strawberry：1100，melon：1116.7）の一番大きいappleから順に詰めていけばよいことになる.

9-5 万年暦で作るカレンダー

例題 73 **y年m月のカレンダーを作る**

365日を1週間の7で割れば1余るので，閏年がなければ，翌年の1月1日の曜日
は今年の1月1日の曜日の次になる．閏年を判定して曜日のズレを補正する．

　たとえば2022/1/1は「土」で翌年の1/1は「日」，さらに翌年は「月」と，曜日は
1日ずつずれる．しかし2024年は閏年で1日多いので，翌年は2日ずれて「水」と
なる．

(図 9.16)

閏年の判定

　グレゴリオ暦では以下の規則で閏年を設ける．

　　①西暦の年数が4で割り切れる年を閏年とする．
　　②西暦の年数が100で割り切れる年は閏年からはずす．
　　③西暦の年数が400で割り切れる年は閏年に戻す．

　これをプログラム的に表すと，西暦 y 年が閏年である条件は，「yが4で割り切れ
かつ100で割りきれない」または「yが400で割り切れる」となる．

y年m月1日の曜日を調べる

　グレゴリオ暦は1582年に導入されたので，それ以前の年に対しては意味をもた
ないが，計算の都合上，西暦1年1月1日を月曜日とする．365日を1週間の7で割
れば1余るので，閏年がなければ，翌年の1月1日の曜日は今年の1月1日の曜日の
次になる．従って，もし閏年がないとしたら，西暦 y 年m月1日の曜日は日曜日か

らy日分ズレることになる．しかし実際には①~③の規則に従って閏年が入っているので，実際のズレbiasは以下のように表せる．閏年の補正は前年までの(y-1)年分が対象となる．

```
bias = y + (y - 1)//4 - (y - 1)//100 + (y - 1)//400
```

また，y年の1月〜(m-1)月までの合計日数sは以下のようになる．ただしy年が閏年かの判定で2月の日数を設定する．

```
s = month[1] + month [2] +・・・+ month [m-1]
```

結局y年m月d日の曜日weekは

```
week = (bias + s + d - 1) % 7
```

で表せ，weekが0なら日曜日，1なら月曜日，…6なら土曜日と判定できる．

カレンダーとして表示

y年m月のカレンダーを表示する．求めたweekの数値を元に，最初の週は先頭に(week-1)*4個の空白を入れる．日にちを4桁でresultに連結し，土曜で1週間分を表示し，次の行に進む．

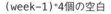

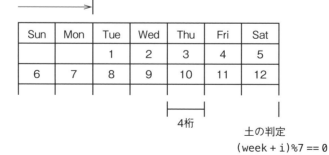

図 9.17 カレンダーの表示

プログラム Rei73

```
# --------------------------------------
# *      万年暦でカレンダーを作る      *
# --------------------------------------

month = [0, 31, 28, 31, 30, 31, 30, 31, 31, 30, 31, 30, 31]
y, m, d = 2023, 4, 1   # 年，月，日（1で固定）

if y % 4 == 0 and y % 100 != 0 or y % 400 == 0:   # 閏年
    month[2] = 29
else:
    month[2] = 28

bias = y + (y - 1)//4 - (y - 1)//100 + (y - 1)//400
s = 0
for i in range(1, m):
    s += month[i]
week = (bias + s + d - 1) % 7      # y年m月1日の曜日

print('{:d}年{:d}月'.format(y, m))
print(' sun mon tue wed thu fri sat')
result = ' ' * (week * 4)
i = 1
while i <= month[m]:
    result += '{:4d}'.format(i)
    if (week + i) % 7 == 0:   # 土曜日
        print(result)
        result = ''
    i += 1
print(result)
```

実行結果

```
2023年4月
 sun mon tue wed thu fri sat
                           1
   2   3   4   5   6   7   8
   9  10  11  12  13  14  15
  16  17  18  19  20  21  22
  23  24  25  26  27  28  29
  30
```

練習問題 73 ツェラーの公式

ツェラーの公式を使ってy年m月d日の曜日を調べる.

　ここまでに紹介したプログラムは,「翌年は曜日が1日ずれ, 閏年で調整が必要である」という原理をそのままプログラムにしたものである. しかし, このような

方法でなくもっと簡単に曜日を求めることができる．ツェラーの公式は年（y），月（m），日（d）を以下の式に代入することで，その日付の曜日を求めることができる．この結果，week が「0:日 1:月 2:火 3:水 4:木 5:金 6:土」となる．ただし，1月，2月は前年の13月，14月として計算する．つまり2022年1月はy = 2021，m = 13として計算する．

```
week = (y + y//4 - y//100 + y//400 + (13*m + 8)//5 + d) % 7
```

　たとえば第18回東京オリンピックが開催された1964年（昭和39年）10月10日をこの式にあてはめると「(1964+491-19+4+27+10) % 7=2477 % 7=6」で土曜日となる．

出来事	年月日	曜日
太平洋戦争終結	1945/8/15	水曜日
アポロ11号月面着陸	1969/7/20	日曜日

出来事	年月日	曜日
アメリカ同時多発テロ	2001/9/11	火曜日
東日本大震災	2011/3/11	金曜日

表 9.6

プログラム Dr73

```
# ------------------------
# *      ツェラーの公式      *
# ------------------------

weekname = ['Sun', 'Mon', 'Tue', 'Wed', 'Thu', 'Fri', 'Sat']
y, m, d = 2023, 2, 28

Y, M = y, m       # 年と月の保存
if m == 1 or m == 2:     # 1月と2月の補正
    y -= 1
    m += 12

week = (y + y//4 - y//100 + y//400 + (13*m + 8)//5 + d) % 7
print('{:d}/{:d}/{:d} {:s}'.format(Y, M, d, weekname[week]))
```

実行結果

```
2023/2/28 Tue
```

weekday メソッド

Python では datetime クラスのメソッドを使って曜日を簡単に調べることができる. 曜日を取得するには, weekday メソッドを使い, 以下の 0〜6 の値が返される. 0 が月曜日であることに注意すること.

0 : 月曜日, 1 : 火曜日, 2 : 水曜日, 3 : 木曜日, 4 : 金曜日, 5 : 土曜日, 6 : 日曜日

```
import datetime
weekname = ['Mon', 'Tue', 'Wed', 'Thu', 'Fri', 'Sat', 'Sun']
now = datetime.date(2023, 2, 28)
print(now)
print(weekname[now.weekday()])
```

実行結果
```
2023-02-28
Tue
```

9-6 | 21を言ったら負けゲーム

例題 74 コンピュータと対戦

21を言ったら負けゲームのルールは「1～21の数字を交互に言い合う」,「1度に言える数は,連続して3つまで」,「21を言ったら負け」である.先手を人間,後手をコンピュータとする「21を言ったら負けゲーム」を作る.

「21」を言ったら負けということは相手に「20」を言われたら負けということになる.「20」を抑えるにはその前に「16」を抑える必要があり,…と続けていけば,最初に「4」を抑えた方が必ず勝つことになる.ここで連続して3つまで言えるというルールが重要になる.先手が「1」と言えば,後手は「2,3,4」と言い,先手が「1,2」と言えば,後手は「3,4」と言い,先手が「1,2,3」と言えば,後手は「4」と言えば良く,必ず後手は「4」を抑えることができる.以後,後手は「8,12,16,20」と抑えていけばよい.先手後手どちらが有利かといえば,先手有利のゲームの方が多い中で「21を言ったら負けゲーム」は数少ない後手必勝ゲームである.ちなみに,プロ棋士の将棋では先手の勝率は約52%(理論値でなく経験値)とわずかながら先手が有利だそうである.

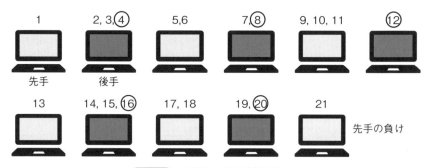

図 9.18 21を言ったら負けゲーム

人間の答えの入力と,最後の数字の取得

先手の人間の答えは「1,2」や「1,2,3」などの文字列で入力することにする.この文字列から最後の数字を取り出す.最後の数字の入力パターンは以下の4種類である.「,」で区切った複数の数字列で最後が1桁の場合(①)と2桁の場合(②),単独の数字で1桁の場合(③)と2桁の場合(④).

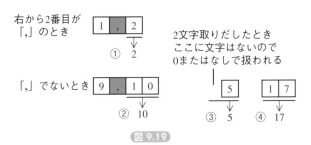

右から2番目が「,」のとき ① 2

「,」でないとき ② 10

2文字取りだしたとき ここに文字はないので 0またはなしで扱われる

③ 5　④ 17

図 9.19

　この4つのパターンを条件分けするには「文字列の右から2番目が「,」なら」という単純な判定でうまくいく.

プログラム Rei74

```
# --------------------------------
# *      21 を言ったら負けゲーム      *
# --------------------------------

ans = 1
count = 1
while ans < 20:
    kotae = input(' 数字を入力して ')
    N = len(kotae)
    if kotae[N - 2] == ',':      # 人間の答えの最後の数字を取り出す
        ans = int(kotae[N - 1])
    else:
        ans = int(kotae[N - 2:N])
    result = ' 僕の答えは '
    while ans < count * 4:       # コンピュータの答え
        ans += 1
        result += '{:3d}'.format(ans)
    print(result)
    count += 1
print(' 僕が 20 と言ったので君の負け ')
```

実行結果

```
数字を入力して 1,2,3
僕の答えは   4
数字を入力して 5
僕の答えは   6   7   8
数字を入力して 9,10
僕の答えは  11  12
数字を入力して 13
僕の答えは  14  15  16
数字を入力して 17,18
僕の答えは  19  20
僕が 20 と言ったので君の負け
```

9-7 迷路の作成と探索

1. 迷路の作成

縦NY, 横NXの各マスに迷路リスト m[][] を対応させ, その各要素に下図に示すような上壁の有無, 右壁の有無, 訪問の有無の3つの情報を持たせる. たとえば上壁ありは「1」, 右壁ありは「2」, 上壁と右壁ありは「3」となる.

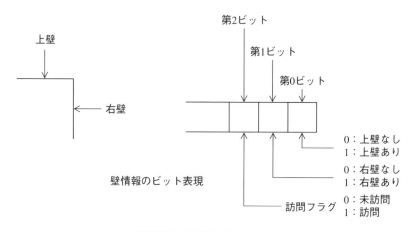

図 9.20 壁情報のビット表現

迷路リストの初期値は, 外壁に番兵の15（再トライ禁止, 訪問済み, 右壁あり, 上壁あり）を置き, 各マスには3（未訪問, 右壁あり, 上壁あり）を置く.

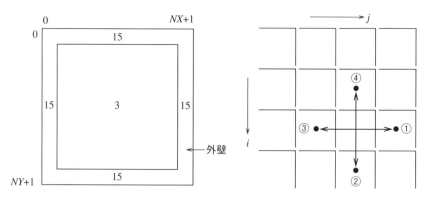

図 9.21 迷路リストの初期値   **図 9.22** 進む方向

(i, j) 位置から進む方向を乱数で「1：右，2：下，3：左，4：上」の中から選択し，1マス進むことにする．その方向に進めるかは，そのマスがまだ未訪問である場合とする．これを進む方向がなくなるまで再帰的にくり返す．全てのマスに上壁，右壁をつけて置き，進む方向の壁を取り去るという方法で迷路を作る．通過に伴う壁の取り崩しは，次の要領で行う．

①右へ進む場合は，今いる位置の右壁を取る．
②下へ進む場合は，進む位置の上壁を取る．
③左へ進む場合は，進む位置の右壁を取る．
④上へ進む場合は，今いる位置の上壁を取る．

右壁を取る作業

`m[i][j]` 位置の右壁を取るにはビット演算子を使って以下のようにする．

$$\text{m[i][j]} \leftarrow \text{m[i][j] \& 0x0d}$$

0x0dのビットパターンは「1101」で，これとのビットごとのANDをとることにより，第1ビットだけを0にすることができる．

壁の描画

壁の長さをw，迷路の左上隅位置を $(0,0)$, 迷路の入り口と出口のリスト要素を`(Si,Sj)`と`(Ei,Ej)`とする．

リストの(i, j)位置に対応するマスのy, x位置は以下の式で得られる．

```
y = i * w
x = j * w
```

このy, x位置に`m[i][j] & 1`が真なら上壁を描き，`m[i][j] & 2`が真なら右壁を描く．

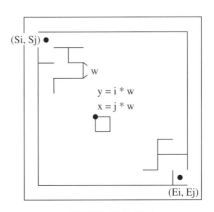

図 9.23 壁の描画

例題 75 迷路の作成

迷路を作成する再帰関数 genmaze を作る.

プログラム Rei75

```
# ----------------------
# *      迷路の作成      *
# ----------------------

import random

!pip3 install ColabTurtle
from ColabTurtle.Turtle import *

initializeTurtle(initial_window_size=(600, 600), initial_speed=13)
hideturtle()
width(2)
bgcolor('white')
color('blue')

def genmaze(i, j):    # 迷路の作成
    m[i][j] |= 4
    while (m[i][j + 1] == 3 or m[i + 1][j] == 3
            or m[i][j - 1] == 3 or m[i - 1][j] == 3):
        n = random.randint(1, 4)
        if n == 1 and m[i][j + 1] == 3:    # 右
            m[i][j] &= 0xd
            genmaze(i, j + 1)
        elif n == 2 and m[i - 1][j] == 3: # 下
            m[i][j] &= 0xe
            genmaze(i - 1, j)
        elif n == 3 and m[i][j - 1] == 3: # 左
            m[i][j - 1] &= 0xd
            genmaze(i, j - 1)
        elif n == 4 and m[i + 1][j] == 3: # 上
            m[i + 1][j] &= 0xe
            genmaze(i + 1, j)

def line(x1, y1, x2, y2):  # 直線
    penup()
    goto(x1, y1)
    pendown()
    goto(x2, y2)

NY, NX = 24, 28
Ei, Ej = NY, NX
w, bp = 20, 20
m = [[0] * (NX + 2) for i in range(NY + 2)]
```

```
for i in range(NY + 2):           # 迷路リストの初期値
    for j in range(NX + 2):
        if i == 0 or j == 0 or i == NY + 1 or j == NX + 1:
            m[i][j] = 15
        else:
            m[i][j] = 3

genmaze(Ei, Ej)
m[Ei][Ej] &= 0xd        # 脱出口の右壁を取る

line(bp, bp + w, bp, NY*w + bp)            # 左端の壁
line(bp, NY*w + bp, NX*w + bp, NY*w + bp)  # 下端の壁

for i in range(1, NY + 1):                 # 迷路を描く
    for j in range(1, NX + 1):
        x = j * w
        y = i * w
        if m[i][j] & 1 == 1:               # 上壁を描く
            line(x, y, x + w, y)
        if m[i][j] & 2 == 2:               # 右壁を描く
            line(x + w, y, x + w, y + w)
```

実行結果

447

2.　迷路の探索

(i, j) 位置を訪問する関数を visit(i, j) とすると迷路を進むアルゴリズムは以下のようになる.

①(i,j) 位置に訪問フラグ（第3ビット）をセットする.

②(i,j) 位置をスタックに保存.

③出口に到達したら，スタックに保存されている通過経路を表示.

④もし，右が空いていれば visit(i, j+1) を行う.

⑤もし，下が空いていれば visit(i+1, j) を行う.

⑥もし，左が空いていれば visit(i, j-1) を行う.

⑦もし，上が空いていれば visit(i-1, j) を行う.

⑧スタック最上位の保存位置を捨てる.

迷路の通過経路を保存するためのスタックとしてリスト ri,rj を用い，スタック位置を sp で管理する．(i, j) の値を下図の→の向きに進むときに積み，---> で戻るときに取り除く.

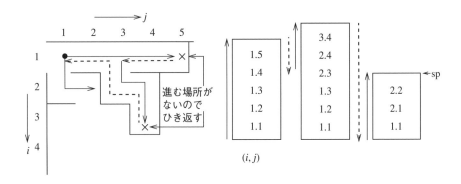

図 9.24　迷路の探索　　　図 9.25　スタックに積まれた経路

迷路を探索する再帰関数 visit を作る.

例題75のプログラムに以下の関数を追加する.

```python
def visit(i, j):        # 迷路の探索
    global sp, exitFlag
    if exitFlag:
        m[i][j] |= 8        # 訪問フラグ
        ri[sp] = i          # i,j 位置をスタックに保存
        rj[sp] = j
        sp += 1

        if i == Ei and j == Ej:     # 出口に到達したら
            for k in range(sp):
                x = rj[k]*w + w/2;
                y = ri[k]*w + w/2;
                if k == 0:
                    penup()
                else:
                    pendown()
                goto(x, y)          # 通過経路の表示
            exitFlag = False

        if (m[i][j] & 2) == 0 and (m[i][j + 1] & 8) == 0:
            visit(i, j + 1)         # 右へ
        if (m[i + 1][j] & 1) == 0 and (m[i + 1][j] & 8) == 0:
            visit(i + 1, j)         # 下へ
        if (m[i][j - 1] & 2) == 0 and (m[i][j - 1] & 8) == 0:
            visit(i, j - 1)         # 左へ
        if (m[i][j] & 1) == 0 and (m[i - 1][j] & 8) == 0:
            visit(i - 1, j)         # 上へ
        sp -= 1            # スタック最上位を捨てる
```

例題75のプログラムの最後に以下を追加する.

```python
ri = [0 for i in range(0, 600)]
rj = [0 for i in range(0, 600)]
sp = 0
exitFlag = True
color('black')
visit(1, 1)
```

最終的なプログラムは以下の通り.

プログラム Dr75

```python
# ---------------------------
# *      迷路の作成と探索      *
# ---------------------------

import random

!pip3 install ColabTurtle
from ColabTurtle.Turtle import *

initializeTurtle(initial_window_size=(600, 600), initial_speed=13)
hideturtle()
width(2)
bgcolor('white')
color('blue')

def visit(i, j):        # 迷路の探索
    global sp, exitFlag
    if exitFlag:
        m[i][j] |= 8        # 訪問フラグ
        ri[sp] = i          # i,j 位置をスタックに保存
        rj[sp] = j
        sp += 1

        if i == Ei and j == Ej:     # 出口に到達したら
            for k in range(sp):
                x = rj[k]*w + w/2;
                y = ri[k]*w + w/2;
                if k == 0:
                    penup()
                else:
                    pendown()
                goto(x, y)          # 通過経路の表示
            exitFlag = False

        if (m[i][j] & 2) == 0 and (m[i][j + 1] & 8) == 0:
            visit(i, j + 1)         # 右へ
        if (m[i + 1][j] & 1) == 0 and (m[i + 1][j] & 8) == 0:
            visit(i + 1, j)         # 下へ
        if (m[i][j - 1] & 2) == 0 and (m[i][j - 1] & 8) == 0:
            visit(i, j - 1)         # 左へ
        if (m[i][j] & 1) == 0 and (m[i - 1][j] & 8) == 0:
            visit(i - 1, j)         # 上へ
        sp -= 1             # スタック最上位を捨てる

def genmaze(i, j):      # 迷路の作成
    m[i][j] |= 4
    while (m[i][j + 1] == 3 or m[i + 1][j] == 3
            or m[i][j - 1] == 3 or m[i - 1][j] == 3):
        n = random.randint(1, 4)
        if n == 1 and m[i][j + 1] == 3:     # 右
```

```
                m[i][j] &= 0xd
                genmaze(i, j + 1)
        elif n == 2 and m[i - 1][j] == 3: # 下
                m[i][j] &= 0xe
                genmaze(i - 1, j)
        elif n == 3 and m[i][j - 1] == 3: # 左
                m[i][j - 1] &= 0xd
                genmaze(i, j - 1)
        elif n == 4 and m[i + 1][j] == 3: # 上
                m[i + 1][j] &= 0xe
                genmaze(i + 1, j)

def line(x1, y1, x2, y2):  # 直線
    penup()
    goto(x1, y1)
    pendown()
    goto(x2, y2)


NY, NX = 24, 28
Ei, Ej = NY, NX
w, bp = 20, 20
m = [[0] * (NX + 2) for i in range(NY + 2)]

for i in range(NY + 2):            # 迷路配列の初期値
    for j in range(NX + 2):
        if i == 0 or j == 0 or i == NY + 1 or j == NX + 1:
            m[i][j] = 15
        else:
            m[i][j] = 3


genmaze(Ei, Ej)
m[Ei][Ej] &= 0xd        # 脱出口の右壁を取る

line(bp, bp + w, bp, NY*w + bp)             # 左端の壁
line(bp, NY*w + bp, NX*w + bp, NY*w + bp)   # 下端の壁

for i in range(1, NY + 1):                  # 迷路を描く
    for j in range(1, NX + 1):
        x = j * w
        y = i * w
        if m[i][j] & 1 == 1:           # 上壁を描く
            line(x, y, x + w, y)
        if m[i][j] & 2 == 2:           # 右壁を描く
            line(x + w, y, x + w, y + w)


ri = [0 for i in range(0, 600)]
rj = [0 for i in range(0, 600)]
sp = 0
exitFlag = True
color('black')
visit(1, 1)
```

附　録

1

Colab（Google Colaboratory）の使い方

I Colab（Google Colaboratory）の使い方

Colab（Google Colaboratory）は，Web ブラウザーから Python を実行できる無償のサービスである．以下のサイトにアクセスし，Google アカウントでログインするだけで簡単に Python の実行環境を利用できる．

https://colab.research.google.com/

1 Colabの画面構成

プログラム領域にプログラムを入力して実行ボタンをクリックすると，プログラムが実行される．実行結果はプログラム領域の下に表示される．

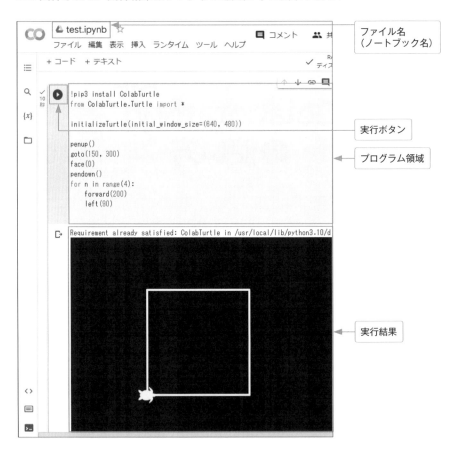

2 ノートブックの作成

　Colabではノートブックと呼ばれる形式でプログラムや実行結果を記録する．拡張子は「ipynb」．起動時に表示されるウィンドウで［ノートブックを新規作成］をクリックするか，［ファイル］→［ノートブックを新規作成］で新しいノートブックが作成される．

3 ノートブックの保存先

　ノートブックはGoogleドライブの「Colab Notebooks」フォルダーに保存される．フォルダーを指定してノートブックを保存することはできないが，Googleドライブ上でサブフォルダーを作成し，「Colab Notebooks」フォルダーに作成されたノートブックを各フォルダーに分類して移しておけば，［ファイル］→［ドライブで探す］で読み込むことができる．

4 ノートブックの操作

[ファイル] をクリックすると，ノートブックを「新規作成」，「開く」，「ドライブで探す」，「名前の変更」，「保存」するためのメニューが表示される．なお，ノートブックは「保存」で明示的に保存しなくても自動で保存される．

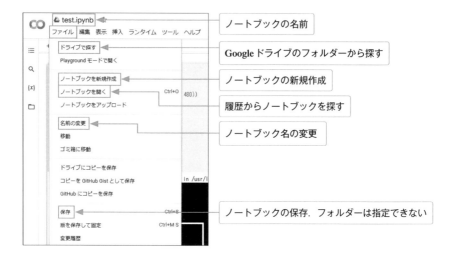

5 タブ位置

本書ではタブ位置を4文字で設定したが，Colabのデフォルト設定は2文字となっているので，以下のようにして変更する．

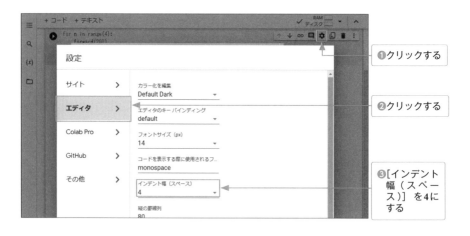

6 プログラムの強制終了

　プログラムの実行を強制終了するには，停止ボタンをクリックする．なお，一定時間パソコンの操作をしないとセッションが切れ，そこからさらに90分経つと実行していたデータがリセットされる．

❶ 本書では2023年11月時点でのGoogle Colaboratoryの画面と操作方法を掲載している．Webサービスのため，将来的に画面や操作方法，サービス内容が変わることもあるので注意．

II　移植上の注意事項

本書はPython 3系のColab（Google Colaboratory）を用いてプログラムを作成している．本書のプログラムを他の処理系で使用したときに注意すべき点を示す．

1 整数除算と実数除算

Python 2系とPython 3系では整数除算と実数除算の方法が異なる．Python 2系では「/」による除算は2つのオペランドが整数の場合は整数除算となり，どちらかが実数の場合は実数除算となる．たとえば「3 / 2」は「1」，「3 / 2.0」は「1.5」となる．Python 3系では「/」はオペランドの型に関係なく実数除算となる．たとえば「3 / 2」も「3 / 2.0」も「1.5」となる．Python 3系は整数除算のための新たな演算子「//」を導入した．たとえば「3 // 2」は「1」となる．

整数除算と実数除算の違いは，リストのインデックスに使用する場合などで問題となる．たとえば$N/4$の値をリストのインデックスに使う場合，Nが整数なら，Python 2系では問題を生じないが，Python 3系では型エラーを生じる．解決方法は「N // 4」とするか「int($N / 4$)」とする．本書では「N // 4」を採用した．

逆に，**例題38**の「v[sp1 - 1] /= v[sp1]」のような実数除算を期待するものはPython 2系では「v[sp1 - 1] /= float(v[sp1])」のようにしなければならない．

2 print関数のendパラメータとf文字列リテラル

print関数はデフォルトで改行を行うが，endパラメータを使えば改行しないようにすることができる．しかし，endパラメータを認めていない処理系があるので，本書ではresult変数に出力結果を連結し，改行時にprint(result)を行う方式にしてある．

また，フォーマット済み文字列リテラル（f文字列リテラル）を使えば，format関数に似た結果が簡便にできる．しかし，f文字列リテラルを認めていない処理系があるので，本書ではformat関数を使用した．

例題1をendパラメータさらにf文字列リテラルを使えば以下のようになる．

```python
for n in range(0, 6):
    for r in range(0, n + 1):
        print(f'{n:d}C{r:d}={combi(n,r):<4d}', end='')
    print()
```

3 input関数と代入式

本書では，input関数と代入式（:=）を使い，データ入力は以下の形式にしている．

```python
while (data := input('data?')) != '/':
```

代入式をサポートしない処理系ではbreakを使って以下のようにする．

```python
while True:
    data = input('data?')
    if data == '/':
        break
```

4 条件式

Pythonでは

```python
if 0 <= rank and rank <= 10:
```

は

```python
if 0 <= rank <= 10:
```

と書けるが，C系言語への移植性も考慮し，従来型表現を用いた．

5 文字列と日本語

本書では文字列を'（シングルクオート）で囲んで表している．日本語文字列の場合Python2系ではu'日本語'のように「u」を接頭していたが，Python3系では「u」の接頭はしなくても良いため本書では接頭していない．

6 C系言語との相違

● for文

Pythonのfor文はリストの要素を取り出すことを主目的に設計されているため，C系言語からみると，範囲の最終値が「+1」した値にしなければいけないことや実数型が使用できないことなどC系言語に慣れた人には違和感がある．

たとえばC系言語で

```
for (x=-200;x<=200;x+=10) {
```

という表現はPythonでは以下のようになる．

```
for x in range(-200, 201, 10):
```

C系言語の実数型の繰り返しの

```
for (x=-1.0;x<=1.0;x+=0.5)
```

は次のように整数型の繰り返しにして，xの代わりにrxを使う．

```
for x in range(-2, 3):
    rx = x / 2
```

もしくはwhile型を使う．

```
x = -1.0
while x <= 1.0:
    x += 0.5
```

● do while文

Pythonにはdo while文がない．**練習問題6**のような例ではC系言語では以下のように do while型で書ける．

```
do {
    k=m % n;
    m=n;
    n=k;
} while (k!=0);
```

Pythonの場合while型で代用しなければならない.

```
while True:
    k = m % n
    m = n
    n = k
    if k == 0:  # do while がないため
        break
```

ただし，繰り返し条件を変えれば以下のようにwhileで書くこともできる.

```
while n != 0:
    k = m % n
    m = n
    n = k
```

附　録

2

サンプルコードの使い方

I サンプルコードの使い方

本書に掲載しているプログラムコードは以下のURLのサポートページからダウンロードすることができる.

https://gihyo.jp/book/2024/978-4-297-13887-5/support

アクセスID：cy8k7w　　パスワード：b3aq2p6k

1 動作に必要な環境

本書に掲載しているプログラムコードはColab（Google Colaboratory）で動作するので, あらかじめ附録1を参考にWebブラウザーでアクセスし, Googleアカウントでログインしておく. そのため, パソコン環境およびWebブラウザーの利用できるインターネット環境が必要となる. そのほか, ログインの際にGoogleアカウントが必要なので用意（作成）しておく.

ⓘ 本書に掲載しているプログラムコードは, Google Colaboratory以外の環境での動作は保証していない. また, ダウンロードしたコード, ファイルの利用により発生したいかなる障害, 損害に関しても(株)技術評論社, および著者はいかなる責任も負わない.

2 フォルダー構成

ダウンロードした圧縮ファイルは, 「ipynb」「txt」「glib」の3つのフォルダーで構成されている.

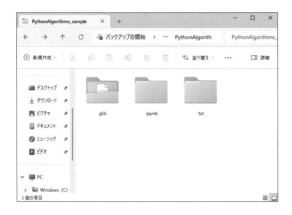

● 「ipynb」フォルダー

「ipynb」フォルダーには，本書掲載のプログラムコード（＊.ipynb）が収録され
ている．「ipynb」フォルダーは，本書の第1章〜第9章の内容に対応した「Chap1」
〜「Chap9」の名前の付いたフォルダーで構成されている．

「例題」にはRei＊，「練習問題」にはDr＊のファイル名が付けられている．

≪例≫

例題1　　　　→　Rei1.ipynbファイル
練習問題1_1　→　Dr1_1.ipynbファイル

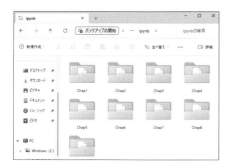 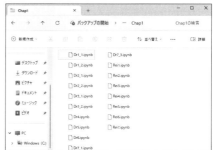

● 「txt」フォルダー

「txt」フォルダーには，本書掲載のプログラムコードのテキストファイルが収録
されている．ファイル名の規則は「ipynb」フォルダーと同じ．文字コードは
UTF-8で保存されている．

≪例≫

例題1　　　　→　Rei1.txtファイル
練習問題1_1　→　Dr1_1.txtファイル

● 「glib」フォルダー

「glib」フォルダーには，**第8章8-10**で紹介したグラフィックス・ライブラリの
ファイル（glib.py）が収録されている．

3 サンプルコードの実行方法

　サンプルコードの実行方法は2通りある．ipynbファイルをGoogleドライブにアップロードして実行するか，txtファイルの内容をGoogle Colaboratoryにコピー＆ペーストして実行する．

●「ipynb」フォルダーのファイルを使用する場合

　「ipynb」フォルダー内のすべてのファイルをGoogleドライブの「Colab Notebooks」フォルダーにアップロードする．あらかじめWebブラウザーでGoogleドライブ（https://drive.google.com/）を表示し，「Chap1」～「Chap9」のフォルダーごとドラッグ＆ドロップすれば良い．

　アップロードされたファイルをダブルクリックすると，Google Colaboratoryでファイルが開くので実行ボタンをクリックする．初回使用時などファイルが関連付けられていない場合は，[アプリで開く] → [Google Colaboratory] をクリックする．

ドラッグ＆ドロップする

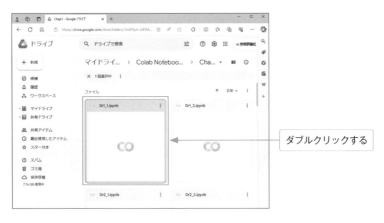

ダブルクリックする

「txt」フォルダーのファイルを使用する場合

「txt」フォルダーのtxtファイルを「メモ帳」などで開くと，プログラムコードが表示される．日本語が文字化けしている場合は，文字コードをUTF-8にして開き直す．

表示されたプログラム全体をコピーし，Google Colaboratoryで新規ノートブックを作成して，プログラム領域にペーストすれば良い．あとは，実行ボタンをクリックする．

「メモ帳」の場合は［編集］→［すべて選択］（もしくは Ctrl + A ）でプログラム全体を選択し，［編集］→［コピー］（もしくは Ctrl + C ）でコピーされる．Google Colaboratoryでは［編集］→［貼り付け］（もしくは Ctrl + V ）でペーストが行える．

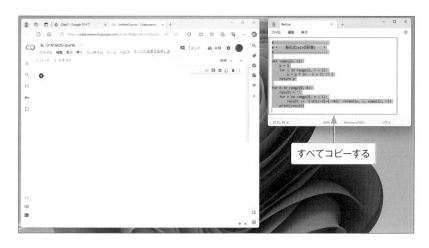

すべてコピーする

ペーストする

4 グラフィックス・ライブラリ（glib.py）の使い方

「glib」フォルダーにあるグラフィックス・ライブラリ（glib.py）は，**第8章 8-10**の**Rei64**と**Dr64**を実行する際に必要となる.

プログラムを実行すると「ファイルの選択」ボタンが表示されるのでクリックし，サンプルファイルの「glib.py」を選択すれば良い.

参 考 文 献

- 『アルゴリズムとデータ構造』石畑清, 岩波書店, 1989年
- 『Cデータ構造とプログラム』Leendert Ammeraal 著, 小山裕徳 訳, オーム社, 1990年
- 『ソフトウェア設計』Robert J.Rader 著, 池浦孝雄, 湯浅泰伸, 玄光男, 山城光雄 訳, 共立出版, 1983年
- 『問題解決とプログラミング』ピーター・グロゴノ, シャロン H. ネルソン 著, 永田守男 訳, 近代科学社, 1985年
- 『プログラム技法』二村良彦, オーム社, 1984年
- 『コンピュータサイエンス入門1, 2』A.I. フォーサイス, T.A. キーナン, E.I. オーガニック, W. ステンバーグ 著, 浦昭二 訳, 培風館, 1978年
- 『コンピュータアルゴリズム全科』千葉則茂, 村岡一信, 小沢一文, 海野啓明, 啓学出版, 1991年
- 『C言語によるアルゴリズム事典』奥村晴彦, 技術評論社, 1991年
- 『基本算法』D.E.Knuth 著, 広瀬健 訳, サイエンス社, 1978年
- 『データ構造』T.G. レヴィス, M.Z. スミス 著, 浦昭二, 近藤頌子, 遠山元道 訳, 培風館, 1987年
- 『データ構造とアルゴリズム』A.V. エイホ, J.E. ホップクロフト, J.D. ウルマン 著, 大野義夫 訳, 培風館, 1987年
- 『FORTRAN77による数値計算法入門』坂野匡弘, オーム社, 1982年
- 『数値計算法』大川善邦, コロナ社, 1971年
- 『パソコン統計解析ハンドブックⅠ基礎統計編』脇本和昌, 垂水共之, 田中豊 編, 共立出版, 1984年
- 『Pascal プログラミング講義』森口繁一, 小林光夫, 武市正人, 共立出版, 1982年
- 『プログラマのためのPascalによる再帰法テクニック』J.S. ロール 著, 荒実, 玄光男 訳, 啓学出版, 1987年
- 『TURBO PASCAL トレーニングマニュアル』小林俊史, JICC出版局, 1986年
- 『BASIC』刀根薫, 培風館, 1981年
- 『基本 JIS BASIC』西村恕彦, 中森眞理雄, 小谷善行, 吉岡邦代, オーム社, 1982年
- 『BASIC プログラムの考え方・作り方』池田一夫, 馬場史郎, 啓学出版, 1982年
- 『構造化 BASIC』河西朝雄, 技術評論社, 1985年
- 『Logo 人工知能へのアプローチ』祐安重夫, ラジオ技術社, 1984年
- 『やさしいフラクタル』安居院猛, 中嶋正之, 永江孝規, 工学社, 1990年
- 『数の不思議』遠山啓, 国土社, 1974年

索 引 Index

● **著者略歴**

河西　朝雄

山梨大学工学部電子工学科卒（1974年）。長野県岡谷工業高等学校情報技術科教諭、長野県松本工業高等学校電子工業科教諭を経て、現在は「カサイ.ソフトウエアラボ」代表。
主な著書：「入門ソフトウエアシリーズＣ言語、MS-DOS、BASIC、構造化BASIC、アセンブリ言語、C++」「やさしいホームページの作り方シリーズHTML、JavaScript、HTML機能引きテクニック編、ホームページのすべてが分かる事典、ｉモード対応HTMLとCGI、ｉモード対応Javaで作るｉアプリ」「チュートリアル式言語入門VisualBasic.NET」「はじめてのVisualC#.NET」「C言語用語辞典」ほか（以上ナツメ社）「構造化BASIC」「C言語によるはじめてのアルゴリズム入門」「Javaによるはじめてのアルゴリズム入門」「VisualBasicによるはじめてのアルゴリズム入門」「VisualBasic6.0入門編/中級テクニック編/上級編」「InternetLanguage改定新版シリーズホームページの作成、JavaScript入門」「NewLanguageシリーズ標準VisualC++プログラミング、標準Javaプログラミング」「VB.NET基礎学習Bible」「原理がわかるプログラムの法則」「プログラムの最初の壁」「河西メソッド：C言語プログラム学習の方程式」「基礎から学べるVisualBasic2005標準コースウエア」「基礎から学べるJavaScript標準コースウエア」「基礎から学べるＣ言語標準コースウエア」「なぞりがきＣ言語学習ドリル」など（以上技術評論社）

- カバーデザイン　　西岡裕二
- 本文デザイン　　　BUCH$^+$
- 本文レイアウト　　BUCH$^+$
- 編集担当　　　　　田中秀春

Python によるはじめての
アルゴリズム入門

2024年1月3日　初　版　第1刷発行

著　者　河西朝雄
発行者　片岡　巌
発行所　株式会社技術評論社
　　　　東京都新宿区市谷左内町21-13
　　　　電話　03-3513-6150　販売促進部
　　　　　　　03-3513-6160　書籍編集部
印刷／製本　日経印刷株式会社

定価はカバーに表示してあります。

落丁・乱丁がございましたら、弊社販売促進部までお送りください。送料弊社負担にてお取替えいたします。
本書の一部または全部を著作権法の定める範囲を超え、無断で複写、複製、転載、テープ化、ファイルに落とすことを禁じます。

©2024　河西朝雄　　　　　　　　　　　　　　Printed in Japan
ISBN978-4-297-13887-5　C3055

● お問い合わせについて
本書の内容に関するご質問は、下記の宛先までFAXまたは書面にてお送りいただくか、弊社Webサイトの質問フォームよりお送りください。お電話によるご質問、および本書に記載されている内容以外のご質問には一切お答えできません。あらかじめご了承ください。
ご質問の際に記載いただいた個人情報はご質問の返答以外の目的には使用いたしません。また、返答後はすみやかに破棄させていただきます。

〒162-0846
東京都新宿区市谷左内町21-13
株式会社技術評論社　書籍編集部
「Pythonによるはじめての
アルゴリズム入門」
質問係
FAX番号　03-3513-6167
URL : https://book.gihyo.jp/116